U0571848

职业素质养成训导

主　编　王立军　李传欣　赵　畅

副主编　张　静　董　冶　孙晨道

参　编　潘晓莉　李铁波　王艺茜
　　　　于　淼　张彧扬　付俊博
　　　　于艳晶

北京理工大学出版社
BEIJING INSTITUTE OF TECHNOLOGY PRESS

<h1 style="text-align:center">内 容 简 介</h1>

本书分为思想道德素养篇、职业基本素养篇、专业技能素养篇、身心健康素养篇、科学文化素养篇和职业生涯规划篇6个模块，全书以项目模式编写，项目下包含若干个任务，每个任务由【案例导入】【案例分析】【名人名言】【自我提升】【拓展阅读】等栏目组成。

本书内容实用、由浅入深，以大量的真实职场案例、小测试穿插其中，使学生不仅能了解在职场中应具备的素养能力，也能清楚地了解自己的素养现状，从而有针对性地全面提升自己的职业素养水平。本书适合作为职业素养课程教材，也可供职场人士阅读和参考。

版权专有 侵权必究

图书在版编目（CIP）数据

职业素质养成训导／王立军，李传欣，赵畅主编．—北京：北京理工大学出版社，2017.7（2021.12重印）

ISBN 978 – 7 –5682 –4516 –6

Ⅰ．①职…　Ⅱ．①王…②李…③赵…　Ⅲ．①大学生 – 职业道德 – 素质教育

Ⅳ．①B822.9

中国版本图书馆 CIP 数据核字（2017）第 187146 号

出版发行／北京理工大学出版社有限责任公司

社　　址／北京市海淀区中关村南大街 5 号

邮　　编／100081

电　　话／（010）68914775（总编室）

　　　　　（010）82562903（教材售后服务热线）

　　　　　（010）68944723（其他图书服务热线）

网　　址／http://www.bitpress.com.cn

经　　销／全国各地新华书店

印　　刷／唐山富达印务有限公司

开　　本／787 毫米×1092 毫米　1/16

印　　张／17　　　　　　　　　　　　　　　　　责任编辑／高　芳

字　　数／405 千字　　　　　　　　　　　　　　文案编辑／高　芳

版　　次／2017 年 7 月第 1 版　2021 年 12 月第 8 次印刷　　责任校对／周瑞红

定　　价／49.80 元　　　　　　　　　　　　　　责任印制／李志强

图书出现印装质量问题，请拨打售后服务热线，本社负责调换

前　言

一般来说，"职业素养"被认为是从事职业所必须具备的品质和修养，是职业意识、职业精神和职业态度的综合体现。

职业素养具有十分重要的意义。从个人的角度来看，适者生存，良好的职业素养应该是衡量一个职业人成熟度的重要指标，个人缺乏良好的职业素养，就很难获得突出的工作业绩，更谈不上建功立业；从企业的角度来看，唯有集中具备较高职业素养的人员才能实现求得生存与发展的目的，他们可以帮助企业提高效率、推动创新、节省成本，从而提高企业在市场的竞争力；从国家的角度来看，国民职业素养的高低直接影响着国家经济发展的快慢，是社会稳定的前提。正因为如此，职业素养教育才显得尤为重要。

"素质冰山"理论认为，个体的素质就像水中漂浮的一座冰山，水上部分是人的知识、技能，仅仅代表表层的特征，不能区分绩效优劣；水下部分是人的动机、特质、态度、责任心，是决定人的行为、鉴别绩效优秀和一般的关键因素。学生的职业素养也可以看成是一座冰山，冰山浮在水面以上的只有1/8，它代表着学生的形象、资质、知识、职业行为和职业技能等方面，是人们看得见的、显性的职业素养，这些可以通过各种学历证书、职业证书来证明，或者通过专业考试来验证。而冰山隐藏在水面以下的部分占整体的7/8，它代表学生的职业意识、职业道德、职业作风和职业态度等方面，是人们看不见的、隐形的职业素养。由此可见，大部分的职业素养是人们看不见的，但正是这7/8的隐形职业素养决定、支撑着外在的1/8的显性职业素养，而显性职业素养是隐形职业素养的外在表现。

大量事实表明，良好的职业素养已经成为职业准入的一道"门槛"。对于大学生来说，要具备较强的职业竞争力，除了应当具有扎实的专业基础知识和较强的职业技能外，还应该具有良好的职业素养。

本书分为思想道德素养篇、职业基本素养篇、专业技能素养篇、身心健康素养篇、科学文化素养篇和职业生涯规划篇六个模块，全书以项目模式编写，项目下包含若干个任务，每个任务由【案例导入】【案例分析】【自我提升】【名人名言】【拓展阅读】【小测试】等栏目组成。

本书内容实用、由浅入深，以大量的真实职场案例、小测试穿插其中，使学生不仅能了解在职场中应具备的素养能力，也能清楚的了解自己的素养现状，从而有针对性地全面提升自己的职业素养水平。

本书由吉林交通职业技术学院王立军、李传欣、赵畅担任主编，吉林交通职业技术学院张静、董冶、孙晨道担任副主编，吉林交通职业技术学院的李铁波、王艺茜、于淼、张彧扬、付俊博、于艳晶，辽源市东丰县职业高级中学潘晓莉也参与了编写工作。

本书在编写过程中引用参考了大量的资料，在此相关作者表示感谢。由于编者水平所限，不当之处望同仁赐教。

编　者

2017 年 6 月

目　　录

录 目

模块一　思想道德素养篇

 学习目标

通过本模块的学习，努力提升自己的思想道德素养，增强法律意识，以遵纪守法为荣，以违法乱纪为耻；勇于承担社会责任，树立正确的世界观、人生观、价值观，培养理性的爱国主义精神。

项目一　思想道德素养

道德普遍被认为是人类的最高目的，因此也是教育的最高目的。——赫尔巴特

任务一　思想素养

案例导入

六七十岁，这个年纪的北京人多数徜徉在各大公园休闲娱乐。可有这样一对北京夫妇，他们本来过着跟大多数人一样的生活，但对故乡的眷恋和对教育工作的热爱，召唤他们矢志不渝，克服困难，在贵州山区坚持支教9年，为苗乡播撒文明，赢得了各族群众的尊敬。他们就是"2014年最美乡村教师"朱敏才和孙丽娜夫妇。

朱敏才是贵州黄平县人，1965年从贵州大学英语系毕业后，被分配到外经贸部工作近40年，退休时是中国驻尼泊尔大使馆经济商务参赞；他的妻子孙丽娜，今年60岁，是北京市最早一批取得小学英语教师资格的老师之一。夫妇俩在坦桑尼亚、尼泊尔、加拿大等国家生活了17年。退休后，两人选择回贵州山区支教，至今已逾10年。从2005年8月开始至今，夫妇俩"走教"的足迹遍布望谟县复兴镇第二小学，兴义县马岭镇尖山苗寨小学、花溪孟乡世华小学，以及遵义县龙坪镇裕民小学等地。龙坪镇中心小学是朱敏才夫妇支教的第五所学校。在龙坪镇中心小学，朱敏才夫妇的住所是一间不足10平方米的小屋。朱敏才、孙丽娜夫妇让山村孩子从普通话都说不好到会讲英语、会唱英文歌，为山里的孩

子推开了一扇通向外界的窗。除了给孩子们灌输文化知识，朱敏才夫妇还非常重视文明礼貌、个人卫生的教育。因山区过强的紫外线和不卫生的饮水条件，孙丽娜的右眼全部失明，左眼视力只剩下0.03，而朱敏才也有高血糖、高血脂、呼吸暂停综合征等疾病。尽管如此，老两口说只要还能动，就要一直教下去。

案例分析

17年的外交官生涯，光鲜闪亮。10年的志愿者生活，甘苦自知。他们选择的山区小学，每一所都很艰苦。他们起居的乡村住所，每一处都很简陋。他们不是来锦上添花，而是来雪中送炭。身居陋室，他们毫不言悔。劳累成疾，他们从未言退。他们说："只要是做有意义、有价值的事，我们就觉得特别幸福。朱敏才和孙丽娜夫妇的爱心和奉献精神感动着我们。他们给贫困山区的孩子带去了希望和爱。

名人名言

对人来说，最大的欢乐、幸福是把自己的精神力量奉献给他人。——苏霍姆林斯基

自我提升

思想素养是指高职学生应该具备的思想水平和思想觉悟。一个人的理想信念、道德情操、智慧才华、意志品质都可以从他的行为中体现出来。高职大学生正处在世界观、人生观、价值观形成的时期，要成为未来合格的社会主义事业的建设者，就一定要懂得爱国、忠诚和奉献，将自身的成长与国家和民族的未来融为一体，将自己学到的技能和本领应用到社会主义建设中。

一、爱国

爱国既是公民应有的道德，也是中华民族的优良传统。古往今来，许多仁人志士为了国家，抛头颅，洒热血。没有他们的爱国，就没有我们的今天。爱国是我们应有的品德。作为公民，我们要把这种精神传承下去。

历朝历代，许多仁人志士都具有强烈的忧国忧民思想。以国事为己任，前仆后继，临难不屈，保卫祖国，关怀民生，这种可贵的精神，使中华民族历经劫难而不衰。在五千年的发展历程中，中华民族形成了以爱国主义为核心的伟大的民族精神。

南宋抗元英雄文天祥，兵败被俘，坐了3年土牢，多次严词拒绝了敌人的劝降。一天，元世祖忽必烈亲自来劝降，许以丞相之职。但他毫不动摇，反而斩钉截铁地说："唯有以死报国，我一无所求。"临刑前，监斩官凑近说："文丞相，您现在改变主意，不但可免一死，还依然可当丞相。"文天祥怒喝道："死便死，还说什么鬼话！"文天祥面向南方

慷慨就义了，给世人留下一首撼人心弦的《正气歌》。

现如今，时代已经发生了变化，和平年代的爱国和战争年代的爱国在形式上也发生了一些变化。有人认为在和平年代谈爱国主义，似乎离我们很遥远，也没有这个必要。其实，这种认识是很片面的，并不是战争年代才需要爱国而和平年代就不需要了。

我们现在进行的事业，同战争年代一样，需要年轻人用自己的行动，将火一样的青春投入到祖国的现代化建设当中，用我们的知识造福人民。这既是我们在新时代要做的，也是历史赋予我们年轻人的光荣使命。

 漫画素养

爱国护国，人人有责

二、忠诚

富兰克林曾说过："如果说生命力使人们前途光明，团体使人们宽容，脚踏实地使人们现实，那么深厚的忠诚感会使人生正直而有意义。"

忠诚是一种义务。忠诚应该包括对国家的忠诚，因为你是一个国家的公民。既然国家给了你人身安全和保障，你就有义务忠诚于国家，对国家尽自己的义务。忠诚还包括对社会、同事、职业、自己、朋友、家庭等的忠诚。其中，对自己职业的忠诚，是最基本的忠诚。

忠诚不谈条件，不讲回报。忠诚是一种与生俱来的义务，是发自内心的情感。美国总统肯尼迪在就职演讲时曾说过，"不要问美国为我们做了什么，而要问我们为自己的国家做了什么"。是的，不要问企业为我们做了什么，而要问我们为自己的企业做了什么。当我们接到领导交办的工作的时候，是讨价还价、能推就推，还是尽职尽责、努力完成，不讲任何理由？当我们在工作中遇到困难和挫折的时候，是等待观望、半途而废，还是自我激励、攻坚克难、无往而不胜？当我们自觉晋级升迁没有达到期望值的时候，是牢骚满腹、怨天尤人，还是自我反省、加倍努力、厚积而薄发？现实生活中很多人尽管才华横溢，但总是怀疑环境，批评环境。殊不知，就是他持有的这种态度，才对他的进步和成长打了一个很大的折扣。

 漫画素养

忠诚守信，人之基也。

三、奉献

"奉"，即"捧"，意思是"给、献给"；"献"，原意为"献祭"，指"把实物或意见等恭敬、庄严地送给集体或尊敬的人"。两个字和起来，奉献，就是"恭敬地交付、呈献"。

奉献精神，是一种忘我的、大公无私的精神。人生的追求与崇尚，是以对社会贡献为标准的。奉献是衡量人生价值的具体体现。

人们对奉献的形式及表现方式有不同的理解，但不论表现方式有多么不同，奉献精神是永恒的，而奉献的价值是实质问题，因为人生价值有大小之别。只有为国家和人民多做贡献，人生才有价值。人生价值在于贡献，而不在于索取。一个人对社会贡献越多，人生价值就越大。

人生的意义到底是什么？怎样活着才算有意义？活着是为自己，还是为他人？这是每个人都要考虑的问题。只有找到了生命的真谛，我们的生命才会更有意义。"只要人人都献出一点爱，世界将变成美好的人间"。一曲《爱的奉献》之所以能久唱不衰，是因为它唱出了大家共同的心声。奉献和索取是对立的。一心索取的人，贪欲永远得不到满足，而且，没有别人的奉献，自己又能索取什么呢？

从古至今，涌现出了数目众多的伟大思想家、科学家、文学家、政治家、经济学家、社会学家等。这些人在实现自身人生价值的同时，都不同程度地在某一个领域为人类留下了宝贵的精神或物质财富，推动了人类社会的发展。因为他们的奉献精神和杰出贡献，所以他们的英名长留于世间。他们创造的财富直至现在都在为后人所拥有、使用。他们的生命价值因为奉献而得以延续。可以说，他们的生命因为奉献而变得更有意义。

　　奉献是不计报酬的给予，是"有一分热放一分光"，是"我为人人"。奉献者付出的是青春、汗水、热情，是一种无私的爱心，甚至是无价的生命。正是因为有人奉献，社会的物质财富和精神财富才会不断增加，人类才会不断进步。奉献者收获的是一种幸福，一种崇高的情感，是他人的尊敬和爱戴，是自己生命的延长。简单地说，"奉献"指满怀感情地为他人服务，做出贡献，是不计回报的无偿服务。回顾历史上为人类奉献了自己人生价值的人，他们所积累的财富是取之不尽、用之不竭的。

 漫画素养

8

"只有付出，才会有回报！"

拓展阅读

2015 年是我国首次自主完成珠穆朗玛峰高程测量 40 周年。近日，参加当年珠峰测高任务的邵世坤等 6 位老队员、老党员给习近平总书记写信，汇报了国测一大队的光辉历程和年轻一代薪火相传的奋斗足迹。

国测一大队成立于 1954 年，主要从事大地测量工作。61 年来，国测一大队完成了珠穆朗玛峰高程测量，南极重力测量，中国地壳运动观测网络建设，西部无人区测图，海岛（礁）测绘，汶川地震灾后重建测绘等工作，曾受到国务院通令嘉奖，被授予"功勋卓著、无私奉献的英雄测绘大队"称号。

中共中央总书记、国家主席、中央军委主席习近平 7 月 1 日给国家测绘地理信息局第一大地测量队 6 位老队员、老党员回信，充分肯定国测一大队爱国报国、勇攀高峰的感人事迹和崇高精神，对全国测绘工作者和广大共产党员提出殷切希望。

习近平在回信中表示，40 年前，国测一大队的同志同军测、登山队员一起，勇闯生命禁区，克服艰难险阻，成功实现了中国人对珠峰高度的首次精确测量。党和人民没有忘记同志们建立的功勋。

习近平指出，几十年来，国测一大队以及全国测绘战线一代代测绘队员不畏困苦，不怕牺牲，用汗水乃至生命默默丈量着祖国的壮美河山，为祖国发展、人民幸福做出了突出贡献，事迹感人至深。

习近平强调，忠于党、忠于人民、无私奉献，是共产党人的优秀品质。党的事业、人民的事业，是靠千千万万党员的忠诚奉献而不断铸就的。不忘初心，方得始终。全国广大共产党员要始终在党爱党，在党为党，心系人民，情系人民，忠诚一辈子，奉献一辈子，以自己的实际行动，团结带领亿万人民为实现"两个一百年"奋斗目标，实现中华民族伟大复兴的中国梦而共同奋斗。

课外活动1

国是我的国，家是我的家

活动类型：班级教育

人数：10 ~ 40 人

形式：参观考察

活动简介：

一、活动原因

青少年是祖国的未来，他们将会是祖国的主人、国家的栋梁，他们是否热爱社会主义祖国，关系到国家的发展建设。五星红旗是中华人民共和国的标志和象征，五星红旗是中华民族五千年历史上第一面代表全体人民意志的民族之旗，这面旗帜象征了我们再也不会被列强欺辱，能过上安稳的日子。因此，爱国教育首先要从尊敬国旗开始。

二、活动目标

通过观看天安门升国旗仪式，培养青少年爱国主义精神。青少年正处于长知识、长身体的特殊时期，世界观尚未形成，可塑性强。我们要在这一时期抓紧对青少年进行爱国主义教育，使其树立正确的"三观"。

三、活动描述

（1）当国旗升起时，应该立正站好，表情严肃。

（2）眼睛应该仰视国旗。

（3）当国歌响起时应当轻声唱国歌。

（4）举行升旗仪式时要保持安静；升旗行注目礼时神态要庄严，直至升旗完毕。

课外活动2

"我的梦，中国梦" 诗朗诵比赛

活动类型：才艺展示

人数：10～40人

时长：1小时以上

形式：比赛

活动简介：

一、前期准备

（1）由班长向全班同学介绍活动意向及内容。

（2）各位同学积极参与、提选题，抽签决定比赛顺序。

（3）向班长上报比赛选题及背景音乐，班长做进一步整理。

（4）比赛当天：分发积分表，把纯净水摆放好；准备好所需的用品，如PPT，并把灯光、背景等设置好。

二、实施过程

活动过程分为3个阶段。第一阶段，由主持人开场，请评委老师致辞；第二阶段，由主持人介绍本次比赛的内容及流程；第三阶段，由各位同学按照之前的抽签顺序依次上台进行诗朗诵，每人 5 分钟。

三、总结和评价

学生互动评价。评委老师和其他学生结合该生本次表演出现的问题进行点评和总结。

任务二   道德素养

案例导入

有位 HR 在招聘人力资源部的办公人员时，对那些前来面试的人提出了这样的问题："你能记起父母的生日是哪天吗？这些年来你曾为父母做了哪些事情？"

在面试的十几名应聘者中，只有一个人的回答让他感到满意。他没有说出自己父母的生日，因为他很小就被父母抛弃了。他成长在孤儿院，是那些工作人员给了他一个温暖的家。他每年的暑假都会勤工俭学，把自己的收入捐献给孤儿院……他希望将来能用自己的双手，为孤儿院创造更好的环境。

当 HR 问他恨不恨自己父母的时候，他却回答："我很感激我的父母，是他们把我带到了这个世界上。我也很感激他们把我抛弃，因为这让我得到了更多人的爱和温暖，更让我有了博爱的胸怀。"

HR 被他的这番话感动了，把他留在了公司。虽然这位员工的学历不是最高的，能力不是最强的，但是他有一颗懂得感恩的心。

事实证明，这位 HR 的做法果然是正确的。因为时隔不久，公司的几位重要职员遭遇了对手公司的"挖墙脚"。对方开出的高薪让他们心动。于是，他们纷纷递交了辞职报告。

这位新招聘的年轻人亲自去做说服工作。本来 HR 并没有抱多大的希望，但是他成功地说服了这些人，让他们继续留在公司工作。HR 好奇地问他是怎么做到的，这位年轻人笑了笑，说："我只是教他们学会了如何感恩。"

案例分析

感恩是职场中人对公司高度负责的一种表现。拥有一份感恩珍重的心，也就拥有了对公司的责任感和使命感。它既是职业道德的一部分，也是职场人士把工作做好所必备的良好心态。

 **名人名言**

没有感恩就没有真正的美德。——卢梭

自我提升

高职学生是大学生群体中的一个重要组成部分。大学生道德属于特定社会群体的公民道德。因此，大学生的道德取向是一个社会道德的风向标，其好坏可以直接反映出整个社会存在的问题。当代高职学生的道德现状令人困惑，既有好的一面，也有不好的一面。在就业、经济社会的压力下，高职学生道德现状的成因是多方面的，值得思考。我国高等职业教育经过几十年的跨越式大发展，已经形成了一定的规模，占据了高等教育在校生规模的半壁江山。十余年来，我国高等职业院校培养的毕业生多达几千万人，为各行各业生产、建设和服务第一线培养了大批高素质的技术应用型劳动者；但我们也应该清醒地看到，企业界对高职毕业生的素养提出了更高的要求。高职学生的道德修养引起了职场的普遍关注。

一、孝悌

孝，指还报父母的爱；悌，指兄弟姊妹的友爱。孔子非常重视孝悌，认为孝悌是做人、做学问的根本。

中华传统文化以孝文化为核心。百善孝为先，说的是仁子之道要先行孝道。"居则致其敬，养则致其乐，病则致其忧，丧则致其哀，祭则致其严"。孝行就是子女对父母感恩、报恩的行动。

孔子认为"孝"是人的基础，不孝的人不能博爱。儒家认为孝是各种道德规范的根本，贯穿于人的行为始终，从侍奉、顺从父母，到治国安邦，从君主到平民，都离不开孝。孝可被概括为以下六点：第一，赡养父母。《论语·为政》说："今之孝者，是谓能养。"第二，敬重双亲。《论语·为政》说："……至于犬马，皆有能养，不敬，何以别呼？"第三，以爱心愉悦老人。《礼记·内则》说："孝子之养老也，乐其心。"第四，规劝父母错误言行。《礼记·坊记》说："从命不忿，微谏不倦。"第五，不做有损父母声誉、道义的事。《论语·为政》说："孟懿子问孝，子曰：'无违'。"第六，不做无谓的有损父母所给予的躯体健康的事。《孟子·离娄下》说："不顾父母之养……好勇斗狠……不孝也。""悌"主要指尊敬兄长，弟兄相亲。《左传·昭公二十六年》说："兄爱而友，弟敬而顺。""孝悌"本意虽然是指家庭观念，但是家庭既是社会的细胞，也是国家的基本单位。只有有了家庭的安定和睦，才能有社会的和谐发展、国家的长治久安。

　　从字源角度讲，孝字上面是老的上半部，而下边是子，象征年轻人搀扶老人；悌的左半边是心，而右半边是弟，象征着心中关怀着同辈人。《论语》中孝的含义是通过对长辈的扶持和尊重消解人与生俱来的自我中心化倾向。只有这样理解，孝与悌才能并称：孝是面对长辈时的感同身受，而悌是对同辈人的忠恕之道。无论是忠（己欲立而立人），还是恕（己所不欲勿施于人），都作用于消解自我中心的狭隘视野。一个人，假如对含辛茹苦抚养自己长大的父母尚且不去关爱，他又如何能去爱他人，爱工作，爱社会，爱国家，爱人民呢？孝不仅是个人的修养，而且成了社会的需要。面对层出不穷的社会丑恶现象，不禁让人感伤人心不古，世道沉沦。由此可见，道德观念的树立是多么重要。《大学》云："古之欲明明德于天下者，先治其国。欲治其国者，先齐其家。欲齐其家者，先修其身。欲修其身者，先正其心。"要干事，先做人，只有把个人的品德修养好了，才能担当"治国平天下"的重任。

　　孝敬父母并不是要求我们以后轰轰烈烈地为父母做什么大事，而是从现在做起，从点滴做起；有时候关心孝敬父母，就是陪父母聊聊天，就是一个祝福、一句问候、一朵鲜花、一个拥抱，甚至只是一个微笑。

 漫画素养

"百善孝为先！"

二、感恩

感恩是每个人都应该具备的基本道德准则，是做人的起码修养。学会感恩，感谢父母的养育之恩，感谢领导的栽培之恩，感谢同事的帮助之恩，感谢老师的教诲之恩，感恩一切善待、帮助自己的人。

感恩既是一种处世哲学，也是生活中的大智慧。一个智慧的人，不应该因为自己没有什么而斤斤计较，也不应该一味索取而使自己的私欲膨胀。学会感恩，为自己已有的而感恩，感谢生活给你的赠与。只有这样，你才会有积极的人生观和健康的心态。

感恩包含的内容很广。感谢生活的赐予，不仅包括感谢那些给自己带来帮助的人，也包括那些给自己带来阻力的人。前者给我们带来了生活的温暖，而后者在生活中磨炼了我们的意志。

感恩还是一种最基本的生存之道。无论是企业家，还是企业团队中的每个人，感恩都是人生的必修课。有感恩珍重之心的人，就会永远谦虚谨慎地对待自己的职业。他们会常常想自己哪里做得不好，哪里需要改进，哪里需要继续保持，从而把自己的工作做得更加出色。那些缺乏感恩之心的人，会觉得天下的人都"对不起"他：工资太少，工作太辛苦，同事太苛刻，上司太严厉……有了这么多的思想负担，又怎么会把工作做好呢？

可以尝试用以下方法表达对生活、他人的感恩之情，养成自己感恩的习惯。

（1）养成感恩的习惯。每天清晨醒来时，默默地感激已有的生活和所爱的人，当然还包括其他你对之感激的人和事。

（2）一张表达谢意的卡片。如果别人向你寄来一张表达谢意的卡片，那么你一定会很开心。当你表达谢意时，并不需要正式的感谢信，一张小小的卡片（或 E-mail）就可以了。礼轻情意重。

（3）一个拥抱。对你爱的人，对与你共处很长时间的朋友或同事，小小的拥抱是很好的表达感恩的礼物。

（4）对每一天怀有感恩。当你每天醒来时，都应该这样想："我真是个幸运的家伙！今天又能安然地起床，而且有崭新的完美一天。我应该好好珍惜，扩展自己的内心，将自己对生活的热情传予他人。我要常怀善心，积极地帮助别人，而不要对别人恶言相向。"

（5）不求回报的小小善意。既不要为了私利做坏事，也不要因为善小而不为。留心一下他人，看看他们喜欢什么，或者需要什么，然后帮他们做点什么。行动强于话语。说声"谢谢"不如做一件小小善事，以回报他人。

（6）一份小小的礼物。并不需要昂贵的礼物，小小的礼物也足够表达你的感恩了。

（7）列一份感谢别人的理由。列一份清单，表达你对他们的感谢，或者他们帮助了你哪些地方，而你为此深怀感激，然后将这份清单交给他们。

（8）公开地感谢别人。在一个公开的场合表达你对他们的感谢，比如在办公室里，在与朋友和家人交谈时，在微博、微信上等。

（9）给他们意外惊喜。小小的惊喜可以让事情变得不一般，比如：在妻子工作回到家时，你已经准备好了美味的晚餐；当母亲去工作时，发现自己的汽车已经被你清洗得干净又漂亮；当女儿打开便当时，发现你特意做的小甜点。

（10）对不幸也心怀感激。就像罗斯福总统家中被盗后，他给朋友的回信一样，即便生活误解了你，使你遭遇挫折与打击，你也要怀有感恩。你不是感恩这些伤心的遭遇（虽然这也使你成长），而是感恩那些一直在你身边的亲人、朋友，你仍有的工作、家庭，生活依然给予你的健康和积极的心态。

拓展阅读

2014年度感动中国人物朱晓晖，她的父亲在2002年患弥漫性脑梗死，从此瘫痪在床，失去了生活能力。为了更好地照顾父亲，朱晓晖辞掉了在报社的工作。为了给父亲治病，她不但卖了房，还欠下一身债务。因为不堪重负，朱晓晖的丈夫带着孩子离开了她。朱氏父女在社区的车库里安了家，一住就是12年。

朱晓晖曾是一位有才气的诗人，诗歌在全国获得过很多奖。父亲生病前她喜爱读诗、写诗，而现在她看得更多的是医学护理和养生方面的书籍。老人患病后落下了瘫痪的毛病，腿脚不便，大小便也不能控制。朱晓晖几乎每天都要给他擦洗身体。在她的细心照料下，老人卧床12年都没有得过褥疮，但常年的操劳，使得才41岁的她早已满头白发。

维持两人生活的唯一来源是老人每个月一千多元的养老保险。父亲治病的开销不能省。朱晓晖就只能去市场里捡人们不要的菜给父亲吃，自己则用咸菜就着米饭度日。虽然生活环境艰苦，但朱晓晖一直努力让父亲生活得更舒适些。老人因为心疼女儿，常常痛哭。

除了每天照顾父亲的起居外，朱晓晖在周末还有一项重要工作，就是给三四个"债主"的孩子补习。对于别人的帮助，朱晓晖感恩在心。她也在用自己的行动把爱和善意传递给更多人。

 课外活动1

感恩讨论会

活动类型：文体比赛

数：10～40人

时长：0.5～1小时

形式：座谈

活动简介：

一、活动目标

为了让现在的学生心灵不致麻木，让每一个学生都学会感恩，感谢父母、老师，感谢所有帮助过他们的人，并懂得回报别人，回报社会，学会用一颗真诚的心对待身边的人，健康成长。充分调动学生的积极性，让班级所有的学生都亲身参与其中，用爱呼唤爱，让学生在一个充满友爱的集体中健康成长，提高班级凝聚力。

二、活动道具

把桌椅排成一个桃心，中间留有一块位置，并在黑板上书写表达感恩内容的PPT，营造一种温馨、和谐的气氛。

三、活动描述

主题班会（感恩我心知）：

第一部分：介绍拥有感恩心的重要性。

第二部分：班干部几人讲一些关于感恩的小故事。

第三部分：请班中几名学生说一说自己身边真实的故事。

第四部分：请同学们自己讨论：①什么是感恩？②我们应如何保持一颗感恩的心？

第五部分：互动环节（有多少人知道自己母亲的生日？父母穿多大尺码的鞋？父母喜欢的食物是什么？父母每年为我们花了多少钱？我们做了什么事，以回报父母？）。

四、调查形式

学生需根据问卷问题自我判定。

课外活动2

善待老人，温暖夕阳

活动类型：班级教育

人数：40~80人

时长：1小时以上

形式：社会实践、公益

一、活动简介

"尊老爱幼"一直都是中华民族的传统美德。新时代的大学生更应该继承并发扬这一传统美德。

（1）为生活在敬老院的老人们带去心灵上的慰藉，让他们感受到青少年的朝气和社会的温暖。

（2）增强同学们的社会责任感，让大家了解社会，关注这群庞大而特殊的群体，从中学会关爱，学会感恩。

（3）唤起社会的老龄意识，保护老年人的合法权益，强化对老人的尊敬、关爱意识。

二、活动目标

（1）联系好敬老院，确认时间和注意事项。

（2）用班费或筹集的经费为老人买些能吃且爱吃的食品。

（3）策划好文艺活动。

（4）分配好打扫卫生的工作。

三、活动描述

（1）集合人员一起去敬老院。

（2）到达后先给老人们表演文艺节目，送食品。

（3）然后一部分同学打扫卫生，另一部分同学与老人聊天下棋。

（4）和老人告别，合影留念。

注意事项：务必谨慎小心，以老人和自身安全为主，尊重老人，尽可能地帮助、服务老人。

任务三　法纪素养

案例导入

2011年感动中国人物杨善洲，30岁担任县级领导，39岁担任地委副书记，50岁担任地委书记。他在地方党委部门工作的40多年间，牢记党的宗旨，保持平民干部本色，戴草帽，穿草鞋。当地群众亲切地称呼他为"草帽书记"。作为一名共产党员，杨善洲同志60年如一日，始终坚定共产主义理想信念，牢记党的宗旨，时时处处以共产党员的标准衡量和要求自己。

古人说：居官之所以恃者，在廉；其所以能廉者，在俭。然而，在杨善洲的家乡保山市施甸县流传着这样一首民谣："杨善洲，杨善洲，老牛拉车不回头，当官一场手空空，退休又钻山沟沟，拼了老命建林场，创造资产几个亿，分文不取乐悠悠……"金钱是检验一个人品质的最好的试金石。杨善洲创办林场，一下把价值3亿多元的林场经营管理权全部无偿地交给国家，自己却很坦然。他做了一辈子"大官"，却始终坚持正确对待权力，正确对待地位，一身正气，两袖清风。他不徇私情，无论是相依为命的老母，还是至亲的女儿，也无论是相熟的旧知，还是家乡的父老，都严格要求，一视同仁，从不开方便之门；始终时刻保持自重、自警、自省、自励，常修立身之德，常思贪欲之害，常怀律己之心。他说："我手中是有权力，但它是党和人民的，只能老老实实用其办公事。"

案例分析

作为党的干部，杨善洲几十年如一日，坚守共产党人的精神家园。无论是在职期间，还是退休以后，他始终把党和群众的利益放在个人利益前面，始终淡泊名利、地位，始终公而忘私，廉洁奉公。

 名人名言

名节重泰山，利欲轻鸿毛。——于谦

自我提升

法纪素养是当代公民必不可少的一种素养。现代法治社会要求每个社会成员都应该学法，知法，懂法，守法，依照法律生产和生活，必须把一切活动纳入法治的轨道，遵守制度和纪律，照章办事。这就要求每个社会成员都要具备相应的法律素养，在行为上做到严格依法办事。社会成员的法律意识的普遍提升，在今天，不论在哪个层次上，也不论对于个人、人群、社会、民族和国家，都显得格外重要、格外迫切。法律素养的高低有赖于法纪素养的培育，特别是对于高职学生所属的大学生这一特殊群体，法律素养的提高更为迫切。他们是祖国未来的栋梁。其法律素养的高低对于保证国家的长治久安，实现依法治国，建设社会主义法治国家，具有重大的现实意义。法律素养的培养已成为社会和学校共同关心的问题。

一、遵纪

自觉遵守公司纪律。常言道，"没有规矩，不成方圆"。无论何行何业，都将纪律、规章制度放在首要位置。纪律面前，人人平等。一个企业只有纪律严明，管理严格，才能保证生产的正常进行。纪律是企业经营和发展的基本前提，而自觉遵守公司的各项规章制度也是职场人士最起码的职业素养。

青年人都向往自由，而纪律又是以约束和服从为前提的。因此，有些青年人便产生了误解，认为遵守纪律和个人自由是对立的：要遵守纪律，就没有个人自由；而要个人自由，就不该有纪律的约束。纪律和自由，从表面上看，二者好像是不相容的，但实际上是分不开的。只有遵守纪律，才能使人获得真正的自由；而若不遵守纪律，人们就会失去真正的自由。

在现代化的企业运作中，过硬的团队作风和严格的团队纪律是取得胜利的最佳保证。企业作为一个大的团体，只有严格管理团队，严格按照规章制度规范员工的行为，才能确保企业实现持续发展、稳定发展、和谐发展，建立常青基业。

俗话说："人心齐，泰山移。"严明的纪律能够增强企业的凝聚力、向心力，确保企业上下协调、政令畅通，进而确保员工执行力提高，企业核心竞争力增强。所以说，铁的纪律是一个团队能够生存与战斗的保障。

只有那些内心有纪律的人，才能在社会上更好地生存；只有那些内部有纪律的企业，才能在商业浪潮中持续发展。

漫画素养

"可乐，你这样的方法能伤得起吗？现在，问题来了！"

哦，好吧。

喂，薯条吗？我是可乐，今天有点事儿，晚点到公司，帮我打下卡呗。

哎，经常说有事，老是迟到……

嘿嘿，迟到也能打上卡……

办公室

可乐，本月第五次迟到！

"知行一致，行胜于言！"

二、守法

守法是法得以实施的一种基本形式。立法者制定法的目的，就是要使法在社会生活中得到实施。如果法制定出来了，却不能在社会生活中得到遵守和执行，那么必将失去立法的意义，也将失去法的权威和尊严。正如我国清末法学家沈家本所说："法立而不行，与无法等，世未有无法之国而长治久安也。"

随着公共生活领域的扩大，个人活动对他人和社会造成的影响也越来越大。如果人们在公共生活中随心所欲，各行其是，整个社会就会处于无序的、混乱的状态，人民群众就不可能安居乐业，社会和谐也就无从谈起。因此，我们应当树立法治观念，增强法治意识，做一个遵纪守法的好公民。法律就在你我身边。它总在无形中，时时刻刻地约束着我们的行为。它是无形的，却又是随着社会的进步不断完善的。

作为社会主义的接班人，大学生们必须做到懂法、守法，必须加强对法律知识的学习和了解，培养良好的法律品德，提高法律意识，增强法律观念；但是，由于社会经济的飞速发展、就业压力的增大，渐渐地，流入校园里的一些虚假繁荣与浮躁让有些大学生开始变得急功近利，丧失理智，偏离了正确的价值取向。面对物质的诱惑，有些人动摇了，变得不能自觉地控制自己。他们忘记法律的存在，用不正当，甚至违法犯罪的手段满足自己的欲望与需求，同时也在宣泄自己的不满，因而大学生违法犯罪的案例也随之多了起来。大学生应该养成正确的道德观和良好的行为习惯，在"学法，懂法，守法"中做出表率，起到积极的示范作用。

一个不懂法、不守法的大学生，掌握再多的科学知识，仍然是危险的，因为他可能因缺乏法律知识而不自觉地陷入违法犯罪当中。因此，大学生必须加强对法律知识的学习和了解，自觉学习法律法规，增强法律意识，做到知法、懂法、守法。同时，这也是大学生担负起自己的社会责任并实现自身价值的前提条件。

 漫画素养

三、廉洁

东汉时，杨震在一次赴任途中经过昌邑。他曾举荐的王密时任昌邑令，夜间带了10斤①金子，想赠送给杨震。杨震问："故人知君，君不知故人，何也？"意思是我了解你，而你并不了解我。这是干什么？王密说："暮夜无知者。"杨震说："天知，地知，我知，你知，何谓无知？"王密羞愧地走了。杨震巧妙地拒绝了王密的重金，也表现出他君子慎独的操守。杨震还有一段佳话。他身为高官，"性公廉不受私谒，子孙常蔬食步行"，故旧长者劝他为子孙置些产业。他不肯，说："使后世称为清白吏子孙，以此遗之不亦厚乎？"这种不同流俗的风骨，不仅在古代，在现代也如凤毛麟角。杨震一生，为人清廉可风，作为直谏之臣，也是光照千古。

廉是清廉，就是不贪取不应得的钱财；洁是洁白，就是指人生光明磊落的态度。廉洁就是说我们做人要有清清白白的行为，要有光明磊落的态度。

很多人可能会说，廉洁是对党员、干部提出的要求，而一个普通职业人和廉洁没有多大关系。这种想法是错误的。每一个职业人在自己的工作岗位上都会遇到攫取个人利益的机会，大到侵吞巨额财产，小到拿个螺丝钉。任何事情都是积少成多，以小见大。一个廉洁的工作环境、社会环境需要大家共同营造。

 漫画素养

---

① 1 斤 = 500 克。

"勿以恶小而为之，勿以善小而不为！"

拓展阅读

2004年6月17日，随着昆明市中级人民法院执刑者手中一声正义的枪声，在母校宿舍内残忍杀害4名同学的云南大学学生马加爵走完了自己22岁的短暂人生。在临刑前的最后一刻，马加爵始终表现得很平静。在那张因为被关押几个月没见到阳光而变得惨白瘦弱的脸上，看不到任何内心的变化。

审判长宣布：罪犯马加爵，今年22岁，系云南大学生命科学学院生物技术专业学生。2004年2月上旬，马加爵在云南大学鼎鑫学生公寓与同学唐学李、邵瑞杰、杨开红等人为琐事争执，认为邵瑞杰、杨开红等人说自己为人差、性格古怪等，并认为自己在学校的名声受到诋毁，原因都是邵瑞杰、杨开红、龚博等人所致，于是他感到很绝望，就决意杀害邵瑞杰、杨开红、龚博。因担心同宿舍的唐学李妨碍其作案，决定将4人一起杀害。罪犯马加爵购买了铁锤，并制作了假身份证，到昆明火车站购买了火车票，以便作案后逃跑。2004年2月13—15日，马加爵采取用铁锤打击头部的同一犯罪手段，将唐学李等4名被害人逐一杀害，并把被害人尸体藏匿于宿舍衣柜内。2月15日晚他乘坐昆明至广州的火车逃离昆明。经通缉，马加爵3月15日晚被抓获归案。依据刑法第232条，以及第57条第1款、第64条的规定，判处其死刑，剥夺政治权利终身。

由于马加爵表示完全认罪，没有提出上诉，云南省高级法院依法对该判决进行了复核。在公布的死刑复核书中，省高院认为：马加爵的犯罪行为手段残忍，社会影响特别恶劣，应该依法严惩。故一审判决定罪准确，量刑适当。

宣读这份死刑复核书，审判长刀文兵仅仅用了5分钟。紧接着，他根据云南省高级法院的授权，发出了将马加爵押赴刑场执行死刑的命令。至此，原本还能自己站立的马加爵的两条腿明显软了下去，被两名执法者强有力的 4 只手臂架出法庭，架上了等候多时的刑车，直奔刑场而去。

 课外活动

模拟法庭

活动类型：社会实践

人数：10~40 人

时长：1 小时以上

形式：实验实训

活动简介：

一、活动目标

通过模拟法庭活动使学生树立正确的奉献观念、法律意识，培养学生的工作经验、通用能力、人际沟通能力，提高情绪稳定、适应能力，培养坚强意志，增强守信意识。

二、活动道具

桌子、椅子、桌签、手绘宣传海报、服装等。

三、活动描述

（1）前期准备：学生干部去真实法院旁听，了解有关的法院判案流程，寻找典型案例。

（2）实施过程：活动过程分为 3 个阶段。

第一阶段：由学生干部出任法官等法院人员，由学生担任陪审团。

第二阶段：以典型案例配合法律条款，进行审案。

第三阶段，由学生陪审团给出意见，并宣判。

（3）总结和评价：学生互动评价，教师结合法院现场出现的问题进行点评和总结。

四、注意事项

注意控制答辩学生情绪，以免发生冲突。

五、调查形式

学生需根据问卷问题自我判定。

模块二　职业基本素养篇

 学习目标

　　通过本模块的学习，增强自己的职业道德意识，端正职业态度，领悟在工作中爱岗敬业、诚实守信、勇于担当对自己和单位的重要意义；学习正确的求职礼仪和职场礼仪，从而更好地完成从一名大学生向一名职场人的转变。

项目二　职业道德与职业责任

　　不能爱哪行才干哪行，要干哪行爱哪行。——丘吉尔

任务一　爱岗敬业

 案例导入

　　野田圣子1985年进入东京帝国饭店工作，但没想到上司竟安排她做洗厕工，每天都必须将马桶擦洗得光洁如新。心理作用使她几欲作呕。本想立即辞去这份工作，但她又不甘心自己刚刚走上社会就败下阵来。她初来时曾经发誓：一定要走好人生的第一步！

　　就在圣子的思想十分矛盾的时候，酒店里一位老员工出现在她面前，二话不说，拿起工具亲手演示了一遍：一遍又一遍地擦洗马桶，直到光洁如新，然后将擦洗干净的马桶装满水，再从马桶中盛出一杯水，连眉头都没皱一下就一饮而尽。整个过程没有半丝停顿。野田圣子从此暗下决心：即使一辈子洗厕所，也要洗出成绩来。

　　此后，野田圣子为了检验自己的自信，为了证实自己的工作质量，也为了强化自己的敬业心，她曾多次喝过自己擦洗过后的马桶里装的水。1987年，野田圣子当选为岐阜县议会议员，是当时最年轻的县议员。1998年7月担任小渊惠三内阁的邮政大臣，是日本最年轻的阁员。

案例分析

野田圣子及她的前辈的"喝厕水"的行为无疑是爱岗敬业的强烈体现，让我们十分敬佩。野田圣子给我们这样的启示：无论做什么事情，在什么工作岗位上，都要认真对待自己的工作，尽心尽力，力求完美。爱岗敬业是职场公认的"第一美德"。

名人名言

敬业为立业之本，不敬业者终究一事无成。——拿破仑·希尔

自我提升

每个单位都存在这样的员工：他们每天按时打卡，准时出现在办公室，却没能做出出色的成绩；他们每天早出晚归，忙忙碌碌，却不精益求精；他们经常抱怨英雄无用武之地，不屑于手头的工作，却从不认真反省自己的工作态度；他们不思进取，马马虎虎，得过且过。他们每天都应付性地工作。对于他们来说，工作就是一种"差不多"。

"差不多"实际上是一种严重缺乏敬业精神的表现，是工作中的失职。轻者表现为自己的工作不出色，而重者则表现为在工作中造成重大损失或事故。

爱岗就是热爱自己的工作岗位，热爱自己从事的职业。敬业就是以恭敬、严肃、负责的态度对待工作，一丝不苟、认真负责、专心致志地把工作做好。

敬业，是一种高尚的品德。它表达的是这样一种含义：对自己所从事的职业怀着一份热爱、珍惜和敬重，不惜为之付出和奉献，从而获得一种荣誉感和成就感。可以说，如果社会各个行业的人们都具有敬业精神，我们的社会就会更加文明、更加进步、更加充满生机和活力。

敬业是一种优秀的职业品质，是职场人士的基本价值观念和信条。在经济社会中，每个人要想获得成功，获得他人的尊敬，就必须对自己所从事的职业保持敬仰之心，视职业、工作为天职。可以说，爱岗敬业是职业精神的首要内涵，是职业道德的集中体现。

"敬业"在我国古代《礼记·学记》中就以"敬业乐群"被明确提了出来。正如朱熹所说："敬业何，不怠慢，不放荡之谓也。"他还说："敬字工夫，即是圣门第一义。无事时，敬在里面；有事时，敬在事上。有事无事，吾之敬未尝间断。"这里的"敬事""敬业"都是指在工作中要聚精会神，全心全意。这种"不怠慢，不放荡""未尝间断"的职业态度和敬业精神，是职业人做好本职工作所应具备的起码的思想品格。

进一步讲，所谓爱岗敬业，就是敬重自己的工作，将工作当成自己的事。其具体表现为忠于职守、尽职尽责、认真负责、一丝不苟、一心一意、任劳任怨、精益求精、善始善终等职业道德。

一个人如果没有基本的敬业精神，就无法成为一个优秀的人，更难以担当大任。敬业

是一种人生态度，是珍惜生命、珍视未来的表现。对做好每一项工作，我们每个人都有责任、有义务。我们每个人都应该为工作尽一份心、出一份力。

 漫画素养

拓展阅读

一个人，一匹马，一条路和一颗温暖的心。

在绵延数百公里①的木里县雪域高原上，一个人牵着一匹马驮着邮包默默行走的场景，成了当地老百姓心中最温暖的形象。20 年中，他一个人跋山涉水，风餐露宿，按班准时地把一封封信件、一本本杂志、一张张报纸准确无误地送到每个用户手中。这个人，就是木里藏族自治县邮政局的一个普通的苗族乡邮递员，一个 20 年来每年都有 330 天以上独自行走在马班邮路上的邮递员，一个在雪域高原跋涉了 26 万公里，相当于走了 21 趟二万五千里长征，绕地球赤道 6 圈的共产党员——王顺友。

邮路上高山气候恶劣，空气稀薄，道路险恶，行走困难，还经常遇到冰雹、飞石和野兽的袭击，一个人行走异常危险。当地人走这条山路都是和马帮结伴而行，只有王顺友总是独自一人风雪无阻地行走在这条路上，露宿在荒山野岭。熟识的村民送他一个外号"王大胆"。"王大胆"的胆量已经被考验了无数次。

面对这绝无仅有的困苦，这个外表矮小、干瘦、背驼的"男子汉"以顽强的意志战胜了孤独寂寞和艰难险阻，每年投递报纸 8 400 多份，杂志 330 多份，函件 840 多份，包裹 600 多件，为大山深处各族群众架起了一座"绿色桥梁"。正如他自己所说："搞好本职工作是我的责任。再大的苦也要忍了，不能给党丢脸。"

2005 年 1 月 6 日，王顺友送完倮波乡的邮件准备返回白碉乡时再次遇险。当时，他刚要上横跨雅砻江的吊桥时，吊桥的一根钢绳突然断了，整座吊桥翻了 180°。正走在桥上的一个马夫手快，伸手抓住了另一根钢绳，慢慢地爬回了岸边。另一个马夫和 9 匹骡马全部坠入江中，瞬间就淹没在湍急的江水中。紧随其后的王顺友吓出了一身冷汗。看到当时场景的人在为王顺友感到庆幸的同时都问他："你害怕吗？"王顺友说："哪个不害怕哟，但是人总有一死。如果是为工作而死，值得！"

正是凭着这种极端负责的工作态度，20 年来，王顺友没有延误过一个班期，没有丢失过一个邮件，没有丢失过一份报刊，投递准确率达到 100%，为中国邮政的普遍服务做出了最好的诠释。

任务二　诚实守信

 案例导入

当林肯刚进入法律界的时候，他还很贫穷。一天，一个邮局的负责人来拜访这位年轻

---

①　1 公里 =1 000 米。

的律师，因为林肯刚刚做过一段时间的邮政员，手头还有一笔邮局的钱，而这个人就是来跟他结清账目的。与这位负责人同来的还有亨利博士，因为他相信林肯这时肯定没钱，所以特地来贷款给他。这时，林肯先出去了一会儿。他回到了自己的住处，然后很快就回来了，手里提着一个破旧的袋子，里面是邮局预付给他的 17.60 美元。林肯所要还给邮局的正是这个数目，并且正是当初给他的那些钱。对于不属于自己的金钱，林肯从来不肯动用，即使是临时动用。

"你得先预交 30 000 美金。"他跟一个向他咨询关于一块土地纠纷案件的当事人说。"但是我弄不到那么多钱。""那我替你想办法。"林肯说。随后，林肯去了一家银行，告诉银行出纳说他要提 30 000 美金，并补充说："我一两个小时以后就会送回来。"出纳二话没说就把钱给了他，甚至连张收据都没填。

"除非他确信当事人的案子会赢，否则林肯先生是不会接手的。"伊利诺伊州斯普林非尔德的一名律师这样说："而且法庭、陪审团和检察官都知道，只要亚伯拉罕·林肯出庭，那他的当事人肯定是站在正义的一方。我并不是站在政治的立场上来说这番话的，因为我们属于不同的党派。事实的确如此。"

有一次，林肯得知他的当事人捏造事实，骗林肯说他自己是正确的。于是，林肯就拒绝为他做代理。然而，林肯的一个合伙人接了这个案子，并且胜诉了，得到了 900 美金的代理费，但是林肯拒绝接受本该属于他的那一半。这是因为他渴望正义，渴望人格的完美。

在林肯做店员的时候，也正是由于诚实的品质才驱使他跑了 6 英里①的夜路，去归还一位夫人的零钱，而不等到下次找机会再还她。也正是因为如此，"诚实的亚伯拉罕"才成为人性中最高贵品质的代表。

当林肯的盟友从芝加哥给他发电报告诉他，只有保证能够同时获得两个敌对代表团的选票，他才有可能被提名为候选人，而要想得到这两个代表团的选票则必须向他们承诺在将来的内阁中要给其一定的职位时，林肯回答说："我不会同他们讨价还价的，也不会受制于任何势力。"

当时，"诚实的亚伯拉罕·林肯"在美国已经成为正义与诚实的代名词了。

案例分析

诚实是亚伯拉罕·林肯做事的第一准则。诚信为他带来了信誉和成功。他是我们每一个人学习的榜样。诚实守信是我们做人的基本准则。

名人名言

言不信者，行不果。——墨子

----

① 1 英里 = 1.609 3 千米。

自我提升

　　诚信是一个道德范畴，是公民的第二个"身份证"，是日常行为的诚实和信用的合称，即待人处事真诚、老实，讲信誉，言必信，行必果，一诺千金。

　　无论在什么领域，诚信永远都是最为敏感的。在职场中诚信的重要性更是不容置疑的。诚信是一个人安身立命的基础。一个没有诚信的人，不但得不到大家的信任，就连起码的尊重也不会得到。试想一下，对一个满口谎言、经常承诺却总不兑现的人，谁又敢把他的话当真，把自己的事交给他办？对一个得到任务却不努力完成的人，哪个上司会器重？对一个对客户缺乏诚信和信用的人，谁还愿意与他合作？总之，谁在职场中缺少了诚信，谁就会在职场中被抛弃。

　　"人而无信，不知其可也"。诚信作为公民的道德规范，既是市场经济领域中基础性的行为规范，也是个人与社会、个人与个人、个人与企业的基础性规范。诚信不仅是一个民族综合素质的体现，更是现代文明的标志和基石；诚信不仅关系到一个国家的经济能否健康发展，也关系到一个企业的命运兴衰。在以人为本、科学发展的今天，企业会把职员的诚信作为企业兴衰的重要内容，在录用新员工时将其作为比才能更为重要的考核标准。

　　漫画素养

拓展阅读

有一位求职者到一家公司去应聘。由于各方面的条件很不错，他很快便从众多的应聘者中脱颖而出。面试的最后一关，由公司的总裁亲自主持。当这位求职者跨进总裁的办公室时，总裁便惊喜地站起来，紧紧握住他的手说："世界真是太小了，真没想到会在这儿碰上你。上次在东湖游玩时，我的女儿不慎掉进湖中，多亏你奋不顾身地跳下水去将她救起。我当时由于忙，忘记询问你的名字了。你快说你叫什么。"

这位求职者被弄糊涂了，但他很快便想到可能是总裁认错人了。于是，他平静地说："总裁先生，我从来没有在东湖救过人。您一定是认错人了。"但无论这位求职者如何解释，总裁依然一口咬定自己不会记错。求职者呢，也犯了倔强，就是不承认自己曾经救过总裁的女儿。过了好一会儿，总裁才微笑着拍了一下这位求职者的肩膀，说："你的面试通过了，明天就可以到公司来上班。你现在就到人事部报到吧！"

原来，这是总裁刻意导演的一项测试。他制造了一起"救人"事件。其目的是要考察一下求职者是否诚实。在这位求职者前面的几位，因为都想将错就错，乘机揽功，结果反而被总裁全部淘汰了；而这位求职者却在面试的时候，成功地展示了自己诚实的美德，所以轻松过关了。

课外活动

诚信，人生路上的朋友

活动类型：班级教育

人数：10~40人

时长：0.5～1 小时

形式：演讲座谈

活动简介：

一、活动目标

通过诚信教育，可以让同学们知道诚信是一种人人必备的优良品格。一个人讲诚信，就代表了他是一个讲文明的人。讲诚信的人，处处受欢迎；不讲诚信的人，人们会忽视他的存在。诚信是为人之道，是立身处事之本。

二、活动道具

以小组的形式把桌椅排成几部分。黑板上有诚信教育的板书。

三、活动描述

主题活动——诚信，人生路上的朋友。

（1）介绍诚信的含义。

（2）以小组的形式讲一些关于诚信的故事。

（3）讨论"诚信"在生活中的重要性。

打铁还需本身硬　　新华社发 李二保 作

四、调查形式

学生根据问卷问题自我判定。

任务三　有责任心

案例导入

2012 年 5 月 29 日早 7 点 10 分，吴斌驾驶着大客车从杭州出发，开往无锡，10 点 10 分顺利抵达。休息了 1 个小时后，11 点 10 分，他从无锡站再次出发，准备返回杭州。11 时 40 分左右，车辆行驶至锡宜高速公路宜兴方向阳山路段（江苏境内）时，突然有一个铁块（后确认为制动毂残片）从空中飞落，击碎车辆的前挡风玻璃后砸向吴斌的腹部和手臂，导致其肝脏破裂及肋骨多处骨折，肺、肠挫伤。

在危急关头，他强忍着剧烈的疼痛将车辆缓缓停下，拉上手刹，开启双闪灯，以一名职业驾驶员的高度敬业精神，完成一系列完整的安全停车措施。之后，他又以惊人的毅力，从驾驶室艰难地站起来告知车上旅客注意安全，然后打开车门，安全疏散旅客。在做完这些以后，耗尽了最后一丝力气的他，瘫坐在座位上。吴斌，他没有把最宝贵的第一时间留给自己拨打120，而是留给了车上的24名乘客。

案例分析

吴斌在危急时刻体现了强烈的责任心和敬业精神，当之无愧"最美司机"的称号。可以想象，责任心在平日里就已经成了吴斌的工作习惯。他是我们每个人心中的英雄，值得我们每个人学习。

名人名言

一个人若是没有热情，他将一事无成，而热情的基点正是责任心。——列夫·托尔斯泰

自我提升

忠于职守、勤勉尽责是一名工作人员起码的职业操守和道德品质。每个人的岗位不尽相同，所负职责有大小之别，但要把工作做得尽善尽美、精益求精，离不开一个共同的因素，那就是具备强烈的事业心和责任心。有了责任心方能敬业，自觉把岗位职责、分内之事铭记于心，对该做什么、怎样去做，及早谋划、未雨绸缪；有了责任心方能尽职，一心扑在工作上，有没有人看到都一样，做到不因事大而难为，不因事小而不为，不因事多而忘为，不因事杂而错为；有了责任心方能进取，不因循守旧、墨守成规、原地踏步，而是勇于创新，与时俱进，奋力拼搏。

工作中不乏挑肥拣瘦，推卸责任之人，以"不会做""做不好""不属于自己任务范围"等理由推脱，或者遇到问题后总是找客观原因，找别人的原因，而不找自己的原因，不找主观原因。要培养自己主动做事的责任心，积极主动地融入团队解决问题。面对困难，具有勇担责任的工作态度。只有不找任何借口推卸责任，才能赢得团队对你更多的支持。

在我们身边的职场中，许多员工习惯于等候和按照上级的吩咐做事。似乎这样就可以不负责任。即使出了错，也不会受到遣责。这样的心态只能让别人觉得你目光短浅，而且上司会觉得你能力不够，永远不会将你列为升迁的人选。在现实中，很多老板最看重的就是把公司的事情当成自己事情的人。这样的职员任何时候都是公司的红人。他们也都有一个特质，就是敢做敢当，勇于承担责任。

"我警告我们公司的每一个人，"美国塞文机器公司前董事长保罗·查莱普说，"假如有谁说'那不是我的错，而是他（其他同事）的责任'，如果被我听到的话，那么我一定会开除他，因为这么说话的人明显对我们公司没有足够的兴趣。"这句话，可以代表所有老板对责任心的理解。在工作中，高度的责任心往往会达到出色的工作成果。如果想在职

场上的路更顺一些，你就需要做到勇于负责，不找借口。

 ### 漫画素养

拓展阅读

　　一位名叫基泰丝的美国记者有一次来到日本东京的奥达克余百货公司。她买了一台"索尼"牌唱机，准备作为见面礼送给住在东京的婆婆。售货员彬彬有礼，特地为她挑了一台尚未启封的机子。当基泰丝回到住所开机试用时，却发现该机没有装内件，因而根本无法使用。她不由火冒三丈，准备第二天一早就去百货公司交涉，并迅速写好了一篇新闻稿，题目是《笑脸背后的真面目》。

　　第二天一早，基泰丝在动身之前忽然收到百货公司打来的道歉电话。50分钟以后，一辆汽车赶到她的住处。从车上下来的是奥达克余百货公司的总经理和拎着大皮箱的职员。两人一进客厅便俯首鞠躬，表示特来请罪。除了送来一台新的合格的唱机外，又加送蛋糕一盒，毛巾一套，以及著名唱片一张。接着，总经理又打开记事簿，宣读了一份备忘录，上面记载着公司通宵达旦地纠正这一失误的全部经过。原来，前一天下午4点30分，售货员在清点商品时发现错将一个空心货样卖给了顾客。她立即报告公司警卫迅速寻找，但为时已晚。此事非同小可。经理接到报告后，马上召集有关人员商议。当时只有两条线索可循，即顾客的名字和她留下的一张"美国快递公司"的名片。据此，奥达克余公司连夜开始了一连串无异于大海捞针的行动：打了32次紧急电话，向东京各大宾馆查询，但没有结果。于是，公司打电话到美国快递公司，深夜接到回电，得知顾客在美国父母的电话号码，接着，又打电话去美国，得到顾客在东京婆婆家的电话号码，终于找到了顾客的地址。这期间，百货公司一共给宾馆、快递公司、顾客父母、婆婆打了35个紧急电话。基泰丝深受感动，她立即重写了新闻稿，题目叫作《35次紧急电话》。文章见报后，反响强烈。奥达克余百货公司因一心为顾客而生意火爆。所以，无论是在完成工作的过程中，还是在问题发生后，都应积极主动地解决问题。奥达克余百货公司的职员就是用强烈的工作责任心，在出现问题后积极主动地解决问题，不但挽回了公司的信誉，还提高了公司的知名度和美誉度。

项目三　职业形象与商务礼仪

人无礼则不生，事无礼则不成，国无礼则不守。——荀子

任务一　大学生求职礼仪

案例导入

一次某公司招聘文秘人员，由于待遇优厚，应者如云。中文系毕业的小李同学前往面试。她的专业条件可能是最棒的：大学4年中，在各类刊物上发表了多篇作品，有小说、诗歌、散文、评论、政论等，还为6家公司策划过周年庆典，一口英语表达也极为流利，书法也堪称佳作。小李五官端正，身材高挑。面试时，招聘者拿着她的材料等她进来。小李上身穿着露脐装，下身穿着迷你裙，涂着鲜红色的口红，轻盈地走到面试官面前，不请自坐，随后跷起了二郎腿，笑眯眯地等着问话。孰料，3位招聘者互相交换了一下眼色。主考官说："李小姐，请下去等通知吧。"小李喜形于色："好！"挎起小包飞跑出门。

案例分析

求职是人生目标的选择，在现代社会生活中越来越重要。每一位大学毕业生都渴望找到一个能发挥自己聪明才智的舞台，成就一番事业。求职面试不仅考查应聘者的专业技能，而且考查其个人仪表、言谈举止。这些也会体现出一个人的个人素质和礼仪修养。上面的案例中，小李的专业技能过硬，也非常适合所应聘的职位，但她的衣着打扮、言行举止都不合时宜，引起了面试官的反感，最终求职失败。"细节决定成败"。大学生在求职面试时需要注意的细节问题有很多。只要在日常生活中掌握一些礼仪知识，并能养成良好的习惯，在细节中体现出当代大学生的良好素质，相信有知识、有能力的大学生就一定能在激烈竞争的市场经济中找到自己的位置。

名人名言

美德是精神上的一种宝藏，但是使它们生出光彩的则是良好的礼仪。——约翰·洛克

自我提升

在求职过程中，大学生要想把握住更多的机会，就必须具备较高的综合素质。在知识面广、专业技术精通、业务能力强的基础上还必须提高个人的修养，而在日常的生活、学习中则要养成良好的习惯，以避免因为一些细节问题而影响自己的前程。要想提高个人的修养，就必须掌握一些必备的礼仪知识。

在求职过程中，有一系列无声的语言在诉说着你的素质，如时间的把握、手足的摆放、动作的得体度、面部表情等；也有一系列有声礼仪在体现着你的文明内涵，如"您好""谢谢""请"等。在这里，"适度"是最为关键的。你的言谈举止要严谨，又不拘谨，能适时根据自己的身份恰到好处地表达你的敬意。

心理学家奥里·欧文斯说："大多数人录用的是他们喜欢的人，而不是最能干的人。"那么，如何赢得用人单位的喜欢呢？注重求职礼仪将会帮助你抓住每一个机会，并以最快的速度找到自己的理想栖身之地。西班牙的伊丽莎白女王说："礼节及礼貌是一封通向四面八方的推荐信。"那么，在求职过程中，需要注意哪些求职面试礼仪呢？

一、个人礼仪

虽然大学生的主要任务是学习文化知识，但要想塑造良好的大学生形象，给人以良好的第一印象，就必须注意学习一些个人礼仪知识。调查结果显示，当两个人初次见面时，第一印象中的55%来自你的外表，包括你的衣着、发型等；第一印象中的38%来自你的仪态，包括你举手投足间传达出来的气质等；而只有7%的来自简单的交谈。

一位打扮不合时宜的、邋遢的大学生与形象良好的大学生在同等条件下参加面试时，前者肯定是落选者。有这样一位大学生，他在面试时穿了一身刚买的深色西装、一双黑色的皮鞋，以及一双白色的袜子，希望自己形象不俗，能给主试者留下良好的第一印象，但他不知自己已违背了着西装的基本规则。他虽然穿上了深色的西装和黑色的皮鞋，却不合时宜地以一双与前者反差过大的白色袜子同其搭配，而且在他所穿的西装上衣的左侧衣袖上，本当拆掉的商标还赫然在目。他的衣着给面试官对他的第一印象大大地扣了分。

参加面试时，一定要注意一些细节问题，比如皮肤要洁净，指甲要及时修剪，头发要

整洁，口腔要卫生，要有正确的站、坐、走相，服装要合时宜，鞋要擦干净，不要随便打断主考官的讲话，谈话时要注意语音、语调、语速、语气等。还有很重要的一点，就是面试过程中要始终面带微笑。这些细节都是体现大学生素质修养的。掌握了这些礼节，将有助于我们求职的成功。

（一）仪表礼仪

美国形象大师罗伯特·庞德说："这是一个两分钟的世界。你只有一分钟展示给人们你是谁，另一分钟让他们喜欢你。"

面试是通过当面交谈问答对求职应试者进行考核的一种方式，是一个双向沟通的过程。一个谦恭有礼、注重个人仪表礼仪的求职者，会给人留下积极而美好的第一印象。良好的第一印象往往来自得体大方的礼仪。礼仪是个人形象、气质、谈吐和行为的综合体现，往往体现了一个人的综合素养和品位。礼仪是面试官考量求职者的重要依据。很多求职者在面试过程中由礼仪方面的失误导致自己的面试得分减少，最终错失了工作机会。第一印象是职场上很关键的点。假如你面试成功了，这个印象将会伴随你很长时间。

1. 女士仪表礼仪

（1）发型文雅、庄重，梳理整齐。

（2）最好画淡雅的彩妆，避免浓妆；若喷香水，则选用香型淡雅的。

（3）嘴巴、牙齿清洁，无食物残留物。

（4）指甲不宜过长，并保持清洁；若涂指甲油，则选用自然的颜色。

（5）穿着要合体，简单大方，不要穿太过休闲的服装；若穿裙子，长度则要适宜。

（6）配饰简洁高雅，避免造型夸张，发出响声。

（7）鞋子光亮、清洁。

（8）全身的颜色不要超过 3 种。

2. 男士仪表礼仪

（1）整洁的短发，不要太新潮。

（2）刮胡须，保持清洁。

（3）领带紧贴领口，系得美观大方。

（4）西装平整、清洁。

（5）西装口袋中不要放物品。

（6）穿白色或单色衬衫，领口、袖口无污迹。

（7）皮鞋光亮，穿深色袜子，不要穿露出脚趾的凉鞋。

（8）全身的颜色不要超过 3 种。

漫画素养

"铭记公序良俗，为己赢得尊严。"

（二）仪态礼仪

1. 面带微笑

真诚的微笑是人际交往的通行证，是推销自己的润滑剂。微笑无须成本，却可创造价值。微笑具有塑造形象、表现性格、协调关系等功能，但必须是真诚的、自然的、发自内心的，必须适度、得体。一个面带微笑的求职者，必定会为自己留给面试官的第一印象大大加分。

2. 站姿与坐姿

"站如松，坐如钟"。面试时也应该如此。要表现出精力和热忱。松懈的姿势会让人感觉你疲惫不堪或漫不经心。站姿是人体最基本的姿势，能反映求职者的外在形象和礼貌修养。坐下时要挺直腰杆，不要跷"二郎腿"。女士最好双膝并拢，把双手放在膝盖上。

3. 眼神

眼睛是人类"心灵的窗户"，能与他人进行交流。在面试时眼神要热情，包含真诚与尊重，学会与对方的目光接触，善于用眼神与对方打招呼；交谈时眼睛应注视谈话方，既不能"死盯着"不放，令对方感觉不舒服，也不可低头斜视而显得自卑；倾听时不要"左顾右盼"，切忌眼光游移不定。一般情况下，眼睛视线范围大致在鼻子以下，胸口以上的位置比较合适。

4. 手势

说话时做些手势是很自然的。适当的手势可以起到"画龙点睛"的作用，弥补语言表达的不足，但也并非多多益善。例如，若说话时手舞足蹈，频率、幅度过大，则容易给人以轻狂、缺乏教养的感觉。

拓展阅读

凯恩集团正在招聘职员。小林马上就要毕业了。对此，她信心百倍，因为她专业对口，而且其他条件也非常符合。面试当天，小林为了给招聘单位留下好印象，决定好好打扮一下自己。在寝室忙了半天，她最后选中了一条大花的连衣裙，穿上高跟凉鞋，戴上项链、耳环、手链，还化了流行的闪亮妆。她想，这样一定能在外形上取得优势。面试当天，小林与其他面试者一起在办公室外等候。

当看完发下来的题目后，小林更觉得胜券在握。她松松垮垮地站在门口准备上场，回头看见有一排沙发，便坐在沙发上，跷起二郎腿，悠闲地拿出化妆包开始补妆。面试时，小林看到题目有点陌生，忍不住挠头抓痒，在座位上扭来扭去。面试完毕，结果可想而知。

二、公共礼仪

公共礼仪是大学生介入社会生活的一种基本工具。好的公共礼仪有助于大学生求职就业。

有一个著名的例子，金利来品牌的创始人曾宪梓在面试应聘者时，出了一道有趣的测试题：将一把用来打扫卫生的扫把斜放在办公室门口。应聘者很多，但并不是所有的应聘者都能把扫把扶起来。曾宪梓最后录取的是那些达到应聘条件并主动将倒在地上的扫把扶起来的人。他的道理很简单。应试的人进出时看到了倒在地上的扫把，虽然自己没有被绊倒，但可能会碰到其他的人，并且看着也别扭。若他不愿意弯一弯腰，把扫把扶起来，则说明这个人不习惯为他人着想，或是不灵敏，而且很懒。如果有能力的大学生因为这件事而与将要到手的工作失之交臂，实在是太可惜了。

细节决定成败。大学生应该在平时就掌握一些必要的公共礼仪，并把这些礼仪变成自己的习惯。

1. 守时守约

求职时一定要守时守约，不迟到或违约。迟到和违约都是不尊重面试官的一种表现，也是不礼貌的行为。如果你因为客观原因需要改期面试，或不能如约按时到场，则应事先打个电话通知面试官，以免其久等。如果已经迟到，则不妨用简洁的语言主动陈述原因。这是必备的礼仪。

面试时最好提前 10～15 分钟到达面试地点以事先熟悉一下环境。如果面试迟到，那么不管你有什么理由，也会被视为缺乏自我管理和约束能力，即缺乏职业能力，给面试者留下非常不好的印象。如果路程较远，则宁可早到 30 分钟。现在路上堵车的情形很普遍，对于不熟悉的地方也难免迷路。但早到后不宜提早进入办公室，最好不要提前 10 分钟以上出现在面谈地点，否则聘用者很可能因为手头的事情没处理完而觉得很不方便。当然，如果事先通知了许多人来面试，早到者可提早面试或是在空闲的会议室等候，那就另当别论了。

2. 敲门进入

进办公室去面试时，一定要敲门。即使面试房间的门是开着或虚掩着的，也要敲门，而千万不要冒失闯入，否则会给人以鲁莽、无礼的印象。敲门时应注意敲门声音的大小和敲门的速度，一定要轻轻地、慢慢地敲，待得到允许后再进门；入室后转身把门关好，动作要轻便。

3. 关好手机

在面试时，自觉把手机关掉或设置为静音模式。不能在面试时接听手机。这是极不礼貌的行为。

4. 双手递物

求职时要带上个人简历、证件、介绍信或推荐信等必要的求职资料。见面时，最好不用翻找就能迅速取出所需要的资料。送上资料时，要把资料的文字正对着面试官，并双手递上。

拓展阅读

　　一家公司招聘一名办公人员，有50多人前来应聘。公司经理在众多的应聘者中选中了一名普通的年轻人。其助手问："怎么选了他呀？他可是没有任何工作经验啊。"公司经理回答："他一定能适应这份工作。首先，他在进门之前妥善地收放好了自己的雨具，进门后随手关上了门，说明他做事很仔细；其次，在等候的时候，他不像其他应聘者那样在外喋喋不休地谈论；再次，当一名老年人向他咨询时，他礼貌、耐心地为老人解答；最后，进办公室之后，其他应聘者都没有注意到我故意倒放在门边的拖布，而只有他俯身捡起并把它放在了墙角。此外，他还衣着整洁，回答问题简明干脆。这些都足以证明他能够胜任这份工作。"

课外活动

模拟招聘会

活动类型：社会实践

人数：10～40人

时长：1小时以上

形式：现场模拟

活动简介：

一、活动目标

通过模拟动画招聘会活动使学生树立正确的奉献、择业观，培养学生的工作经验、通用能力、创新能力、人际沟通能力，提高情绪稳定性，规范学生的行为举止。

二、活动道具

电脑、专业软件、桌子、椅子、桌签、学生个人简历。

三、活动描述

（1）前期准备：邀请教师与企业人员作为此次活动的组织者。提前2周将参与活动的学生随机分组或由学生自由组合分组，每组2～3人。每个学生结合自身情况编写个人简历，并准备专业技能演示。教师与企业人员需准备招聘过程涉及的有关问题。

（2）实施过程：活动过程分为4个阶段。第一阶段，由每组派代表向全体学生介绍本组拟订的招聘方案；第二阶段，参与活动学生根据现场招聘方案介绍情况，自主选择应聘单位。第三阶段，由老师和企业人员扮演招聘人员，逐一进行现场招聘。学生依次应聘，而其他人员进行现场观摩。第四阶段，学生上机根据实际项目进行软件操作测试。

（3）总结和评价：教师和企业人员结合招聘现场出现的情况点评。

四、注意事项

注意活动安全。

五、调查形式

学生需根据评价表进行自我判定。

任务二　职场商务礼仪

 案例导入

1962 年，周总理到西郊机场为西哈努克和夫人送行。亲王的飞机刚一起飞，我国参加欢送的人群便自行散开，准备返回，而周总理这时却依然笔直地站在原地未动，并要工作人员立即把那些离去的同志请回来。这次总理发了脾气，严厉地批评道："你们怎么搞的，没有一点礼貌！各国外交使节站在那里，飞机还没有飞远，你们倒先走了。大国这样对小国客人不是搞大国主义吗？"当天下午，周总理就把外交部礼宾司和国务院机关事务管理局的负责同志找去，要他们立即在《礼宾工作条例》上加上一条，即今后到机场为贵宾送行，须等到飞机起飞，绕场一周，双翼摆动 3 次表示谢意后，送行者方可离开。

案例分析

送客是接待工作的最后一个环节。主人在客人刚刚告别还未走远时就转身离开是不礼貌的行为。西哈努克亲王的飞机刚一起飞，工作人员就散开了，没有体现出应有的外交礼宾素质。周恩来是新中国外交礼宾工作的奠基人。他一向严谨细致，对礼宾工作倾注了大量心血，对新中国礼宾风格的形成有着重大影响。

名人名言

国尚礼则国昌，家尚礼则家大，身尚礼则自修，心尚礼则自泰。——颜元

自我提升

商务礼仪是在商务活动中体现相互尊重的行为准则。其核心作用是为了体现人与人之间的相互尊重。可以用一种简单的方式概括商务礼仪，即商务活动中对人的仪容仪表和言

谈举止的普遍要求。

一、职场礼仪的基本原则

1. 真诚尊重的原则

真诚是对人对事的一种实事求是的态度，是待人真心真意的友善表现。真诚尊重首先表现为对人不说谎、不虚伪、不侮辱人；其次表现为对他人的正确认识，相信他人，尊重他人。只有真诚奉献，才会有丰硕的收获。只有真诚尊重，才能使双方心心相印，友谊地久天长。

2. 平等适度的原则

在交往中，平等表现为既不要我行我素，自以为是，厚此薄彼，也不要傲视一切，目空无人，更不要以貌取人，或以职业、地位、权势压人，而应该处处时时平等谦虚待人。唯有此，才能结交更多的朋友。把握适度的分寸，根据具体情况、具体情境而体现相应的礼仪。例如，在与人交往时，既要彬彬有礼，又不能低三下四；既要热情大方，又不能轻浮诌媚；要自尊但不能自负；要坦诚但不能粗鲁；要信人但不要轻信；要活泼但不能轻浮。

3. 自信自律的原则

自信是社交场合的一份很可贵的心理素质。一个有充分信心的人能在交往中不卑不亢，落落大方，遇到强者不自惭，遇到磨难不气馁，遇到侮辱敢于挺身反击，遇到弱者会伸出援助之手。

4. 信用宽容的原则

信用即讲信誉。在社交场合，尤其要讲究信用。一是要守时，与人约定时间的约会、会谈、会议等，决不应拖延迟到。二是要守约，即与人签订的协议、约定和口头答应的事，要说到做到，言必信，行必果。在社交场合，如果没有十足的把握，就不要轻易许诺他人。若许诺了别人而做不到，就会给他人留下不守信的印象。宽容是一种较高的境界。要容许别人有行动与见解的自由，站在对方的立场去考虑问题。

二、着装礼仪

两个人相见时，第一印象就是对方的着装。一个人在职场中的着装能够体现出他的品位、档次、美学修养和综合素质。就着装的基本规范而言，大致可以将其概括为以下 3 个方面。

1. 职场着装的基本规范

（1）着装必须干净整洁。职场人士如果着装不整洁，则会给人留下很不好的印象。尤其是一些诸如医生、护士等特殊职业的从业者，如果衣着不整洁，会让人觉得不专业、不可靠。

（2）着装应符合个人身份。例如：董事长、总经理在职场中的着装要求就应当高一些，而一般的工作人员的着装要求则可稍微低一些。

（3）着装应遵守惯例。惯例是指一种成规，也就是众人的习惯，大众认可的规范。如果一位女性在出席晚间的社交舞会时穿着一身制服，必然会给人难受的感觉。

（4）着装应区分不同场合。首先是公务场合。着装规范可被概括为 4 个字：庄重保守。适合的服装包括制服、套装。男性可穿西服套装，而女性可穿西服套裙。

其次是社交场合。着装规范可被概括为 4 个字：大方得体。社交场合包括以宴会友的宴会，以舞会友的舞会，赏心悦目的音乐会和欢快热烈的文艺晚会，以文和以酒会友的聚会，以增进友谊、加深感情为目的的寻朋找友的拜会，以及应邀出席的各种庆典等。

再次是休闲场合。着装规范可被概括为 4 个字：舒适自然。适合的服装主要是休闲系列，包括休闲装、牛仔装等，也包括各色时装。

2. 职场着正装的"三个三"原则

（1）三色原则。职场人士在公务场合穿着正装时，必须遵循三色原则，即全身服装的颜色不得超过 3 种。如果多于 3 种颜色，则每多出一种，就多出一分俗气，且颜色越多越俗。

（2）三一定律。这是指职场人士如果着正装，则必须使 3 个部位的颜色保持一致。具体要求是：男士穿着西服正装时皮鞋、皮带和皮包应基本一色；女士的皮鞋、皮包和皮带，以及下身所穿着的裙、裤及袜子的颜色应当一致或接近。这样的穿着显得庄重、大方、得体。

（3）三大禁忌。一是男士西服套装左袖上的商标应予以拆除；二是不要穿尼龙丝袜，而应当穿高档一些的棉袜子，以免产生异味；三是不要穿白色袜子，尤其是男性着西服正装并穿黑皮鞋时，如果穿一双白袜子就显得不合时宜。

三、交谈礼仪

1. 交谈的礼仪

（1）保持适当的距离。从礼仪上来讲，说话时必须注意保持与对话者的距离。若距离过近，稍有不慎就会把唾沫溅在别人脸上，非常不礼貌；而若距离过远，则会使对话者误认为你不愿向他表示友好和亲近，也是失礼的表现。

（2）语言得体。交谈的内容要得体，不要涉及不愉快的事情。参加社交活动时，做到"六不谈"：一是不要非议党和政府；二是不要涉及国家机密与商业机密；三是不能随便非议交往对象；四是不在背后议论领导、同行和同事；五是不谈论格调不高的话题；六是不涉及个人隐私，如收入、年龄、婚姻家庭、健康问题、个人经历等。

（3）注意语速、语调和音量。交谈中陈述意见要尽量做到平稳中速。在特定的场合下，可以通过改变语速引起对方的注意，加强表达的效果。对一般问题的阐述应使用正常的语调，保持能让对方清晰听见而不引起反感的高低适中的音量，避免粗声大嗓。

（4）要善于互动。与人交谈时要善于跟交谈对象互动。互动就是形成良性的反馈。你说的话，人家爱听；人家说的话，你会意会心，觉得有意思。

2. 交谈的禁忌

（1）切忌在公共场合旁若无人地高声谈笑，或我行我素地高谈阔论，应顾及周围人的谈话和思考。

（2）切忌喋喋不休地谈论对方一无所知且毫不感兴趣的话题。

（3）应避开疾病、死亡、灾祸以及其他不愉快的话题，以免影响情绪和气氛。

（4）不要问过于私人的问题，如询问女性的年龄、是否结婚等。这是很不礼貌的行为。

（5）既不要在社交场合高声辩论，也不要当面指责，更不要冷嘲热讽。

（6）不要出言不逊，恶语伤人。

（7）切忌在社交场合态度傲慢，自以为是，目空一切，夸夸其谈。

（8）切忌与人谈话时左顾右盼，注意力不集中。

（9）谈话时不要手舞足蹈。

（10）谈话前忌吃洋葱、大蒜等有刺激气味的食品。

四、介绍礼仪

1. 自我介绍

自我介绍是向别人展示你自己的一个重要手段。自我介绍好不好，甚至直接关系到你给别人的第一印象的好坏及以后交往的顺利与否；同时，自我介绍也是认识自我的一种方式。

根据公关礼仪的惯例，地位低者先自我介绍。比如，主人要先向客人把自己介绍一下；公关人员要把自己向贵宾做一个介绍；男士要把自己向女士做介绍；晚辈要把自己向长辈做介绍。

在进行自我介绍时，最好先递名片，再做介绍。先递名片有两个好处：其一，加深对方印象；其二，表示谦恭。交换名片时，也是地位低的人先递名片，实际上也是对对方的一种尊重。

2. 他人介绍

为他人做介绍时，必须遵守"尊者优先"（尊者优先获知他人信息）原则，即先介绍身份低的、男士或年轻的，后介绍身份高的、女士或年长者。

五、握手礼仪

1. 握手的顺序

握手的顺序一般讲究"尊者决定"，即待女士、长辈、已婚者、职位高者伸出手之后，男士、晚辈、未婚者、职位低者方可伸手去呼应。平辈之间，应主动握手。若一个人要与许多人握手，则顺序是：先长辈，后晚辈；先主人，后客人；先上级，后下级；先女士，后男士。

2. 握手的禁忌

（1）不要用左手相握，尤其是和阿拉伯人、印度人打交道时要牢记，因为在他们看来左手是不干净的。

（2）不要在握手时戴着手套或墨镜。只有女士在社交场合戴着薄纱手套握手，才是被允许的。

（3）不要在握手时另外一只手插在衣袋里或拿着东西。

（4）不要在握手时面无表情，不置一词，或长篇大论，点头哈腰，过分客套。

（5）不要在握手时仅仅握住对方的手指尖，好像有意与对方保持距离。

六、电话礼仪

1. 时间选择

选择通话时间应以方便通话对象为原则。一般情况下，不要选择清晨、夜晚，或对方休息、就餐的时间打电话；拨打电话到对方单位，最好避开刚刚上班或临近下班的时间；如果是拨打国际长途电话，则应考虑时差问题，避免影响对方休息。

2. 时间长度控制

应该注意控制好通话时间长度。一般情况下，应把一次电话的通话长度控制在 3 分钟以内，在国外被称为"通话 3 分钟原则"。要求通话者有很强的时间观念，突出主题，尽可能在短时间内，将自己要表达的意思完整而清晰地表达出来。

3. 事先准备通话内容

拨打商务电话之前，最好能事先就通话的主要内容做好准备。可以将通话的核心内容列出来，先打个腹稿，做到通话层次分明，条理清晰，简明扼要，便于对方理解。这样做，既节约了双方的时间，提高了沟通的效率，又可以体现出成熟干练的职业风范。

 拓展阅读

电话形象

"电话形象"是指人们在使用电话时，所留给通话对象以及其他在场者的总体印象。一般来说，它是由使用电话时的态度、表情、语言、内容以及时间等各个方面组合而成的。不论在工作岗位上，还是在日常生活里，一个人的"电话形象"都体现着自己的修养和为人处世的风格，并且可以使与之通话者不必会面，即可在无形之中对其有所了解，对其为人处世风格做出大致的判断。

微笑着接听和拨打电话，平和、亲切的感觉会在你的语音、语调中自然而然地流露出来，能给人留下良好的印象。接打电话时，应专注于与对方通话，不要一边做手头的工作，一边通话，否则态度有失恭敬。要知道，对方是可以通过你的声音、语气等判断出你的状态和态度的。懒散的状态与傲慢的态度是对通话对象的极度不尊重，是电话礼仪之禁忌。

七、餐饮礼仪

1. 点菜礼仪

（1）点菜时间。如果时间允许，则应等大多数客人到齐之后，再将菜单给客人传阅，请他们点菜。

（2）点菜原则：

①荤素搭配，冷热搭配，尽量全面。

②点菜时不要问价格，不要讨价还价。

③点菜时应注意宗教的饮食禁忌，以及不同地区的饮食偏好等。

2. 饮酒礼仪

（1）只有领导敬完酒后才轮到自己敬酒。敬酒时一定要站起来，双手举杯。

（2）可以多人敬一人，而不能一人敬多人。

（3）端起酒杯时，右手握杯，左手托杯底。自己的杯子要低于他人的杯子，以示尊重。

（4）如果没有特殊人物在场，敬酒按顺时针顺序。

八、位次礼仪

1. 行进中的位次礼仪

（1）常规。并行时，一般让客人走在内侧或中间；一条线行进时，应该让客人走在前面。

（2）上下楼梯。应靠右侧单行。一般情况下，应该让客人走在前面，但如果是女士，则为避免"走光"，接待人员可以走在前面。

（3）出入电梯。出入无人值守的电梯时，应请客人后进先出，接待者先进后出，以方便控制电梯按钮。

（4）出入房门。一般情况下，位高者先进先出。如果特殊情况需要引导，如室内昏暗，则应是接待者先进去，为客人服务。

2. 乘车的位次礼仪

（1）公务。公司的专职司机开车时，上座为后排右座（下车方便）。

（2）社交。开车的是车主时，上座为副驾驶座（表示平起平坐）。

（3）重要客人。客人是高级领导时，上座为司机后面的座位（隐秘性好，安全系数高）。

 拓展阅读

有一位品学兼优、精明强干的女大学生，被一家外资企业看中了，但就因为她不知道有关轿车座次的礼节，而大意失荆州。根据礼仪规范，当轿车的主人亲自驾车时，一名搭车者只有在轿车的前排与之平起就座，才是尊重对方的做法；但当那位外资企业的外方总经理亲自驾车时，这位女大学生却坐在了轿车的后排座位。这通常被理解为有意怠慢亲自驾车的主人。这样一来，其结果便可想而知。如果掌握了公共礼仪知识，大学生就不会因为这些细节问题而阻碍求职就业了。

3. 谈判的位次礼仪

（1）双边谈判。如果谈判桌是横放的，则面对正门的一方为上，属于客方；如果谈判桌是竖放的，则应以进门的方向为准，右侧为上，属于客方。

（2）多边谈判。参加谈判的若是3方或以上，则可采用自由式，或采用主席式，即面对正门设一个主席位。谁需要发言，就到主位发言。

4. 会议的位次礼仪

（1）小型会议。小型会议通常只考虑主席位，面门为上，以右为上或者居中为上。

（2）大型会议。前排高于后排，中央高于两侧，右侧高于左侧。主持人之位，既可以在前排正中，也可在前排最右侧。一般可把发言席设于主席台正前方或右前方。

5. 宴会的位次礼仪

（1）桌次。两桌以上应按照居中为上，以右为上，以远为上，即离房门越远，位置越高。

（2）座次。餐桌上，面门居中者为主人，主人右侧为主宾，其他人也可按照"主左宾右"的方式入座。

（3）就座。应该等客人或位高者落座后再就座。

 拓展阅读

这是一场艰难的谈判。

一天下来，美国的约瑟先生对对手——中国某医疗机械厂的范厂长，既恼火又钦佩。这个范厂长对即将引进的"大输液管"生产线行情非常熟悉。他不仅对设备的技术指数要求高，而且把价格压得很低。在中国，约瑟似乎没有遇到过这样难缠而有实力的谈判对手。他断定，今后和务实的范厂长合作，事业将是顺利的。于是，他信服地接受了范厂长那个偏低的报价。"OK！"双方约定第二天正式签订协议。天色尚早，范厂长邀请约瑟到车间看一看。车间井然有序。约瑟边看，边赞许地点头。走着走着，突然，范厂长觉得嗓子里有条小虫在爬，不由得咳了一声，便急急地向车间一角奔去。约瑟诧异地盯着范厂长，只见他在墙角吐了一口痰，然后用鞋底擦了擦，油漆的地面留下了一片痰渍。约瑟快步走出车间，不顾范厂长的竭力挽留，坚决要回宾馆。

　　第二天一早，翻译敲开范厂长的门，递给他一封约瑟的信："尊敬的范先生，我十分钦佩您的才智与精明，但车间里你吐痰的一幕使我一夜难眠。恕我直言，一个厂长的卫生习惯，可以反映一个工厂的管理素质。况且，我们今后生产的是被用来治病的输液管。贵国有句谚语：人命关天！请原谅我的不辞而别，否则，上帝会惩罚我的……"

　　范厂长觉得头"轰"的一声，像要炸了。

　　人们常说成大事者不拘小节，而在当今竞争激烈的社交活动中则往往是一些细节暴露出你礼仪修养上的不足。更不幸的是，你不注意的那些小细节往往正是对方重视的。这就直接影响了双方的合作。就如这个故事中那样：医疗器械的生产，对环境和员工的卫生习惯要求很高。约瑟的"苛求"并不过分，完全是对企业和产品负责、对公众负责的表现。这也表现了他对职场礼仪和卫生条件的要求。范厂长一口痰的举动体现了一个人的职业素养和职业礼仪。因此，在社会交往中，言谈举止中的礼仪是非常重要的。我们不能因为那些职场礼仪细微就不去重视。

模块三　专业技能素养篇

学习目标

　　通过本模块的学习，提高自己的自主学习意识，增强提高学习能力的自觉性、主动性；理解学习和学习能力在校园、职场以及一生中的重要性；培养创新精神，提升创新能力；通过理论和实践相结合的学习方式，明白团队合作的重要性，提高自己与人合作的能力；增强适应能力；理解时间管理和目标管理的重要性，掌握具体的时间管理和目标管理方法，提升执行力；通过日常训练，提高自己的语言表达能力和沟通能力。

项目四　学习能力

　　学而不思则罔，思而不学则殆。——孔子

任务一　校园中的学习

案例导入

　　丁肇中从读中学开始就立下目标，要好好学习，将来到最好的学府深造。他学习的时候特别投入，外界的干扰对他几乎不起作用。只要没有特殊的事情，他就肯定去图书馆学习，而且几乎每天都是来得最早、走得最晚。从图书馆回到家以后，还要再埋头苦读一阵，总要等父母再三催促才上床休息。

　　一次，他在图书馆看书时，忽然雷声隆隆，大雨阵阵。同学们纷纷跑到门口或者窗前看。只有丁肇中一个人好像什么都没听到一样坐在那里一动不动，聚精会神地看书。雨停后，丁肇中和大家一起回家。他走出图书馆的门惊讶地说："刚刚下雨了吗？地面怎么这么湿啊？"

　　还有一次，妈妈去亲戚家，出门前为丁肇中准备好了午饭。妈妈一走，丁肇中就拿出一本书津津有味地看了起来。时间一分一秒地过去了，丁肇中沉浸在知识的海洋中，快活地游弋，忘记了周围的一切。几个小时后，妈妈回来了。丁肇中惊讶地问："妈妈，您怎么这么快就回来了？"妈妈说："傻孩子，又看书看得入迷了吧？都什么时候了还说早，午饭吃了吗？"丁肇中一拍肚皮："呀，我以为还早呢，肚里不住叫唤。我还寻思今天怎么饿得这么快呢！"

课堂上的丁肇中更是专心致志。老师提问的时候他总是第一个举手回答。如果有自己不明白的问题，就一定要刨根问底。渐渐地，老师都有点儿怕他了，因为他提出的问题有时很刁钻，让老师一时很难回答。丁肇中还经常和同学争论问题。一次，他和同桌在课堂上争论一个问题。双方相持不下，直到面红耳赤的程度。别人还以为他们在吵架。

丁肇中很珍惜时间。他把所有闲暇的时间都利用起来。他成年后说："一个人在打根基的时候要有思考的习惯，自小学而不思难免流于轻浮。"良好的学习习惯让他在学习的道路上一直比较顺利，从本科到博士一共只用了5年的时间。这也给丁肇中的学术研究留下了更多的时间。

高中毕业时，丁肇中的数学、物理、化学都是满分，其他科目也都是优良。学校保送他上台湾地区的成功大学。成功大学在当时是二流，甚至三流的大学，而丁肇中想读的却是一流的大学。是接受保送，还是参加联考呢？

丁肇中觉得应该给自己一次机会。他仔细分析了自己的实力，最后做出选择："我要参加考试。我应该可以考个状元。"于是，他找机会与父亲商量："爸爸，我不参加考试就可以保送上成功大学。"丁肇中平静地说道。爸爸很高兴："那太好了！"

"可是，爸爸，我想参加联考！凭我自己的实力，我完全可以考一所一流的大学。"丁肇中的语气中带着自信和倔强。

几个月后，联考揭榜的时间到了。丁肇中拿到录取通知书，呆了。录取通知书上写着："经过联考，祝贺你被录取到成功大学机械工程系。"

丁肇中没想到自己失败了。这样的打击是无比沉重的。同学们也很吃惊。谁也没有想到"丁大头"居然会失败。丁肇中久久地沉浸在失败的痛苦中，但是丁肇中并没有被失败打倒。他怀着失落步入了成功大学的校门，但是他没有一味失落下去。在步入成功大学校园的第二年，丁肇中便通过自己坚忍不拔的意志，到美国底特律的密歇根大学留学。后来，丁肇中成为获得诺贝尔物理学奖的科学家。

案例分析

丁肇中从小就有很好的学习习惯和很强的求知欲。在校园里，他一直是积极主动地、快乐地学习。这为他以后的成功打下了坚实的基础。

名人名言

读书之法，在循序而渐进，熟读而精思。——朱熹

狭义来讲，"学习"指我们在学校期间对各门课程的学习，目的是掌握相关的知识和技能；广义来讲，"学习"是一种人生态度，是伴随我们一生的优秀习惯，目的是提升自己的知识面和技能水平，扩大自己的视野，丰富自己的人生体验，不断进行自我提升，促进自我完善。

大学生涯是大学生整个人生的重要阶段，是职业发展的准备期。3~7 年不等的大学学习往往为个人日后发展奠定坚实基础。在大学选择某一专业进行学习是为今后做职业准备，因而大学生涯可被称为职业准备阶段或职业准备期。这是个人职业生涯的起步阶段，是决定能否赢在起点的重要阶段。

一、什么是学习

"学""习"二字较早见于《论语·学而》，即："学而时习之，不亦乐乎?"《现代汉语词典》里，"学习"的释义为从阅读、听讲、研究、实践中获得知识与技能。

学习，是人类认识自然和社会，不断完善和发展自我的必由之路。无论一个人、一个团队，还是一个民族、一个社会，只有不断学习，才能获得新知，增长才干，跟上时代。早在 1972 年 5 月，联合国教科文组织国际教育发展委员会主席埃德加·富尔在递交《学会生存》报告，致函联合国教科文组织总干事勒内·马厄函时，就曾明确指出："我们再也不能刻苦地一劳永逸地获取知识了，而需要终身学习如何建立一个不断演进的知识体系——学会生存。"该报告特别强调两个基本观念，即"终身教育"和"学习化社会"，并希望据此改造现行的教育体制，使之达到学习化社会的境界。

20 世纪 80 年代，美国未来学家阿尔温·托夫勒在《第三次浪潮》中提出了新的观点："未来的文盲不再是那些不识字的人，而是那些没学会学习的人。"这一观点得到了世人的普遍认可。1996 年 4 月 11 日，联合国教科文组织"国际 21 世纪教育委员会"向教科文组织总干事马约尔正式提交了名为《学习——内在的财富》的报告，强调要通过持续的学习，让像财富一样隐藏在每个人灵魂深处的全部才能都能充分发挥出来，从而把超越启蒙教育和继续教育之间传统区别的终身学习放在社会的中心地位，并将终身学习概念视为进入 21 世纪的一把钥匙，将学会学习置于 21 世纪教育的核心。学习已经不仅是国家强加于公民的义务，学习应该成为每一个公民的基本需求和权利。

学习新观念还包括另一个层面的含义。那就是未来的学习是"终身学习"。作为社会中的人，从幼年、少年、青年、中年，直至老年，学习将伴随整个生命过程，并对人一生的发展产生重大影响。这既是人类生存的需要，也是不断发展变化的客观世界对人们提出的要求。人类从诞生之日起，学习就成为整个人类及每一个个体的一项基本活动。不学习，一个人就无法认识和改造自然，无法认识和适应社会；不学习，人类就不可能有今天达到的一切进步。学习的作用不仅局限于对某些知识和技能的掌握，学习还使人聪慧文明，使人高尚完美，使人全面发展。正是基于这样的认识，人们始终把学习当作一个永恒的主题，反复强调学习的重要意义，不断探索学习的科学方法；同时，人们也越来越认识到，实践无止境，学习也无止境。

庄子在《养生主》中曾经说过："吾生也有涯，而知也无涯。"世界在飞速变化，新情况、新问题层出不穷，知识更新的速度更是日新月异。人们要适应不断发展变化的客观世界，就必须把学习从单纯的追求知识变成生活的方式，必须做到活到老，学到老，终身学习。目前，在一些青年学生中依然存在"自满""短视""厌学""60 分万岁"等错误思想。一些青年学生仍然看不到学习的前瞻性、长效性、使命性，缺乏时代感，不懂得"不积跬步，无以至千里；不积小流，无以成江海"的基本道理。一句话，他们不会学习。这是不符合终身学习的时代学习理念的。

二、主动学习

在大学里，必须从被动学习转向主动学习。没有人比你更在乎你自己的工作、学习、生活和未来。你必须成为自己未来的主人，必须积极地管理自己的学业和将来的事业。积极主动首先表现为对自己的一切负责，不要把不确定的或困难的事情一味搁置起来。比如说，如果你认为英语重要，那就不应该只是被动接受英语课上老师的讲授，而是自己安排好学习时间和学习计划，争取考过四六级，提高自己的口语水平。

一个主动的学生应该从一进入大学时就开始规划自己的未来。如果你不知道自己的志向和兴趣，你就应该通过听讲座、上网，与你的老师、朋友交流，发掘自己的志向和兴趣；如果你毕业后想继续在校园中读本科、研究生，你就应该了解需要达到什么要求，提前做好准备；如果毕业后想进入某类公司工作，你就应该收集该类公司的招聘广告，看现在的你还与工作岗位要求有多少差距。只要认真制定、管理、评估和调整自己的人生规划，积极主动地学习，你就会离你自己的目标越来越近。

三、学好专业知识

大学堪称"知识的殿堂"。大学生在浩瀚的知识海洋中汲取着各种知识。自己所学的专业基本决定着以后的就业方向。所以，毫无疑问，专业知识是最重要的。

学习专业知识是大学生在大学阶段的一项核心任务，在各项事务中居于核心地位。因此，在大学期间应该花大力气把它学好。

有的人认为，走上工作岗位以后所用到的技能未必和现在学的一致。现在学的专业知识很可能以后用不上。于是，就对专业知识的学习十分不重视。其实这是非常错误的想法。学校的专业课程设置基本可被分为两部分：理论课和实践课。理论课是整个专业的基础，是打地基的部分。学好理论课，可以让你更好地理解专业的各种原理、内涵，从而能够融会贯通。实践课是专业的灵魂。掌握了再多的理论原理，如果没有动手能力，还是什么都不会做。根据各个专业的特点，学校一般都设置有多种实验、实训和实习的环节，目的是提高动手能力，提升实训技能，衔接企业的实际工作过程。这些都是非常难得的学习机会，应该好好把握。学校里练习的这些技能可能与毕业后的实际工作有出入，比如生产设备型号、工具、要求不同，但完全是可以举一反三的。认真学好大学的专业课，一定会对你以后的工作大有裨益。

有些大学生不喜欢自己的专业，想毕业后找一份其他行业的工作，于是认为大学的专业知识没有用。其实，哪怕不从事自己所学专业的行业，现在所学的专业知识和技能也常常是成功转行的基础。机遇总是垂青于有准备的人。

四、提高学习能力的方法

我们从小就开始学习，但是并不是每个人都会学习。掌握科学的学习流程和学习方法能达到事半功倍的效果。

（1）制订合理的学习目标和计划。学习目标的确立必须依据当前实际需要，要切实可行。确立学习目标后就要制订相应的学习计划。好的学习计划必须能够明确回答 3 个问题：做什么？怎么做？何时做？相应地，也就形成了计划的 3 项基本内容：任务、措施和步骤。

（2）积极实施学习计划。合理安排学习时间，按时落实学习任务；利用各种资源，如老师、同学、同事、互联网、视频等提高学习效率；灵活调整学习计划。

（3）采用科学的学习方法。爱因斯坦曾写下一个成功方程式：$X + Y + Z = W$。其中，X 代表勤奋工作，Y 代表正确的方法，Z 代表少说空话，而 W 代表成功。这个方程式得到人们的普遍赞同。科学的方法有利于提高我们的学习能力和创新能力，而学习的方法有很多，并且因人而异。因此，我们要找到适合自身的学习方法，掌握这些方法，并将其运用到日常学习和创新活动中。

（4）对学习效果进行正确的反馈与评估。对学习效果进行正确的反馈和评估时，要注意以下几点：对学习过程和学习结果进行科学、客观的评价；查找原因，改进学习；运用学习成果，主动迁移，达到事半功倍的效果。

五、培养自学能力

我们常常听到一种说法："在我们将学过的东西忘得一干二净时，最后剩下来的东西就是教育的本质。"所谓"剩下来的东西"，其实就是自学的能力。上中学时，老师会一次又一次重复每一课里的关键内容；但进了大学以后，老师只会充当引路人的角色，而学生必须自主地学习、探索和实践。走上工作岗位后，自学能力就显得更为重要了。在这知识更新越来越快的社会，学会如何学习有时比知识本身更重要。

自学能力必须在大学期间就开始培养，应该充分利用图书馆和互联网培养独立学习和研究的本领。首先，大学生一定要学会查找书籍和文献，以便接触更广泛的知识和研究成果。在书本之外，互联网也是一个巨大的资源库。信息时代已经到来。大学生在信息科学与信息技术方面的素养也已成为进入社会的必备基础之一。虽然不是每个大学生都需要懂得计算机原理和编程知识，但所有大学生都应能熟练地使用计算机、互联网、办公软件和搜索引擎，都应能熟练地在网上浏览信息，查找专业知识。

大学生应当充分利用学校里的人才资源，从各种渠道吸收知识。如果遇到好的老师，你可以主动向他们请教，或者请他们推荐一些课外的参考读物。除了老师以外，自己的同班同学也是最好的知识来源和学习伙伴。每个人对问题的理解和认识都不尽相同。只有互帮互学，大家才能共同进步。

在以后的生活中，你可能会发现大学所学的知识已远远不能适应自己的工作，甚至你的所学与你的工作格格不入。尽管如此，我们依然不能否认上大学带给我们的好处。这是因为大学的科学训练、思维训练、学习方法的提高，会带给我们终身学习的能力，会使我们迅速学会需要的东西，以适应工作的需要。大学虽然不可能直接给你工作和社会地位，但它是你实现人生理想的起跑器和助力器。

六、培养兴趣

孔子说："知之者不如好之者，好之者不如乐之者。"如果你对某个领域充满激情，你就有可能在该领域中发挥自己所有的潜力，甚至为它废寝忘食。这时候，你已经是为了"享受"而学习了。

如何才能找到自己的兴趣呢？首先，要客观地评估、寻找自己的兴趣所在：不要把社会、家人或朋友认可和看重的事当作自己的爱好；不要以为有趣的事就是自己的兴趣所在，而是要亲身体验它并用自己的头脑做出判断；不要以为有兴趣的事情就可以成为自己的职业，不过你可以尽量寻找天赋和兴趣的最佳结合点。

寻找兴趣点的最好方法是开拓自己的视野，接触众多的领域，而大学正是这样一个可以让你接触并尝试众多领域的独一无二的场所。因此，大学生应当更好地把握在校时间，充分利用学校的资源，通过使用图书馆资源、旁听课程、搜索网络、听讲座、参加社团活动、与朋友交流等不同方式接触更多的领域、工作类型和专家学者。如果你发现了自己真正的兴趣爱好，这时就可以尝试转系，尝试课外学习、选修或旁听相关课程；你也可以找一些打工或假期实习的机会，进一步理解相关行业的工作性质；或者，努力考自己感兴趣专业的本科或研究生，重新进行一次专业选择。

除了"选你所爱"，大家也不妨试试"爱你所选"。在大学中，转系可能并不容易，所以大家首先应尽力试着把本专业读好，并在学习过程中逐渐培养自己对专业的兴趣。此外，一个专业里可能有很多不同的领域。也许你对专业里的某一个领域会有兴趣。现在，有很多专业发展了交叉学科，而两个专业的结合往往是新的增长点。另一方面，就算你毕业后要从事其他行业，你依然可以把自己的专业读好，因为这同样能成为你在新行业中的优势。

在追寻兴趣之外，更重要的是要找寻自己终身不变的志向。既不必把某种兴趣当成自己最后的目标，也不必把任何一种兴趣的发展道路完全切断。在志向的指引下，不同的兴趣完全可以平行发展，实在必要时再做出最佳的抉择。志向就像罗盘，而兴趣就像风帆。两者相辅相成，缺一不可。它们可以让你驶向理想的港湾。

七、培养生涯规划意识

马鹤凌教导马英九的一句人生格言诠释了规划的重要性，即"有原则不乱，有计划不忙，有预算不穷"。这句话的意思是：一个人如果有了自己明确的信念与原则，便可以始终如一，立场就会坚定；一个人如果有了明确的计划，在面对多变的外部环境时，就不会手忙脚乱；一个人如果事先做好预算，生活就不会落魄。如今，我们生活在一个瞬息万变的世界中，一切充满了不确定性。在我们的一生中，也有许许多多的事情需要我们去完成，并且每个人的时间又是如此有限。面对多变的外部环境、有限的时间、无限多的事情，为了充分发挥人的潜力，实现人生价值，就必须未雨绸缪，事先做好规划。机会往往给予有准备的人。有了规划，就有了行动的方向，我们做事也就不至于脚踩西瓜皮，滑到哪就是哪；有了规划，就能做到忙而不乱。

生涯是生活中各种事件的演进方向与历程。它包含了个人在一生中所从事的所有活动。因此，生涯统合了一个人一生中各种职业与生活的角色。由此可知，对生涯的规划应该是多方面的，除了对自己今后工作角色进行规划外，还包括任何与工作相关的角色，比如学习、家庭、休闲、公民等诸多人生角色的规划。只有这样，我们才能形成良好的生活风格，拥有美满的人生。

八、培养自立能力

不能自立的人，不仅会成为家庭的负担，而且会成为社会的累赘。自立是指个体从自己过去依赖的事物中独立出来，自己行动，自己做主，自己判断，对自己的承诺和行为负起责任的过程。自立贯穿于我们整个人生，可分为身体自立、行动自立、心理自立、经济自立和社会自立。身体自立是指个体无须扶助而能直立行走；行动自立是指个体具备生活自理能力，如会自己洗脸、刷牙、洗衣服等；心理自立是指个体能独立思考，独立判断，自己做决定；经济自立是指不依赖父母或他人的经济援助而能独立生存；社会自立是指能够按照社会所规定的行为规范、责任和义务而行动。

学会自立是我们实现人格独立、开创事业的前提条件。因此，在大学阶段，我们应该树立自立意识，培养自立能力。香港富豪李嘉诚的儿子李泽楷在美国留学的时候，他不仅不带保姆，反而自己打工挣零花钱。他没有钱吗？他并不是没有钱，而是要培养自己的自立精神。这是因为只有具有自立精神，才有可能将来开创自己的事业。因此，不管家庭经济情况如何，作为成年人，我们从入校开始就要树立自立意识。一个人只有学会了自立，才可能赢得职业生涯的发展与成功。

 漫画素养

拓展阅读

　　辞去彭泽令，退居田园后，陶渊明过着自耕自种、饮酒赋诗的恬淡的生活。

　　一天，有个少年前来向他求教，说："陶先生，我十分敬佩您渊博的学识，很想知道您少年时读书的妙法。敬请传授，晚辈不胜感激。"

　　陶渊明听后大笑道："天下哪有学习妙法，只有笨法，全靠下苦功夫。勤学则进，辍学则退！"

　　陶渊明见少年并不懂他的意思，便拉着他的手来到稻田旁，指着一根苗说："你蹲在这儿，仔细看看，告诉我它是否在长高。"那少年遵嘱注视了很久，仍不见禾苗往上长，便站起来对陶渊明说："晚辈没看见它长高。"陶渊明反问道："真的没见长吗？那么，矮小的禾苗是怎样变得这么高的呢？"陶渊明见少年低头不语，便进一步引导说："其实，它时刻都在生长，只是我们的肉眼看不到罢了。读书学习也是一样的道理。知识是一点一滴积累的，有时连自己也不易觉察到，但只要勤学不辍，就会积少成多。"

　　接着，陶渊明又指着溪边的一块磨刀石问少年："那块磨刀石为何有像马鞍一样的凹面呢？""那是磨成这样的。"少年随口答道。"那它究竟是哪一天磨成这样的呢？"少年摇摇头。陶渊明说："这是我们大家天天在上面磨刀、磨镰，日积月累，年复一年，才成为这样的。学习也是如此。如果不坚持读书，每天都会有所亏欠啊！"

　　少年恍然大悟，连忙向陶渊明行了个大礼，说："多谢先生指教。学生再也不去求什么妙法了。请先生为我留几句话，我当时时刻刻记在心上。"

　　陶渊明欣然命笔，写道："勤学如春起之苗，不见其增，日有所长；辍学如磨刀之石，不见其损，日有所亏。"

任务二　职场中的学习

 案例导入

　　"每当我执勤站岗的时候，我的角色就是扮好北大的一名普通保安。站在北大的校门口，每天面对成千上万的人，不管是穷人，还是富人，不管是骑自行车的，还是开宝马的，当他们从我身边经过的时候，我都一律向他们敬礼。"

　　"当我脱下保安服，匆忙赶到中文系的课堂时，我能够马上安静下来，认真地聆听中华民族浩瀚的文学史，和老师、同学们一起展开热烈的交流。"

　　"当我和民工的子女在一起的时候，我的心总会和他们贴得很近。我不遗余力地向他们传递知识和梦想，告诉他们，人的命运是可以改变的，现实的一切都不足畏惧。"

　　北大保安、北大中文系学生、支教老师——在很长的时间里，甘相伟在这3个角色之间变换。来自湖北山区的甘相伟不是一名普通的保安。他有大专文凭，毕业于湖北经济管理大学长江职业学院法律系，曾在南方工作，后来怀着梦想来到北京。为了接近北大，他转行当起了保安。在北大当保安期间，他以执着的精神通过成人高考，成为北大中文系的一名学生。

甘相伟将自己的经历写成一部书《站着上北大》。北大校长周其凤为其写序称："一个保安员，在辛苦的工作之余，能够充分利用北大良好的学习资源，努力进取，提高自己，这样的精神让我钦佩。"甘相伟成为北大保安出书第一人，成为中国教育2011年度十大影响人物、2013年中国十大读书人物。

案例分析

甘相伟的故事被看成一个传奇。有媒体称，来北大当保安之前，他只是个小人物，自称"草根""蚁族""青年农民""普通保安"，但他不屈服于命运安排，在没有资源、毫无背景的情况下，依靠自己的奋斗，努力学习，考上北大中文系，拼命获得与北大学子并肩学习的机会。

名人名言

一个人原来的能力大小并不重要，而他的学习能力、悟性能力则是非常关键的。不善于学习的人或学习太慢的人，会很快被挤出人才的行列。——李开复

自我提升

美国职业专家指出，现在职业半衰期越来越短。所有高薪者若不学习，不用5年就会变成低薪者。就业竞争加剧是知识折旧的重要原因。要想在竞争激烈的现代职场上站住脚，永远立于不败之地，就应该不断学习，不断更新自己，提升自己的能力，成为职场中永远的佼佼者。

职场上的学习有别于学校中的学习，它缺少充裕的时间和心无杂念的专注，以及专职的传授人员，所以我们更应该积极主动、自主学习。

一、提高自主学习的能力

"活到老，学到老"这句话对每个人都适用。要想找到一份好工作或者在工作中取得成就，孜孜不倦的学习精神是必不可少的。

从同一所大学同一个专业毕业的学生成百上千。他们接受的教育基本一样，在他们毕业之初，收入也基本相差不多，但随着时间的推移，差距就开始越来越大了。为什么会出现这种情况呢？学习在其中起到了很大的作用。一个不断学习的人，必定比别人进步得快，懂得的东西也多。这样的人通常会走在众人前面，超越别人。

职场上的竞争是非常残酷的。公司的规模越大，给职员的机会就越少，因为公司选择

的机会多，选择范围广。能否抓住有限的机会实现职位的飞跃，就显得十分关键。这其中，学习扮演了极其重要的角色。刚进入公司的一批新人，也许彼此相差并不大，但若拿善于学习与不会学习的两三个人一比，结果就会"泾渭分明"。有的人一望便知将来会有什么样的发展、前途怎么样，但有的人就不那么好揣测了。

一个人需要适应自己所处的环境。只有这样，才能做好本职工作，而这样做的前提就是主动学习。如果你不学习，面对一大堆工作，就会感到无所适从，自然谈不上什么发展。

无论是工人，还是普通的职员、杰出的领导，要想在自己的行业如鱼得水，都需要不断学习。你学习得越多，处理事务的能力也就越强。

有一位朋友在二十几岁的时候进了一家公司工作。因为当时年轻，血气方刚，因此常常和自己的上司闹别扭。偏偏这位领导最喜欢折腾和自己对着干的员工，于是总把他调来调去。调动的频率是如此之高，几乎每隔两三个月，他就要换一次岗位。

但他有一种天生的执拗，而且特别爱学习。无论在哪个岗位，他都会孜孜不倦地学习新岗位的相关知识，认真积累新的工作经验。就这样，这位朋友从销售到人事培训，再到企划开发、出版编辑、信息开发、财务管理、系统管理，这些他都做过，基本上没有难住他的。他一边工作，一边学习，熟练掌握各个岗位上所能用到的技能，他的能力也在不断提高，工作也越来越得心应手。良好的学习习惯让他轻松驾驭了这些工作，而这些工作能力也顺理成章地成了他升职和加薪的资本。

员工的学习能力是企业发展的最终动力。企业培训的核心应是培养员工的学习能力。知识不断更新，岗位轮换调整，是企业员工无法避免的现实。企业员工要适应工作，实现自我完善而不被淘汰，靠的是实力，而实力来自自身，来自员工的学习能力。俗话说："磨刀不误砍柴工。"通过提高自主学习能力，还会提高工作质量和效率。

未来职场的竞争将不再是知识与专业技能的竞争，而是学习能力的竞争。一个人如果善于学习，他的前途就会一片光明。初入社会的新鲜人，一定要放弃"终于可以不用再读书"的想法，把学习贯穿到你的一生中去。只有这样，你才会不断更新，不断提升自己，最终成就一番事业。

二、提升职场"软技能"

"软技能"是一个社会学术语，指一个人的情商（EQ）、个性特征、社交礼仪、沟通能力、个人习惯、友好程度，以及处理人际关系的乐观态度。"软技能"是对"硬技能"的补充。后者是就业和其他活动中必须具备的一项技能。

"软技能"是能够对个人的社交、职业表现以及事业前景有促进作用的个人素质。"硬技能"多与一个人完成某项任务的专业技能和能力相关，而"软技能"则多指一个人与同事和客户有效沟通的能力，在职场内外都有广泛的用武之地。

"软技能"被用来描述一个人的综合素质、社交风度、态度和习惯。这些素质可将你塑造成为一个优秀雇员和一个能与他人兼容合作的人。而且，事实上雇主看重这些软技能的程度一点也不亚于他们对待"硬"技能或"技术"技能。

比较重要的"软技能"包括积极主动解决冲突的能力、职场交际的能力、解决问题的能力、适应的能力、沟通的能力、展示自己的能力等。

 漫画素养

拓展阅读

口袋技能

当前，还有一种比较流行的说法叫"口袋技能（pocket skill）"。所谓"口袋技能"，就是无论身处哪一行业、哪一岗位，都能随时拿出来用的技能。例如思维能力，给你看一篇文章，看你能否简练地概括其内容，指出存在的缺陷，提出改进意见。又如沟通能力，当别人不同意你的做法时，或者双方观点发生冲突时，看你如何应对。目前，在一些用人单位，除了研发类岗位之外，许多岗位并不强求专业对口，而更看重员工的"口袋技能"。

目前，我国的大学教育较注重知识传授，而对学生素质与技能的培养，以及职前的培训还欠"火候"。某企业曾列出对员工的18项行为要求。公司有关人员在招聘中发现，大学生难以"达标"的项目包括"团队合作""尊重他人""追求技术上的卓越"等。面试中，招聘人员会特别注重考查学生这些方面的素质和技能。

在平时的学习过程中，除了专业知识，我们也要重视培养自己的"口袋技能"，特别是注重培养自己的语言表达能力、演讲能力、沟通能力、思维能力、团队合作能力，掌握常用办公软件操作技巧。这些技能会给你以后的工作带来很大的帮助。

 漫画素养

任务三　一生中的学习

案例导入

著名的经济学家于光远是一个勤奋好学的人。他长期从事经济研究工作，从20世纪80年代起，就致力于哲学、社会科学多学科的研究及推进其发展的组织活动，还积极参加多方面的社会活动。

于光远常会给人提一个问题：知道为什么把问号写成"？"吗？然后又很生动地解释说，你看"？"像不像一个钩子？脑子里有了这个钩子，就可以从书本上、生活里勾到知识。他教育学生们脑子里只有有问号，才能随时随地学到各种有用的知识。

于光远常说他有4段经历：一是从小学读到大学的上学经历；二是他从小到大在几个图书馆自学的经历；三是他中学半工半读时，在自己的化学实验室里将书本上的知识用于实践、发明创造的经历；四是少时在街上看别人下棋打牌，注意观察周围形形色色的人和社会上各种现象的经历。

不难看出，做个研究学问的"有心人"，正是于老一生治学的深刻体会。

80岁生日的时候，他给自己写了一张条幅自勉：好好学习，天天向上。他说："人老了，身体免不了走下坡路，但在精神、知识上应该走上坡路。"

于老84岁开始用电脑写作。年纪大了学电脑有困难，于是于光远学打字的第一句话是：于光远笨蛋。因为经常用一个指头打字，他笑称练就了一指禅。于老用的是拼音输入法。这对于一个老上海来说，很不容易。发音不准，找不到拼音，也就敲不出字来。没办法，只能向儿女和周围的人请教，然后死记下来。他对老伴说："电脑这个东西真聪明，简直神奇了！"结果，老伴也在他的带动下学会了电脑。

于老在自己的一篇文章里幽默地写道："改用电脑写文章好处是大大的：便于写作，便于修改，提高了工作效率；解放了秘书和打字员——她们再也不用费力地去辨认我的'天书'了，还产生了一种大大的副产品，那就是因为使用电脑，启发了我的思考，写出了《我的四种消费品理论》一书。使用电脑唯一的损失是，我的手稿从此绝迹了（这是别人发现后告诉我的）。"

由于电脑操作熟练，于老还开办了个人网站。不过，家里人最发愁的是叫他吃饭，叫一次不成，往往要叫好几次，他才离开他的宝贝电脑。于老说，第一次犯脑血栓，就是"家人和工作人员不顾我的坚决反对，硬把我从电脑前拉开并送进了北京医院的。"

头顶著名经济学家桂冠的于光远，晚年又开始攀登文学高峰，散文出手不凡，自诩"21世纪文坛新秀"。90岁之前，于老出版了75部著作，其中包括散文集《古稀手迹》《墙外的石榴花》《我眼中的他们》《周扬和我》《我的编年故事》等文学方面的专集。晚年的于光远每天花大量的时间坐在电脑前。除了吃饭、睡觉，他基本都在电脑上写着、学着、玩着、快活着。

 **案例分析**

用最通俗的话评价于老：他的一生都在"好好学习，天天向上"。"活到老，学到老"的学习精神，在于光远的身上得到了充分的体现。

名人名言

未来的文盲不再是目不识丁的人，而是没有学会怎样学习的人。——阿尔温·托夫勒

自我提升

一个人的资历是需要不断积累的。在这个过程中，学习尤其重要。要时刻保持孜孜不倦的学习习惯，让这种习惯成为伴随你一生的伙伴。工作的时候，要多学习与工作相关的技能与知识，同时也要拓展并加深自己的专业知识。任何学科都不是孤立的，要学会把专业与实践结合起来共同学习。

从一个人的长远发展来看，学习是必不可少的。社会的发展日新月异，而新的知识层出不穷。如果不学习，就很难跟得上时代的发展。举一个简单的例子，十几年之前，还有很多人用笔搞创作，写东西。他们可能连键盘都不会用。但随着时代的发展和电脑技术的发达，每个人都在学习，现在基本上全都用电脑写作。如果你拒绝学习，恐怕几十年之后，将成为一个与世隔绝的人。

学习对于心灵而言，就像食物对于身体一样重要。只有从食物中摄取足够多的营养之后，身体才得以成长，肌肉得以发达。同样地，为保持敏锐的心智能力，扩充智力容量，我们应该日复一日不断地学习。不断的学习为我们提供无尽的能量，从而使我们推理缜密，分析到位，判断准确。持续学习是跟上信息时代步伐最稳妥的方法，也是在变动的时代中取得成功的可靠保证。一旦停止学习，单调乏味就会侵入生活之中。人们通常错误地认为学校是获取知识的唯一场所。恰恰相反，学习应是一个没有终止的过程。这个过程从出生一直到死亡。

有一位农夫从一个懒惰的人那里买来一块地。初春播种时，这块地原先的主人只种了一些蔬菜，没有播种。我的农夫朋友买下这块地时，已是5月下旬。他的邻居们对他说："现在你只好再种一些蔬菜了，毕竟春天都过去了，再想种粮食也已经来不及了。"但是，这位农夫很擅长思考，有着极强的分析决断力。他断定，当时还来得及播种一些晚熟的谷物。在这个想法的指导下，他便将农田仔细翻耕了一遍，将晚熟的谷物种子撒播在其中。经过一番精心的照料，当年这块地喜获丰收，收成甚至好过他的那些邻居。

这件事告诉我们，你若是真的有进取心，希望改变自己，弥补自己受教育水平低的缺

憾，那么你一定要明白这一点：世间任何一个人都能做你的老师。印刷工人可以传授给你印刷的知识，泥瓦匠可以传授给你建造房屋的技术，而农夫则可以传授给你种田的方法。

只有竭尽所能，通过各种各样的途径学习知识，一个人才能变得学识渊博，胸襟开阔，爱好广泛。这样的人不管遇到什么样的问题，都能应付自如。

人生在世，每时每刻都在接受教育。我们所处的这个社会，其实就是一个巨大的学校。在这所学校中，最有益的教学资料莫过于我们日常接触到的人与事，以及从中获取的经验。任何人都能随时随地汲取有用的知识，只要他肯打开自己的心，跟外界沟通。在将知识吸收到自己体内以后，便可以利用空余时间将这些知识认认真真地咀嚼、消化掉，将零散的知识汇总起来，使其变得更加精细，更具价值。

未来 10 年会是一个职业和职业需求都迅速变化的年代。先把学历读到很高，然后一辈子就靠这个高学历的策略已经过时了。未来的职业发展大概以 3～5 年为一个阶段，而在每个阶段都需要系统地学习新的领域。在职培训、证书与学历教育将会成为常事，企业也会逐渐在内部建立学习中心，甚至企业大学，同时送有潜质的员工出去学习。

慕课（MOOC）是教育界最近几年兴起的新生事物。2012 年被称为"慕课元年"。MOOC 是 Massive Online Open Course 的英文缩写形式，即"大规模的网络开放课程"。它是一种运用教育技术支持大规模人群共同学习的教育形式，以视频授课、阶段练习、课外作业、线上互动、线下研讨、测验考试等环节构成的教学过程。可以看出，"慕课"代表着现代教育技术与教育民主化理念、终身教育理念的有机结合。正因如此，"慕课"对整个高等教育所带来的"大学堂、大数据、大变革、大论辩"是前所未有的。一批世界名校，如哈佛大学、MIT、斯坦福大学等也加入了慕课行列，成为慕课发展的有力推动者。我国北大、清华也采取捷足先登的姿态，率先加入慕课行列。

慕课的成功在于，它已经摆脱了传统课堂的监控模式，走向完全学习者自主模式。慕课的出现为终生学习提供了发展方向。因为从技术角度看，慕课代表了技术与教育的融合，而且以后发展的趋势必然是技术与教育活动将出现越来越深度的融合。慕课是学习资源集中化的体现。它确实让人们感受到学习资源的广泛性，而不再局限于传统的课堂或教师。这些就为自我学习、主动学习提供了便利，也为人们终生学习提供了便利。

从终生学习角度看，学习的关键在于保持良好的学习态度，对学习本身具有兴趣，即学习不是为了外在的功利目的，而是一种自我探索的需求。终生学习过程不仅是学习能力不断提升的过程，而且是学习责任感不断加强的过程。人们是在学习过程中逐渐体会学习自身价值的，同时也是在学习过程中对学习所带来的社会效益和个人价值越来越关注，从而对学习的责任感越来越强。最终人们发现，我们所从事的一切工作都需要抱持一种不断学习的心态，不然工作就变成了一种机械劳动，那样很快就会变得乏味。有意义的工作需要不断地创造，不断地发现它的意义。

终生学习的内涵是全方面的，从专业领域到社会生活的各个方面。俗话说，"机会只留给有准备的人"。有些人之所以能够在人生中获得成就，是因为当机会来临的时候，他们已经处于准备好了的状态。就像蔡康永说过："15 岁觉得游泳难，放弃游泳。到 18 岁遇到一个你喜欢的人约你去游泳，你只好说'我不会耶'。18 岁觉得英文难，放弃英文。28 岁出现一份很棒但要会英文的工作，你只好说'我不会耶'。人生前期越嫌麻烦，越懒得学，后来就越可能错过让你动心的人和事，错过新风景。"

欢迎来到终生学习的年代。

 漫画素养

拓展阅读

　　何国良于1916年1月出生于高要县肇庆镇沙街的一个贫苦工人家庭。他出生不久，父亲便去世了。1936年秋，他考入省邮政局工作。他的日常工作是拣信。下班后，同事们各自散去了，他却刻苦学习英语。为了节省吃饭的时间，他到附近买两个面包，坐在邮件分拣间的角落里，一边啃面包，一边啃英语书本。到晚上人们熟睡了，他还在微弱的灯光下念英语词汇。后来他又自学法文。

　　当时，翻译人才非常缺乏，全局只有何国良一人能翻译两种文字。因此，领导对他十分重视。他为自己能有这样一个发挥专长的机会而无比兴奋，依然像学英文、法文一样，不知疲倦地工作。领导贯彻按劳分配政策，照顾他的工作特殊性，决定加发占工资总额10%的外文翻译津贴。这使他异常感动。随着用俄文书写的信件越来越多，局里很需要俄文翻译。何国良又自觉地挑起学习俄文的担子。他借助收音机学会了一些俄语知识后，就边学边译。白天上班时，依靠俄汉辞典翻译信件，而夜间等人们熟睡以后，他还孜孜不倦地学习俄语。就这样，何国良掌握的外文，由2种增加到3种。

他的外文专长被热带作物科学研究部门发现并加以重视。1957年7月，他被调到华南热带作物研究所。不久，这个所从广州迁到海南岛，扩建为华南热带作物研究院和华南热带作物学院，合设一个图书馆，由何国良负责管理图书兼翻译外文资料。1973年5月，华南热带作物所搬迁到湛江市。何国良随所转移，任图书情报室翻译员。1979年4月他被调到中山大学图书馆。直到1986年5月逝世，他除了管理好图书以外，还把时间、精力用在学习、钻研翻译外文上。30年间他自强不息，奋进不止，掌握的外文语种增到14种。除了英、法、俄、日、德、西班牙等国际主要语种之外，他还能笔译荷、捷、波、葡、意、越、瑞典、印尼等国文字。此外，他还从事世界语翻译活动，与日本的世界语活动家、福冈市动植物园负责人森真吾保持联系，能笔译世界语。

何国良一生俭朴，穿着极不讲究，但事迹不平凡。1960年2月9日，周恩来总理到华南热带作物研究所视察时同何国良亲切地握手，赞许地说"了不起，了不起"，并勉励他："好好地干下去！"。周总理的赞许和鼓励使他更加奋发向上。1978年2月，何国良被评为全国科学大会先进工作者，第二年又被评为广东省科学大会先进工作者。

1985年3月间，苏增慰先生去看望他时，他回赠一首《喜增慰兄见临探望即呈指示》五言绝句："晚年无大病，喜见故人归，余生斗争后，惟愿多读书。"他念念不忘的仍然是多读书，多学习。

 漫画素养

一个月后的项目会议……

课外活动

了解"水的一生"

活动类型：班级教育

人数：10～40人

时长：0.5～1小时

形式：课堂教学、参观考察、比赛

活动简介：

一、活动目标

通过活动，使学生在学习自然科学的基础上，整理"水"在自然界的循环过程，加深学生对水资源"宝贵"的认识，锻炼学习自主学习的能力，培养学生的环保意识、社会责任意识以及团队合作能力，锻炼学生的表达能力。

二、设备道具

卡片、海报纸、彩笔，以及关于水的自然科学类书籍若干。

三、活动描述

（1）前期准备：将学生按照3～5人一组分成小组。每组取一份卡片、海报、彩笔，并自行选取参考资料。

（2）实施过程：主要分两个阶段。第一阶段，每个小组的学生通过回忆中学阶段学习的关于水在地球上循环的相关知识，查阅书籍或者网络，形成完整的水的循环过程，并对每一个过程在卡片或者海报纸上加以描述，其中要加上保护水资源的相关认识。因学生在中学阶段应该对水的循环过程有所了解，因此本阶段建议用时不超过30分钟。第二阶段：每个小组选派1～2名代表，就本组制作的海报进行汇报，考察汇报人的语言表达能力。每组汇报时间为3～5分钟。

（3）总结与评价：小组汇报后，如果还有需要补充的知识点，则老师进行总结补充，并对同学们的表现进行口头评价。学生完成自评后，教师对学生们的表现进行评价。

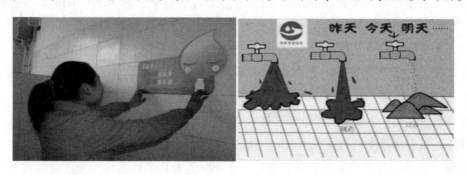

项目五　创新能力

要么创新，要么死亡。——托马斯·彼得斯

任务一　认识创新能力

 案例导入

大学毕业后，马云当了 6 年半的英语老师。期间，他成立了杭州首家外文翻译社，用业余时间接了一些外贸单位的翻译活。钱没挣到多少，倒是闯出了一点名气。1995 年，"杭州英语最棒"的马云受浙江省交通厅委托到美国催讨一笔债务。结果钱没要到一分，倒发现了一个"宝库"——在西雅图，对计算机一窍不通的马云第一次上了互联网。刚刚学会上网，他竟然就想到了为他的翻译社做网上广告。上午 10 点他把广告发送上网，中午 12 点前他就收到了 6 个 E-mail，分别来自美国、德国和日本，说这是他们看到的有关中国的第一个网页。"这里有大大的生意可做！"马云当时就意识到互联网是一座金矿。

噩梦般的讨债之旅结束了，马云灰溜溜地回到了杭州，身上只剩下 1 美元和一个疯狂的念头。马云的想法是，把中国企业的资料集中起来，快递到美国，由设计者做好网页向全世界发布，而利润则来自向企业收取的费用。马云相信"时不我待，舍我其谁"。他找了个学自动化的"拍档"，加上妻子，一共 3 人，用两万元启动资金，租了间房，就开始创业了。这就是马云的第一家互联网公司——海博网络，产品叫作"中国黄页"。

在早期的海外留学生当中，很多人都知道，互联网上最早出现的以中国为主题的商业信息网站，正是"中国黄页"。所以，国外媒体称马云为中国的 MR. Internet。马云的口才很好。在以后的很长时间里，在杭州街头的大排档里经常有一群人围着一个叫马云的人，听他口沫乱飞地推销自己的"伟大"计划。那时候，很多人还不知互联网为何物。他们称马云为骗子。1995 年他第一次上中央台。有个编导跟记者说，这个人不像好人！其实在很多没有互联网的城市，马云一律被称为"骗子"，但马云仍然像疯子一样不屈不挠。他天天都这样提醒自己："互联网是影响人类未来生活 30 年的 3 000 米长跑。你必须跑得像兔子一样快，又要像乌龟一样耐跑。"业务就这样艰难地开展了起来。

1996 年，马云的营业额不可思议地做到了 700 万元！也就是这一年，互联网渐渐普及了。这时马云受到了外经贸部的注意。1997 年，马云被邀请到北京，加盟外经贸部的一个由联合国发起的项目，并参与开发外经贸部的官方站点以及后来的网上中国商品交易市场。在这个过程中，马云的 B2B 思路渐渐成熟：用电子商务为中小企业服务。他研究认为，互联网上商业机构之间的业务量，比商业机构与消费者之间的业务量大得多。为什么放弃大企业而选择中小企业？马云打了个比方："听说过捕龙虾富的，没听说过捕鲸富的。"连网站的域名他都想好了——互联网像一个无穷的宝藏，等待人们前去发掘，就像阿里巴巴用咒语打开的那个山洞。

1999 年，马云回杭州创办"阿里巴巴"网站。几个月后，一传十，十传百，阿里巴巴网站在商业圈中声名鹊起。然后，马云继续挥舞着他那双干柴般的大手，到世界各地演讲："B2B 模式最终将改变全球几千万商人的生意方式，从而改变全球几十亿人的生活！"他在吸引到大量客户的同时，也吸引人才和风险投资。台湾人蔡崇信是全球著名的风险投资公司 INVESTAB 的亚洲代表。他听说"阿里巴巴"之后立即飞赴杭州要求洽谈投资。一番推心置腹之后，蔡竟然出人意料地说："马云，那边我不干了。我要加入'阿里巴巴'！"马云吓了一跳："不可能吧。我这儿只有 500 元人民币的月薪啊！"但两个月后，蔡崇信出任"阿里巴巴"的 CFO（首席财务官）。这一事件引起华尔街一阵惊奇和震动。随后以华尔街高盛为首的多家公司，毫不犹豫地向阿里巴巴投入了 500 万美金。一时，阿里巴巴声名大震。有首歌唱道："阿里巴巴是个快乐的青年！"马云也是个快乐的青年。他讲述了一个中国版的创新故事。

现在，"阿里巴巴"被业界公认为全球最优秀的 B2B 网站。来自国内外的点击率和会员呈暴增之势！一个想买 1 000 只羽毛球拍的美国人可以在"阿里巴巴"上找到十几家中国供应商；位于中国西藏和非洲加纳的用户，可以在"阿里巴巴"网站上走到一起，成交一笔只有在互联网时代才可想象的生意！2003 年，"阿里巴巴"拓展了自己的业务，进入全球商务的高端领域。如今，"阿里巴巴"服务的商人达到 240 万个。马云即使在睡梦中，"阿里巴巴"每天也有 100 万元的收入。非典期间，"阿里巴巴"业务量增长了 5～6 倍。"阿里巴巴"创造的奇迹引起了国际互联网界的关注。其发展模式与雅虎门户网站模式、亚马逊 B2C 模式和 ebay 的 C2C 模式并列，被称为"互联网的第四模式"。

案例分析

马云创造并引领了一个时代。马云成功的秘诀是在大家都在等待、观望，甚至怀疑网络力量的时候就创造性地将网络与创业相结合。这种创新成就了今天的阿里巴巴，也成就了马云精彩的职业人生。

名人名言

提出新办法的人在他的办法成功以前，人家总说他是异想天开。——马克·吐温

 自我提升

一、创新的含义

创新是指以现有的思维模式提出有别于常规或常人思路的见解，并以此为导向，利用现有的知识和物质，在特定的环境中，本着理想化需要或为满足社会需求，而改进或创造新的事物、方法、元素、路径、环境，并能获得一定有益效果的行为。

创新是以新思维、新发明和新描述为特征的一种概念化过程。其起源于拉丁语，有3层含义：第一，更新；第二，创造新的东西；第三，改变。

创新是人类特有的认识能力和实践能力，是人类主观能动性的高级表现，是推动民族进步和社会发展的不竭动力。一个民族要想走在时代前列，就一刻也不能没有创新思维，一刻也不能停止各种创新。创新在经济、技术、社会学以及建筑学等领域的研究中举足轻重。

二、创新能力与创新思维

创新能力既是动物本能，也是人类各种能力中的一种能力的诠释或代称。如果将人类的各种能力分级的话，那么创新能力是各种能力中的最高级别，一般被视为智慧的最高形式。它是一种复杂的能力结构。在这个结构中创新思维处于最高层次。它是创新能力的重要特性。创新能力实质就是创造性解决问题的能力。除此之外，创新能力还包括认识、情感、意志等许多因素。创新能力意味着不因循守旧，不循规蹈矩，不固步自封。随着知识经济时代的来临，知识创新将成为未来社会文化的基础和核心，而创新人才也将成为决定国家和企业竞争力的关键。

在20世纪二三十年代，福特一世以大规模生产黑色轿车独领风骚十余载，但随着时代变迁，消费者的消费需求也发生着变化。人们希望有更多的品种、更新的款式、更加节能降耗的轿车。然而，福特汽车公司的产品，不仅颜色单调，而且耗油量大、废气排放量大，完全不符合日益紧张的石油供应和日趋紧迫的环境治理的客观要求。此时，通用汽车公司和其他几家公司紧扣市场脉搏，制定出正确的战略规划——生产节能降耗、小型轻便的汽车，在20世纪70年代的石油危机中，后来居上，使福特汽车公司一度濒临破产。所以，福特公司前总裁亨利·福特深有体会地说："不创新，就灭亡。"

创新的思维是综合素质的核心。知识既不是智慧，也不是能力。著名物理学家劳厄谈教育时说：重要的不是获得知识，而是发展思维能力。教育无非是将一切已学过的东西遗忘时所剩下来的东西。劳厄的谈话绝不是否定知识，而是强调只有将知识转化为能力，才能成为真正有用的东西。大量的事实表明，古往今来，许多成功者既不是那些最勤奋的人，也不是那些知识最渊博的人，而是一些思维敏捷、最具有创新意识的人。他们懂得如

何正确思考，最善于利用头脑的力量。在当今的知识经济时代，一个人要想在激烈的竞争中生存，不仅需要付出勤奋，还必须具有智慧。古希腊哲人普罗塔戈说过一句话：大脑不是一个要被填满的容器，而是一支需要被点燃的火把。其实，他说的这个火把点燃的正是人们头脑中的创新的思维。

创新首先要有强烈的创新意识和顽强的创新精神。所谓创新意识就是推崇创新，追求创新，以创新为荣的观念和意识。所谓创新精神就是强烈进取的思维。一个人的创新精神主要表现为首创精神、进取精神、探索精神、顽强精神、献身精神、求是精神（即科学精神）。其次，创新还要有创新能力。创新能力是指一个人产生新思想、认识事物的能力，即通过创新活动、创新行为而获得创新性成果的能力。哈佛大学校长陆登庭认为，"一个人是否具有创造力，是一流人才和三流人才的分水岭"。再次，要创新就必须认同两个基本观点，即创新的普遍性和创新的可开发性。创新的普遍性是指创新能力是人人都具有的一种能力。如果创新能力只有少数人才具有，那么许多创新理论，包括创造学、发明学、成功学等就失去了存在的意义。人的创造性是先天自然属性。它随着人的大脑进化而进化。其存在的形式表现为创新潜能。不同的人之间这种天生的创新能力并无大小之分。创新的可开发性是指人的创新能力是可以激发和提升的。将创新潜能转化为显能，而这个显能就是具有社会属性的后天的创新能力。将潜能转化为显能后，人的创新能力也就有了强、弱之分。通过激发、教育、训练可以使人的创新能力由弱变强，迅速提升。创新思维是创新能力的核心因素，是创新活动的灵魂。开展创新训练的实质就是对创新思维的开发和引导。有句慧语说："有什么样的思路就有什么样的出路。"一个人的创新能力，特别是创新思维能力的强弱，将决定他将来的发展前途。有人对自己的创新能力总是持怀疑态度。这严重影响了创新潜能的开发。其实，早在1943年，我国的创新教育先驱、著名教育家陶行知先生在其《创新宣言》等论著中，就对"环境太平凡不能创新，生活太单调不能创新，年纪太小不能创新，我太无能不能创新"等错误观点进行了批判。

三、创新的特征

创新具有下列6个特征：

1. 目的性

任何创新都离不开人们的某种具体追求，有其明确的目的性。全部创新过程就是围绕达到某种目的而展开的。

2. 新颖性

创新是要解决前人没有解决的问题，无法进行模仿或再造，而只能独辟蹊径，标新立异，脱颖而出。它要求突破常规，探索新路，提出常人不曾想到的新理念、新方法，提供前所未有的新材料、新工艺、新产品、新成果。

3. 先进性

人类的创新活动引导着社会的发展和进步。历史上每一次伟大的创新，都成为生产力提高，文明进步、社会发展的催化剂。创新具有强烈的超前性和先进性。

4. 价值性

创新的目的在于满足人类的需要。创新的物质成果或理论成果具有显著的经济效益和社会效益。它体现在经济社会发展上。其价值是难以估量的。

5. 动态性

客观世界的发展变化是无穷尽的，创新也就不可能一劳永逸，要随着社会和组织的发展不断地创造和革新。一个企业在开创之时需要创新，在做大做强之时还需要创新，在竞争中保持不断发展的过程中更需要坚持创新。

创新离不开具体的社会环境，而且与人们所处的生产、生活、科技、文化条件和社会需求密切相关。因此，创新具有动态特性。每个创新活动在实践过程中都因时间和空间的背景限制而取得当时认为最好的结果。随着时间的推移和科技的发展，在新的条件下，更高一级的创新需求和实践又会产生和开展。创新是无止境的。

6. 风险性

由于受到科技发展和生产力水平的限制，人们在创新活动中对某些客观因素认识不足或无法适应，不能有效地控制隐患。这种不确定性就构成了一定的风险。这种风险可能给人们造成了相应的经济损失，甚至人员伤亡。它使创新者精神受挫，信心动摇。因此，创新者必须有风险意识。成功来之不易，它可能要经历许多次挫折和失败。

由于创新的不确定性因素非常多，所以其失败的风险很大。资料表明，3M 公司号称能够正确预测当代 95% 的技术后果，它却承认其 50% 的非相关产品或世界首创型创新都失败了。吉列（Gillette）公司每 3 个上市产品中只有一个能在市场上取得成功，而这 3 个产品是从 100 项前期技术研究中得到的。

 小测试

创新思维测试

下面是 10 个题目。如果符合你的情况，则回答"是"；若不符合，则回答"否"；若拿不准，则回答"不确定"。

（1）你认为那些使用古怪和生僻词语的作家纯粹是为了炫耀吗？

（2）无论什么问题，要让你产生兴趣，总比让别人产生兴趣要困难得多，是吗？

（3）对那些经常做没把握事情的人，你不看好他们吗？

（4）你常常凭直觉判断问题的正确与错误吗？

（5）你善于分析问题，但不擅长对分析结果进行综合、提炼吗？

（6）你审美能力较强吗？

（7）你的兴趣在于不断提出新的建议，而不在于说服别人去接受这些建议吗？

（8）你喜欢那些一门心思埋头苦干的人吗？

（9）你不喜欢提那些显得无知的问题吗？

（10）你做事总是有的放矢，不盲目行事吗？

评分标准：

题号	"是"评分	"不确定"评分	"否"评分
1	-1	0	2
2	0	1	4
3	0	1	2
4	4	0	-2
5	-1	0	2
6	3	0	-1
7	2	1	0
8	0	1	2
9	0	1	3
10	0	1	2

评价：

得22分以上，说明被测试者有较高的创造思维能力，适合从事环境较为自由、没有太多约束、对创新性有较高要求的职位，如美编、装潢设计、工程设计、软件编程人员等。

得11~21分，说明被测试者善于在创造性与习惯做法之间找出均衡，具有一定的创新意识，适合从事管理工作，也适合从事其他许多与人打交道的工作，如市场营销。

得10分以下，说明被测试者缺乏创新思维能力，属于循规蹈矩的人，做人总是有板有眼，一丝不苟，适合从事对纪律性要求较高的职位，如会计、质量监督员等职位。

漫画素养

快看，我买了新版iPhone，8 000多元呢！

为什么一部手机这么贵啊？

iPhone的附加值在于它的创新……

创新……

1984年苹果推出MAC电脑，界面从字符串变成了图形。

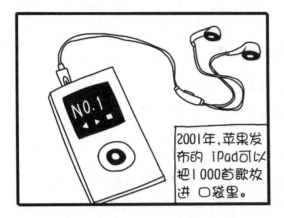

2001年，苹果发布的 iPod可以把1000首歌放进口袋里。

2007年，苹果推出iPhone，可以说重新发明了手机。

2010年，苹果推出的新款iPad，又一次颠覆了IT行业。

原来这么厉害。

苹果的下一次创新会是什么呢？

拓展阅读

苹果公司的创新之路

乔布斯有句经典名言：领袖和跟风者的区别就在于是否创新。从苹果公司的发展历程来看，每一次的飞跃发展都是由创新带动的。过去的10年，苹果获得了1 300项专利，相当于微软的一半，相当于戴尔的1.5倍。

1. 产品和技术创新

最早苹果是以电脑公司发家，但在其后的发展过程中，不断推出的创新产品才是让苹果公司屹立不倒的重要原因。从 iPod，iMac，iPhone 到 iPad，苹果公司不断地推陈出新，引领潮流。苹果也从最初单一的电脑公司，逐步转型成为高端电子消费品和服务企业。

更重要的是，在微软 Windows 操作系统和 Intel 处理器独霸市场的时候，苹果依然坚持推出了自己独立开发的系统和处理器。一开始得到了大批设计人员的青睐，到最后得到大众的认可。

在这些产品中，最重要的是 iPhone 的推出。手机智能化是移动电话市场的发展趋势。苹果正抓住了这一机会，或者说苹果推动了这一趋势的普及。2007 年 1 月，苹果公司首次公布进入 iPhone 领域，正式涉足手机市场。苹果在 MP3 市场上依靠 iPod + iTunes 大获成功后，紧接着在手机市场依靠 iPhone + APP Store 的组合，通过在产品、性能、操作系统、渠道和服务方面的差异化定位，一举击败其他竞争对手。2011 年 2 月，苹果公司打破诺基亚连续 15 年销售量第一的垄断地位，成为全球第一大手机生产厂商。

2. 营销创新

很多消费者被苹果的"饥饿营销"策略牵着鼻子走，同时也为苹果聚集了一大批忠实粉丝。

在市场营销学中，所谓"饥饿营销"，是指商品提供者有意调低产量，以期调控供求关系，制造供不应求"假象"，维持商品的较高售价和利润率，也达到维护品牌形象、提高产品附加值的目的。从 2010 年 iPhone 4 开始，到 iPad 2，再到 iPhone 6S，苹果产品全球上市呈现出独特的传播曲线：发布会——上市日期公布——等待——上市新闻报道——通宵排队——正式开卖——全线缺货——黄牛涨价。

与此同时，苹果一直采用"捆绑式营销"的方式，带动销售量。从 iTunes 对 iPod，iPhone，iPad 和 iMac 的一系列捆绑，让用户对其产品形成很强的依赖性。

3. 商业模式创新

最初苹果就通过"iPod + iTunes"的组合开创了一种新的商业模式，将硬件、软件和服务融为一体。在"iPod + iTunes"模式的成功中，苹果看到了基于终端的内容服务市场的巨大潜力。在其整体战略上，也已经开始了从纯粹的消费电子产品生产商向以终端为基础的综合性内容服务提供商的转变。

此后，推出 APP Store 是苹果战略转型的重要举措之一。"iPhone + APP Store" 的商业模式创新适应了手机用户对个性化软件的需求，让手机软件业务开始进入高速发展的空间。与此同时，苹果的 APP Store 是对所有开发者开放的。任何有想法的 APP 都可以在 Apple Store 上销售，销售收入与苹果七三分成，除此之外没有任何的费用。这极大地调动了第三方开发者的积极性，同时也丰富了 iPhone 的用户体验。这才是一种良性竞争：不断拓展企业的经营领域和整个价值链范围，使得市场中的每个玩家都能获益。

 **课外活动**

共建高楼

活动类型：团队熔炼

人数：10 ~ 40 人

时长：30 分钟以内

形式：游戏、比赛

活动简介：

一、活动目标

建高楼游戏不仅能培养团队的分工合作精神，更重要的是使参加游戏的人员因从事一种完全不同于手头工作的事情而增强其创新性，开拓大家的创新思维。

二、活动道具

30 张报纸，6 卷封箱胶，6 把剪刀，2 把长直尺，1 支秒表，1 个口哨。

三、活动描述

每组各分 5 张报纸，1 卷透明封箱胶，1 把剪刀，要求每支队伍在 10 分钟内，利用分配给他们的纸和封箱胶，尽可能建造最高的自由耸立的高楼。当老师宣布游戏结束时，所有参加游戏的人员都必须离开高楼，使大楼独立耸立，不能有任何支撑，坚持到活动结束。

按高楼高度评出 1 ~ 6 名。楼最高的为第一名，其次的为第二名，以此类推。第一名得 6 分，第二名得 5 分，以此类推，第六名得 1 分。评比结束后，老师请获得第一名的参赛队伍谈谈他们是如何构思的，又是如何分工合作的。

比赛过程中，老师可做以下提示：可任意裁剪纸张，由于资源有限，所以要注意合理利用。提示比赛队伍可以先商议好，再动手，但要注意时间的掌握。对游戏剩余时间（8，5，3，1 分钟）进行报时。

四、注意事项

注意活动安全。

五、调查形式

学生需根据问卷问题自我判定。

任务二 培养创新能力

案例导入

1992 年，24 岁的邓中翰从中国科技大学毕业后，直接进入美国加州大学伯克利分校就读。入学之初一次偶然的机会，他接触到 1883 年美国著名物理学家罗兰做的一次被称为美国科学"独立宣言"的著名演讲。其中这样提到中国："中国人知道火药的应用已经若干世纪……因为只满足于火药能爆炸的事实，而没有寻根问底，中国人已经远远落后于世界的进步。我们现在只是将这个所有民族中最古老、人口最多的民族当成野蛮人。"

罗兰的话深深刺激了邓中翰。他深深领悟到"科学是没有国界的，但科学家是有国界的"这句话的含义。邓中翰在伯克利拼命学习，5 年时间取得电子工程学博士、经济管理学硕士、物理学硕士 3 个学位，是该校建校 130 年来第一位横跨理、工、商 3 个学科的毕业生。

"那时每天只睡三四个小时，同时攻读 3 个学位，不是因为谁命令你往前赶，而是确实感觉有太多知识要学，有太多知识要用。"邓中翰说。

1999 年，邓中翰在硅谷创业成功的情况下，受邀回国发展集成电路产业。他在当时的信息产业部等部委支持下，在北京中关村创建了中星微电子有限公司，启动"星光中国芯工程"。邓中翰成功引用硅谷创业运作模式，首批资金为信息产业部以风险投资方式直接参股投入的 1 000 万元人民币。

"当时我的创业团队中很多人已经实现了游艇、别墅、绿卡等'美国梦'，但他们还是跟我一起回国，是因为我们要追求自己的'中国梦'。"邓中翰多年来在各种联欢场合最爱唱的一首歌是《我的中国心》。这不是作秀，而是他们这一代留学生的真实心路，也是他给团队注入的一种精神力量。

2001 年，中星微"星光一号"研发成功。这是中国首枚具有自主知识产权、百万门级超大规模的数字多媒体芯片，也是第一块打入国际市场的"中国芯"，结束了中国无"芯"的历史。

同年夏天，邓中翰走进索尼会客室。接待他的是索尼的一位主管。邓中翰此次去日本的目的是推介"星光一号"，把"星光一号"应用到索尼的产品中。日本主人得知他来自中国之后，只留下 5 分钟时间给他，客气而冷淡地让他随便参观。这件事给他很大触动。邓中翰告诉同行者："我还会回来！"

2005 年，"星光五号"不但打入索尼，而且被大多数国际品牌采用。目前，"星光中国芯工程"拥有 2 500 多项专利，占领计算机图像输入芯片市场 60% 以上份额。邓中翰也被业界称为"中国芯之父"。

2009 年，41 岁的邓中翰成为最年轻的中国工程院院士。2011 年，邓中翰当选中国科协副主席。他更把这看作一种新的"责任"，把他探索出的在国家战略需求之下，利用市场之手，完成科技创新的方法介绍给更多像他一样的创业者，特别是留学归国创业者。

案例分析

14 年的时间，邓中翰完成了从中国无"芯"到占领全球计算机图像输入芯片六成国际市场的跨越。邓中翰博士执着的创新精神值得我们每一个人学习。

名人名言

不断变革创新，就会充满青春活力；否则，就可能会变得僵化。——歌德

自我提升

一、提高创新能力的方法

1. 加强知识储备

创新不是凭空臆想，不是无本之木、无源之水，而是有广博的科学文化知识和宽厚的专业知识作为支撑。加强知识储备是提高创新能力的基础。

2. 养成创新的行为习惯

保持好奇心，主动想象；善于提出问题，积极主动观察；寻找多种方法解决问题，培养发散思维；有了想法，立即记录下来；每天对自己提出新的问题；保持幽默感。

3. 树立自信

这个世界是由自信心创造出来的。迄今为止，有 3 个苹果改变了世界。第一个苹果诱惑了夏娃，驱动她的只是人类永恒的好奇心和探究心态，却未曾想开启了新世界的大门，成为人类的起源。第二个苹果击中了人类最具智慧的头颅。牛顿发现了万有引力。他把人类科学文明带到一个新的高度。第三个苹果被掌握在乔布斯的手中。他创造了一个全新的

感知世界。这 3 个集创造力、吸引力于一体的苹果创造了 3 个崭新的时代，让人们一次次地感受到震撼，一次次地触摸到现实与未来的接口。未来扑面而来，而第四个苹果就在你的手中！

改变世界的 3 个苹果

二、创新能力的培养训练

人脑与生俱来的脑细胞有 120 亿～150 亿个，且永不增殖，只存在程序性凋亡。平常人只开发利用了 3%～7%，爱因斯坦也只不过才利用了 10%；而婴幼儿的脑细胞却以 20 万个/分钟的惊人速度递增着，8 岁完成成人脑细胞数量的发育过程。20 岁以后，若这些细胞放置在那里而不使用的话，会以每天 10 万个的数量变成"废品"。

我们可以从以下几种思维方式中培养创新能力：

（一）联想思维

联想思维是指人脑记忆表象系统中，由于某种诱因导致不同表象之间发生联系的一种没有固定思维方向的自由思维活动。主要思维形式包括幻想、空想和玄想。其中，幻想，尤其是科学幻想，在人们的创造活动中具有重要的作用。

联想是客观事物之间的联系在人脑中的反映。它可以不断开拓人们的思路，升华人们的思想。联想思维能力不是天生的。它需要以知识和生活经验、工作经验为基础。我们该如何提高联想思维能力呢？

1. 把握联想思维的一些基本规则

（1）相似规则。可以根据事物之间在形状、结构、性质或作用等某一方面或某几方面的相似性进行联想，从而引发出某种新设想来。

比如，目前世界上第一流的爆破技术，已能将一栋建筑物炸成粉末，而且不影响旁边的建筑。一些聪明的医生由此联想到人体内的多种结石都需要摧毁。在这一点上，它们是相似的。能不能也用"爆破"的办法将病人体内的结石炸碎呢？他们经过精确计算和实验终于获得成功，医学上叫微爆破技术。

（2）相关规则。在思考问题时，尽量根据事物之间在时间或空间等方面的彼此接近进行联想。由于世上万事万物都不是孤立存在的，在空间或时间上总是保持着一定的联系，因此灵活运用相关规则联想，常常也能打开思路，进行创新。

（3）因果规则。客观事物之间具有一定的因果关系。人们可以由因到果，或由果到因进行联想，古诗云："问渠那得清如许，为有源头活水来。""不识庐山真面目，只缘身在此山中。"这些是运用因果联想的例子。因果联想作用很大。牛顿的万有引力可谓因果联想的一个十分典型的例子。

2. 对自己进行强迫联想训练

一般人受习惯思维的影响，思想僵化，联想力极为有限；而一个经过强迫联想训练的人，则能激发想象力，触类旁通。拿碗的例子来说，碗——饭——饭桶——水桶——水——水库——风景——旅游……从碗很快就能联想到旅游。进行联想思维训练时要注意以下几点：

（1）需要具有一个引起展开联想的依据。这个依据可以是具体的事物，或者是某段文字、音乐，或是某一个偶然的场景。它是联想思维活动的"一端"。由此而想到的相关事物，或者其他的东西，就是思维活动的"另一端"。

（2）运用联想要合理、自然，关键在于准确而巧妙地捕捉两端之间的联系点。苏联心理学家格罗万斯和斯塔林茨曾用实验证明，一个经过强迫联想思维训练并对联想思维技巧已经娴熟的人，任何两个概念词语都可以在他/她的头脑里经过四五个步骤建立起关系。

比如，高山和镜子是两个风马牛不相及的概念，但联想思维可以使它们之间发生联系：高山——平地——平面——镜面——镜子。进行强迫联想训练，其过程一定要有强制性，也就是"无关"的事物之间进行"硬性"思考，非要想出一个名堂不可。对于"无关"的事物究竟能形成一种什么关系，只有强行联想下去才能思考出结果。可见，强迫联想态度一定要坚决，要有不达目的誓不罢休的精神。

（二）灵感思维

灵感思维是指人脑在某种情况的触发下，有意或无意地突然出现某些新的形象、思想，使在此之前未能解决的问题突然得以解决或者受到启发的一种思维方法。日常生活中，我们常常借助"灵感"认识、创作，在未知领域里发现新的知识点，形成追寻创新知识的道路，从而进一步丰富、发展人类的知识宝库。

我国著名科学家钱学森说过："如果把逻辑思维视为抽象思维，把非逻辑思维视为形象思维或直感，那么灵感思维就是顿悟。它实际上是形象思维的特例。"灵感的出现常常带给人们渴求已久的智慧的闪光。

爱因斯坦就是靠灵感思维发现了相对论。1900年，爱因斯坦从苏黎世工业大学毕业。

由于他对某些功课不热心，以及对老师态度冷漠，被拒绝留校。他找不到工作，靠做家庭教师和代课教师过活。在失业一年半以后，关心并了解他才能的同学马塞尔·格罗斯曼向他伸出了援助之手。格罗斯曼设法说服自己的父亲把爱因斯坦介绍到瑞士专利局做一个技术员。

爱因斯坦终身感谢格罗斯曼对他的帮助。在悼念格罗斯曼的信中，他谈到这件事时说，当他大学毕业时，"突然被一切人抛弃，一筹莫展地面对人生。他帮助了我，通过他和他的父亲，我后来才到了哈勒（时任瑞士专利局局长）那里，进了专利局……"1902年6月23日，爱因斯坦正式受聘于专利局，任三级技术员。工作职责是审核申请专利权的各种技术发明创造。在工作期间，他每天坐交通车上下班都要经过市区中心的一个教堂。有一天他坐在车上突然灵感一动。他想："如果这车以光速离开教堂，会是什么样子？……"从此，他在未知领域里找到一个新的知识点。他在这条道路上经过刻苦的钻研，终于在1905年6月，完成了开创物理学新纪元的长论文《论运动体的电动力学》，完整地提出了狭义相对论。它在很大程度上解决了19世纪末出现的古典物理学的危机，改变了牛顿力学的时空观念，创立了一个全新的物理学世界，是近代物理学领域最伟大的革命。

在美术领域，俄罗斯画家苏里柯夫是由雪地上的乌鸦触发他的灵感而创作了《女贵胄莫洛卓娃》这幅巨作的。他借用乌鸦之黑与雪地之白形成的强烈对比，以及乌鸦在雪地上的造型特点，经过数年的努力，终于完成了这幅名画。

在建筑领域，1956年37岁的丹麦建筑设计师丁·乌特松由切开的橘子瓣触发他的创作灵感而设计了悉尼歌剧院的整体造型。13年后，悉尼歌剧院在三面环海的贝尼朗岬角落成，倾倒了悉尼，折服了澳洲，使世界为之一震。从远处望去，歌剧院好像是蔚蓝海面上缓缓漂来的一簇白帆；从近处看，又仿佛是被海浪拍涌上岸的一只只白色贝壳，静静地竖立在海边，使悉尼歌剧院犹如巴黎的凯旋门、埃菲尔铁塔，旧金山的金门大桥一样，成为世界级的建筑珍品。丁·乌特松说："许多人都说，我的设计是大海的贝壳和航行的风帆赋予了创作灵感，但是实际不是那么一回事。它是一枚橘子。如果你将橘子切开，你就会发现橘子瓣的形态同歌剧院的屋顶造型是相像的。当然，我不否认，它又恰好与白色的风帆与贝壳类似，但这并不是我当初的本意。不过，我非常喜爱人们把它喻为贝壳和风帆。因为，这两种形象本身都是很美的。"

由此可见，当我们从事于某一领域的工作时，要最大限度地积累本领域内的知识，掌握本领域内的各种技能。这是因为灵感思维也是以人头脑中沉积的知识为基础的。如果没有人类的实践认识，灵感思维也不会自天而降。

拓展阅读

2000多年前，国王高宾洛二世给金匠一块纯金，要他做一项王冠。金匠制成后，重量与国王给的那块黄金完全相同。可是国王不放心，要阿基米德检验王冠中是否掺有其他金属。

这可是难题。阿基米德虽是著名的数学家，但王冠的形状十分复杂，用几何学的方法算不出它的体积来。他成天冥思苦想，"运思如转轴，格格闻其声"，可就是不得要领。

有一天他去洗澡，人坐在盛满水的澡盆里，水溢出来的现象一下子触动了他。阿基米德顿时醒悟：盆里溢出来的水的体积，不就是自己的身体浸在水里的那一部分体积吗？他猛地从澡盆里起来，跑出澡堂在街上狂喊："我发现了！我发现了！"

跑到王宫后，他把王冠和同等量的纯金先后放进盛满水的盆子里，比较两盆溢出来的水量。结果发现，纯金排出的水少，而王冠排出的水多。于是，阿基米德断定：王冠是掺了假的，因为金子比重大，在重量相同的情况下体积比较小，而掺了别的金属后，比重减轻，体积增大，排出的水就多了。

国王的怀疑被证实了。金匠不得不承认偷了金子。这样，阿基米德不仅揭开了金冠之谜，还由此发现了著名的阿基米德定律。

灵感思维有两种类型：一种是瞬间闪现的，往往稍纵即逝，时不再来。这种灵感与此前的生活阅历和丰富的想象力有关。另一种是由于长期致力于某种研究或某类工作，在这之后突然产生的。这种灵感与此前的艰苦劳动是密切相关的。历史上一些伟大的发现更多的是长期致力于某类工作，并且经过了艰苦的思索之后发现的。

拓展阅读

17世纪法国著名数学家和哲学家笛卡尔，在很长一段时间内，都在思考这样一个问题：几何图形是形象的，而代数方程是抽象的。能不能将这两门数学统一起来，用几何图形表示代数方程，而用代数方程解决几何问题呢？

为了解决这一问题，他日思夜想，但一直找不到突破方向。有一天早晨，笛卡尔睁开眼发现一只苍蝇正在天花板上爬动。他躺在床上耐心地看着，忽然头脑中冒出这样一个念头：这只来回爬动的苍蝇不正是一个移动的"点"吗？这墙和天花板不就是"面"，而墙和天花板相连接的角不就是"线"吗？苍蝇这个"点"与"线"和"面"之间的距离显然是可以计算的。

笛卡尔想到这里，情不自禁地一跃而起，找来纸和笔，迅速画出3条相互垂直的线，用它表示两堵墙与天花板相连接的角，又画了一个点表示来回移动的苍蝇，然后用 X 和 Y 分别代表苍蝇到两堵墙之间的距离，用 Z 来代表苍蝇到天花板的距离。后来笛卡尔对自己设计的这张形象直观的"图"进行反复思考研究，终于形成这样的认识：只要在图上找到任何一点，都可以用一组数据表示它与另外那3条数轴的数量关系；同时，只要有了任何一组像以上这样的3个数据，也都可以在空间上找到一个点。这样，数和形之间便稳定地建立了联系。

于是，数学领域中的一个重要分支——解析几何学，在此基础上创立了。他的这套数学理论体系，引起了数学的一场深刻革命，有效地解决了生产和科学技术上的许多难题，并为微积分的创立奠定了坚实的基础。

灵感的产生常常受到某种事物的启发。灵感虽是紧张思维的结果，但其出现的时机往往是在人处于一种长期紧张工作之后的暂时松弛状态，如散步、钓鱼、听音乐、观花赏月，甚至睡梦中。之所以如此，是因为人在积极思维时，左脑的逻辑思维起主导作用。思维按特定的方向，以及特有的规律进行。不同的思维方式和内容之间难以发生联系。当人在精神放松时，右脑的形象思维处于积极活动状态之中，思维范围扩大，思路活跃，想象丰富。左、右脑思维相互联系，相互影响。这就为灵感的产生准备了良好的条件。

要培养灵感思维，可以从以下几个方面入手：

一是从生活中激发灵感。"得之在俄顷，积之在平日"（清·袁守定）。灵感是辛勤劳动的果实，是通过长期积累和艰苦脑力劳动引爆的动人火花。灵感源于生活。生活之水积蓄到什么程度，就有什么样的灵感。生活是海洋。凡是有生活的地方，就有快乐和宝藏，就孕育着灵感和希望。如果远离生活，那么即使才气再大，最终也只能是"江郎才尽"。

二是善于捕捉灵感。"句句夜深得，心从天外归"（唐·刘昭禹）。灵感来得快，去得也快。灵感的不期而至，给人以惊喜之情，真可谓"踏破铁鞋无觅处，得来全不费功夫"。因此，在灵感到来之际，必须马上抓住它。

三是善于孕育灵感。要孕育灵感，就要多读书。"读书破万卷，下笔如有神"。杜甫所说的"神"就是灵感。它是从苦读中培养出来的。当前有些人最大的缺陷就是书读得太少，文化底蕴不足，少了对生命的滋养，自然也就难以孕育灵感。补救的办法只有一个，就是读书，读书，再读书。要多读一些名篇名著。不光要读文学艺术方面的书，还要读一些科学技术、哲学、历史等方面的书，以不断提高自身综合素质。"功夫在诗外"。应多注重培养自己的"诗外"（即专业之外的）功夫。只有积累起自身深厚的修养，才有可能在工作中不断迸发出思绪翻飞、心腑荡漾的灵感来。

（三）直觉思维

1. 什么是直觉思维

爱因斯坦的名句"我相信直觉和灵感"早已为世人所熟悉。直觉思维是人脑对于突然出现在其面前的新事物及其关系的一种迅速的识别，是对事物的本质理解和综合的整体判断活动。直觉思维具有迅捷性、直接性、本能意识等特征。直觉作为一种心理现象贯穿于日常生活之中，也贯穿于科学研究之中。

对直觉的理解有广义和狭义之分：广义上的直觉是指包括直接的认知、情感和意志活动在内的一种心理现象。也就是说，它不仅是一个认知过程、一种认知方式，还是一种情感和意志的活动。狭义上的直觉是指人类的一种基本的思维方式。当把直觉作为一种认知过程和思维方式时，便称之为直觉思维。狭义上的直觉或直觉思维，就是人脑对于突然出现在面前的新事物、新现象、新问题及其关系的一种迅速识别，敏锐而深入的洞察，直接的本质理解，以及综合的整体判断。简言之，直觉就是直接的觉察。

直觉是人们在生活中经常应用的一种思维方式。小孩亲近或疏远一个人凭的是直觉；男女"一见钟情"凭的是各自的直觉；军事将领在紧急情况下下达命令首先凭直觉；足球运动员临门一脚，更是毫无思考余地，只能凭直觉。

科学发现和科技发明是人类最客观、最严谨的活动之一。诺贝尔奖获得者、著名物理学家玻恩说："实验物理的全部伟大发现，都是来源于一些人的'直觉'。"

直觉是一种非逻辑思维形式。对其所得出的结论，没有明确的思考步骤。主体对其思维过程没有清晰的意识。美国化学家普拉特和贝克曾对许多化学家进行过填表调查。在收回的232张调查表中，有33%的人说在解决重大问题时有直觉出现，有50%的人说偶尔有直觉出现，而只有17%的人说没有这种现象。

2. 直觉思维的特征

（1）直接性。倘若我们用最简洁的语言表述直觉思维的最基本特征，那就是思维过程与结果的直接性。直觉思维是一种直接领悟事物的本质或规律，而不受固定逻辑规则束缚的思维方式。它不依赖于严格的证明过程，是以对问题全局的总体把握为前提，以直接的、跨越的方式直接获取问题答案的思维过程。正因为如此，许多哲学家和科学家在谈到直觉时，常把它与"直接的知识"放在一起讨论。

（2）突发性。直觉思维的过程极短，稍纵即逝。其所获得的结果是突如其来和出乎意料的。人们对某一问题苦思冥想，却不得其解，反而往往在不经意间突然顿悟出问题的答案，或瞬间闪现具有创造性的设想。

（3）非逻辑性。直觉思维不是按照通常的逻辑规则按部就班地进行的。它既不是演绎式的推理，也不是归纳式的概括。直觉思维主要依靠想象、猜测和洞察力等非逻辑因素直接把握事物的本质或规律。它不受形式逻辑规则的约束，常常是打破既有的逻辑规则，提出一些反逻辑的创造性思想，如爱因斯坦提出的"追光悖论"；它也可能压缩或简化既有的逻辑程序，省略中间烦琐的推理过程，直接对事物的本质或规律做出判断。

（4）或然性。非逻辑的直觉也是非必然的。它具有或然性，既有可能正确，也可能错误。这对于任何人来说都是如此。虽然直觉思维能力较强的科学家正确的概率较大，但也可能出错。许多科学家都承认这一点。爱因斯坦在高度评价直觉在科学创造中的作用时也没有把它看作万能灵药。他在1931年回答挚友贝索提出的问题时说："我从直觉来回答，并不囿于实际知识。因此，大可不必相信我。"

（5）整体性。在直觉思维过程中，思维主体并不着眼于细节的逻辑分析，而是对事物或现象形成一幅整体的"智力图像"，从整体上识别出事物的本质和规律。

拓展阅读

19世纪末，法国物理学家贝克勒尔发现的放射现象引起了居里夫人的极大兴趣。于是她决定研究放射线的性质及其来源。初步的实验已表明，放射性同分子的化合情况、温度、光线都无关。面对这样的实施，居里夫人凭直觉做出了以下两个判断：第一，她判断放射性不是化合分子的性质，而是原子的特性；第二，她断定这种射线不一定只有铀才具有，别的元素也可能具有。

根据这两个判断，没过多久她就发现了另一种放射性元素——钍。后来她在一种沥青铀矿中，又发现了比铀和钍的放射性更强的放射现象。她又凭直觉做出判断：在这种沥青铀矿中，还含有一种比铀和钍的放射性强得多的未知元素。她在给布罗尼亚的信中说："我不能解释的那种放射作用，是由一种不知道的化学元素产生的……这种元素一定存在，只要找出来就行了……我深信试验没有错。"（见《居里夫人传》）她还为这种未知的元素起名为镭。4 年之后，即 1898 年，人们测出了这种元素的原子量，证实了居里夫人的判断。爱因斯坦赞誉居里夫人具有"大胆的直觉"。

3. 直觉思维的内容

直觉思维的内容是比较丰富的。其基本内容如下：

首先是直觉的判断。它是"人脑对客观存在的实体、现象、词语符号及其相互关系的一种迅速的识别，直接的理解，综合的判断"。人的这种能力，就是我们通常所说的洞察力。在这个认识过程中，人们很难区分出感觉、知觉、表象和概念、判断、推理，因为它进行得十分迅速和直接，"是这样"而来不及考虑"为什么是这样"。

日常生活中，素未谋面者相遇，往往会觉得对方或心胸开阔、豁达，或城府深不可及，一般都是凭直觉；在学习过程中，学生常常会表现为对某一概念、命题、问题的直接理解、领会；在科学实践中，地质学家会仅凭岩石上的巨大擦痕就判断出这是远古时代冰川的遗址。所有这些都是对事物和现象的直觉判断。

直觉的判断不是分析性的，而是对事物整体形势的一种概括性判断。它有赖于对整个形势的整体估价，因此与判断主体的知识经验密切相关。一般来说，在各自的领域内，人的知识经验越丰富，其直觉判断力或洞察力越强；反之亦然。

其次是直觉的想象。在许多情况下，人们仅仅根据所面临的事物、符号或情景是不能做出直觉的判断的。这是因为外界所提供的信息并不充分，有许多空白点或真空带。这时只有借助于想象、猜测，才能形成大致的判断，即用创造性的想象力理解连贯看似毫无联系的纷杂事物。然后再去寻找证据，以证明或否定自己的初步判断。

创造性的想象力可以把零散的"思维元素"充分调动起来，并加以新的组合。这些思维元素并不是凭空产生的，而是以前就积累在人的大脑之中，但由于时间的变迁而沉淀至心里或意识的深处，甚至掉入无意识的"深渊"。

我们可以把这类思维元素称为"潜知"。它隐匿于人的潜意识之中。在一定的条件或在外界的刺激下，它就会"先验"地表现出来。创造性的想象力就可以把这类"潜知"激活，充分调动起来，与已知的思维元素形成一种新的联系，从而弥补信息的空白点或真空带，将各种思维元素串联起来，形成一幅完整的思维图像。

爱因斯坦在创建狭义相对论的过程中，想象过人以光速运行；在建立广义相对论时，又设想光线穿过升降机发生弯曲。德国数学家明可夫斯基的丰富想象力，使他把三维空间和一维时间联系在一起，提出了四维时空的表达式。

再次是直觉的启发。与直觉的判断和直觉的想象不同，还有一种情况：思维的主体沉思于某一问题，既没有得出直觉的判断，又没能凭借自己的想象力获得什么有用的结论，然而在某一时刻，在他所思考的问题领域之外，甚至是一则从遥远的外地传来的信息倒起了巨大的启发作用。

于是，思维过程中的"障碍物"被清除了，思路被打通了，问题得到了解决。这种情况就是直觉的启发。它有别于形式逻辑中的类比推理，是一种具有很大跳跃性的超越于形式逻辑的"类比"。

直觉的启发，是在某种新的外部信息刺激下发生的联想，既包括由实物载体所载信息的启发，也包括由语言载体所载信息的启发。如牛顿在苹果园中看到苹果落地，从而获得启发找到解决引力问题的线索。这是前一类直觉启发。对于生物为什么会进化，达尔文百思不得其解。某天晚饭后，他信手拿起一本书消遣，偶尔翻开马尔萨斯的《人口论》，于是茅塞顿开，得出在自然环境中，有利的变异被保存下来，而无利的变异则被消灭的解释。这属于后一类直觉启发。

在科学实践中，直觉的判断、想象和启发是难以截然分开的，因为直觉思维过程进行得非常迅速，三者有时几乎是同时进行的；但是，直觉思维最基本的表现形式是直觉的判断，而直觉的想象和启发最终也要以判断的形式出现。

（四）发散思维

发散思维是从一个问题（信息）出发，突破原有的知识圈，充分发挥想象力，经不同途径，以不同角度去探索，重组眼前信息和记忆中的信息并产生新的信息，而最终使问题得到圆满解决的思维方法。发散思维是创新思维的最基本形式，是人们进行创新活动的最重要、最起码的看家本领。

发散思维亦称扩散思维、辐射思维、求异思维。其表现方式为逆向思维、横向思维和颠倒思维。这是一种从不同的角度、途径设想，探求多种答案，最终力图使问题获得圆满解决的思维方法，就像从一点向四面八方做射线，做出的线越多越好，以产生尽可能多的创造性设想。

许多人可能知道哥伦布竖鸡蛋的故事。谁能把煮熟的鸡蛋竖起来呢？众人的求同思维——不打破蛋壳限制了他们。哥伦布实际上运用了求异思维——打破蛋壳不就很容易竖起来了吗？

发散思维是一种多方面、多角度、多层次的思维过程，具有大胆创新、不受现有知识和传统观念局限和束缚的特征，很可能从已知导向未知，以获得创造成果。发散思维的多方向性使研究过程能够适时转变研究方向，孕育出新的发明和创造。

发散思维的多角度性，使人们从惯常观察问题的角度发生根本转变。发散思维有流畅、变通、独特3个特性。流畅性良好的发散思维能在短时间内较快地变换或选择较多的概念；变通性使发散思维不局限于单一方面；独特性使人以前所未有的新角度、新观点认识事物，提出超乎寻常的新观念，在创造性思维中起着本质飞跃的作用。

（五）收敛思维

人们为了解决某一问题而调动已有的知识、经验和条件寻找唯一答案的思维过程被称为收敛思维。收敛思维的特征是封闭性（集中性）、连续性（程序性）和比较性。

收敛思维与发散思维各有优、缺点，在创新思维中相辅相成，互为补充。只有发散，而没有收敛，必然导致混乱。只有收敛，而没有发散，必然导致呆板、僵化，抑制思维的创新。因此，创新思维一般是先发散，而后集中。在解决问题时要抓住问题的重点，即它的聚焦点。

 拓展阅读

1917年8月，第一次世界大战进入中后期，德、法交战一度陷入僵局。双方各自构筑了坚固的地下工事，然后利用炮火轰击对方，但双方均未能取得激动人心的战绩。在法国东北边境地区，一个名叫福克基尔的德军作战参谋，每天抱着望远镜对法军驻区瞭望，然而那里实在找不出什么能使他加官晋爵的情报。

一天上午，一只猫出现在法军阵地山头。自然这没能躲过作战参谋深蓝色的眼睛。指挥所里所有执有望远镜的德国人都发现了这只美丽的猫。那是一只昂贵的波斯猫。第二天，那只猫又在荒芜的小山头上出现。第三天、第四天，依然如此。谁的猫？福克基尔琢磨着。其一，这绝不是一只无人豢养的野猫。野猫既不会跑到炮声隆隆的阵地上找死，也不可能每天都出现在同一山头。其二，周围没有人家。故这只猫的主人只可能匿于地下。其三，在战争期间有闲心玩赏这种名贵波斯猫的只可能是那些达官贵人。福克基尔断言，在那只波斯猫出没的山头下一定藏着一个法军指挥部，且级别不低。于是，德军调集炮火对山头进行了毁灭性轰炸，将山头夷为平地。第二天，法国军界传播着这样一条黑色消息：东北战区，一个肩负重要使命的地下指挥部被德军重炮所毁，官兵无一生还。

收敛思维是成功者不可缺少的一种必备思维。不管你的思维放开到何种程度，也不能离开主题，最终都得有个思维的收敛点。只有这样，才有助于我们为信息归属树立一个个明确的"靶子"，才能成功到达目的地。

 拓展阅读

李开复：做最好的创新

我在《做最好的自己》一书中就曾经提到过，"创新固然重要，但有用的创新更重要"。在这个科技发展一日千里的时代里，人人都在谈创新。但是，什么才是最好的创新？什么才是真正能改变人们生活的有用的创新？一个人，一个企业，该如何获得持续创新的动力？该如何增加自己在创新，特别是有价值创新方面的综合实力呢？

1. 什么是最好的创新？

很多人仅把创新理解为科学技术领域的创新。其实，创新有很多种。创新既可以是一个新颖而有效的商业模式，也可以是一种新的管理模式，还可以是文学艺术领域里一次开创性的实践，甚至可以是家居生活中的一个新鲜而有趣的创意……简单地说，创新就是在知识积累和生活、工作实践的基础上，由一个新颖的创意而产生的，对人们有用，同时又具备可行性的一种创造性活动。

所以我们说，新颖、有用和有可行性是创新之所以为创新的三大要素。

新颖是创新的必备要素，但是新颖并不意味着每一次创新都是一种开天辟地式的革命，或者是对已有知识领域的全面颠覆。像相对论那样的具有革命意义的理论成果，诚然是创新的一种，但实际上大部分的创新，是在某个较小的范围里，用新颖的思考方式，通过前人未经留意的视角观察并解决问题。这种新颖的思考方式也不见得是前所未有的，而很可能是从别的领域借用的。这样的创新离我们的生活更近，对其价值同样不可低估。

比如说，微波炉是美国科学家斯宾塞发明的。他原本是电子管技术领域的专家。第二次世界大战期间，斯宾塞在测试新的磁控管技术时，偶然发现口袋里的巧克力会因为接近磁控管而融化。这桩看似意外的事情让斯宾塞产生联想：如果可以把磁控管的微波加热原理应用到家庭，是不是就能用类似的装置实现食品的快速加热呢？微波炉就是在这样一种偶然情况下诞生的。我们除了赞叹斯宾塞敏感的技术洞察力和跨越式的思维方式以外，也应当想到，仅仅通过把一个领域里的经验应用到另一个原本不相干的领域里，就完全有可能获得一个出色的创意，并完成一次伟大的创新。我们可以把这种创新称为经验转移型的创新。

再比方说，家用的自动烤制面包的面包机的原理非常简单：一口容纳面粉和水的锅，一台自动搅拌面粉的搅拌器，以及一台拥有定时装置的烘烤电炉。锅、搅拌器、定时器、加热烘烤电炉，这些东西每一样都没有什么新颖的地方，但是为了满足烤制面包这种生活中常见的需求，松下公司的工程师们把这些看似简单的装置组合在一起时，一种创意新颖的家电就诞生了。我们可以把这种创新称为跨领域组合型的创新。

许多人会认为创新最重要的元素是新颖，但我认为创新的实用价值更应着重考虑。我曾经有过一次新颖但实用价值不高的惨痛创新体验。当年我在 SGI 工作的时候，曾经领导开发过一种三维浏览器的产品。仅从这个产品本身，或者从技术角度出发，几乎每一个人都认为这是一个非常酷的产品。想象一下，在三维的视图里访问互联网，像玩游戏一样，从一个网站链接到另一个网站的操作，就像从一个房间走进另一个房间那样逼真。在当时，这是一种多么有创意的产品呀！但很遗憾，这样的产品并不是根据用户的需求开发的。事实上，人们访问网页的时候，最关心的是信息的丰富程度和获取信息的效率。一个三维的视图既不能带给用户更多的信息内容，也会严重妨碍信息的高效传递，无法使用户在最短的时间内获得最有价值的信息。这样一种对用户没有用的创新，最终只能走向失败的结局。

所以，我认为具有实用价值是创新的目的。我深深相信"需求是创新之母"这句话。许多了不起的创新就是来自实际需求，而解决需求的创新就一定有价值。比如说，袁隆平1960年前后经历了粮食饥荒，于是他决定用农业科学技术战胜饥饿。在这种情况下，他培育成功高产杂交水稻，解决了世界1/5人口的温饱问题。上面提到的松下发明的面包机，也是在日本妇女开始出外工作，没有时间做传统早餐，而丈夫们却依然期望有新鲜早餐这样的"需求"之下被发明出来的。

创新的第三个要素是有可行性。任何创新都要考虑在现有条件下的实施问题。如果利用了所有可以利用的资源、条件，仍然无法让某个创新成为现实，那么再新颖、美妙的想法，也只能是空中楼阁。依然以面包机为例，如果我们用拍脑袋的方式为面包机制定需求，比如：我想要一台既能煮饭，又能炒菜，还能扫地、刷碗、做功课、写论文的机器……这样的创意能够在短期内变为现实吗？像这种在现有条件下完全不存在可行性的创意，只会白白浪费创新者的时间和精力。另一个实例就是我的博士论文。当时，这是一项重要的科研成果，发明出世界上第一套非特定语者的连续语音识别系统。从新颖的角度讲，这个创新可以得99分。语音识别也相当有用，可以将其用在声控电器、听写打字、人机交流、自动翻译器等"科幻级"的产品上，实用性也能得99分。但是，我做论文的时候是在实验室里做的研究。没想到，这样的创新拿到真实环境中就碰上了种种"可行性"的问题，例如噪声处理的问题、如何分离各种同时说话的语音的问题、麦克风太远的问题，还有不可避免的识别错误的问题等。因为这些问题，这项创新的可行性只能达到59分。直至今日这个创新的普及还有待更多研究者能有针对性地解决这些实际问题。

创新的价值，取决于一项创新在新颖、有用和有可行性这3个方面的综合表现。最好的创新，都是有着最新颖的创意，对人们的工作和生活最有用，并且能够在现实生活中实现的创新。相应地，好的创新者应该是一个既有新颖的想法，又理解用户的需求，并能够用实践将创意变成现实的人。第一种品质像一个科学家的特质，第二种像市场人员的，而第三种则像工程师的。一旦将这3种品质集于一身，做出最好的创新，就不再是一个可望而不可即的目标了。

2. 创新在21世纪的新角色

在人类的整个文明史中，创新所扮演的角色是大不相同的。这里，我们不妨回顾一下通信技术的发展史。

据说，距今5 000多年前，古埃及人使用鸽子传递书信。4 000年前，从我国商周开始，烽火就是一种非常有效的传递战争警报的手段。2 500年前，古波斯人建立了有信差传邮的邮政驿站，使用接力方式传递消息。300多年前，在17世纪中叶，法国在巴黎街道设立了邮政信箱，出现了邮票的雏形。直到100多年前，1840年，第一枚现代意义上的邮票才在英国诞生。可见，在工业革命以前，通信技术的创新在时间进程上显得非常缓慢。其更新换代是以千年、百年为单位进行的。

随着19世纪工业革命的完成，科学技术飞速发展。全新的、高效的通信技术以前所未有的速度涌现出来。1832年，电报机诞生。1850年，英国和法国之间架设了第一条海底电缆。1875年，贝尔发明了电话。1895年，马可尼采用无线方式实现了远程无线通信。1925年，发明了电视，不久，电视转播就迅速普及。1963年，美、日利用卫星成功地进行了横跨太平洋的有源中继通信。20世纪70年代出现了最早的移动电话和最早的电子邮件。20世纪80年代中后期，便携的手机出现在人们的视野中。每10～20年，通信技术都有一项重要的创新。最近的20年，更是互联网和手机通信在全世界范围飞速发展、普及的20年。无论怎样计算，近100多年通信领域里的创新速度都比工业革命以前提高了无数倍。一项项改变人类生活面貌的创新以每几年、每一年，甚至每个月的速度出现在人们面前。21世纪的人们已经习惯于这样一个事实：在高速发展的科技创新面前，任何对未来的憧憬都有可能因为明天出现的某一项创新而在短期内变成现实。

除了周期更短、更新更频繁的特点以外，在21世纪，创新的应用性也更强了。如果说古代的创新对于人们生活的改变还不是那么重要的话，那么在21世纪，几乎每一项有价值的创新都可能迅速、有效地改变人们生活的某一个侧面。以前，更多的发明、发现是基于对自然界的新的认识；而今天，大多数创新则是为了解决现实生活中遇到的实际问题，比如：个人电脑的发明、互联网的发明等，它们都在最大程度上改变了人们的生活方式。

在21世纪，创新是唯一可以持续的企业竞争力，而由创新引发的竞争越来越激烈。越来越多的企业已经认识到，"有用"但是不创新的产品在今天的激烈竞争环境中很容易被抄袭。只有创新才能增加产品的差异化特性，才能通过难以复制的新技术，或使用专利保护等手段增加企业的智力资产，才能在市场上抢占先机，才能拥有真正可持续的竞争优势。所以，一个21世纪的高科技企业只有不断创新才能维持它的竞争力和生命力。例如，在谷歌推出基于PageRank技术的文字网页搜索数年后，许多别的公司也实现了类似的技术。这种形势下，谷歌继续研发，做出了整合搜索，让搜索结果除了有文字，还有其他多元化信息，如视频、图像、新闻、天气等。当谷歌第一个推出可以让用户拖拽的地图几个月后，许多别的公司也做出了类似产品。于是，谷歌又推出了谷歌地球，让人们能够浏览近似三维的卫星地图。

通过把这种21世纪的高科技行业和过去的传统高科技行业相比，我们会发现21世纪的高科技行业创新更加快速，更加多样化。例如，波音和空客所代表的民用航空领域这样的传统高科技行业的创新周期是10年左右，并且往往和以前差异化不是很大，而在崭新的互联网行业里几个月内可能就有新的产品被推出，而且经常都是革命性的。

21世纪里，创新已经成了我们的生活中密不可分的一部分。无论是企业，还是个人，都已经无法忽视创新对我们工作、生活的影响。只有拥抱创新，才能融入这个新的时代，才能更好地迎接挑战。

3. 如何做最好的创新？

没有什么比亲自走在创新之路上更让人兴奋的了，但是究竟该怎样做，才能不断得到最好的创新呢？建议大家思考并实践以下5项创新的准则。它们是：

◆ 洞悉未来
◆ 打破陈规
◆ 追求简约
◆ 以人为本
◆ 承受风险

洞悉未来就是要求创新者了解未来的用户需求，以便研发出适用于未来的产品或技术。要做到洞悉未来，虽然应该重视用户，但是，不能完全听取用户的意见，因为用户既不可能有足够的前瞻性，也不可能完全理解技术的发展规律。所以，创新者需要有洞悉未来的才智，能根据目前的市场情况和用户需求，结合技术的发展规律，对未来做出正确的预测和判断。这个道理就像踢足球一样，优秀的球员要到球将要到达的地方，而不是球现在所在的位置。在互联网发展的初期，当时的用户没有准确地提出针对搜索引擎的需求，因为用户习惯于使用分类目录查找自己需要的网页。那时，用户可能并不知道搜索引擎是什么，不清楚自己是否真正需要这样的功能，也不清楚技术上是否具有可行性，但是，能够洞悉未来的创新者可以推测：随着网页数量的不断增长，总有一天，分类目录将无法更好地容纳更多的新网页。这时，创新者便先于用户想到，未来的用户需求一定会转向比分类目录浏览更加便捷的方式。例如，是不是可以允许用户使用任何关键词进行查询，并获取网页结果呢？在技术上，是不是可以自动为海量网页创建索引并获得最好的排序呢？谷歌公司的创始人正是洞悉了用户的这种潜在需求，而投身于搜索技术的研发。当用户对于网络搜索的需求越来越明显时，以谷歌为代表的搜索引擎就自然而然地走向前台，取得了巨大的成功，并直接带动了网络广告产业的兴起。

做最好的创新的第二项准则是打破陈规。其实，创新的最大障碍就是无法脱离固有的思维定势或思维框架，总是在已有的方式、方法里打转。如果不能打破陈规，那么无论对未来用户的需要有多么清楚的认识，创新者也无法想出最有效的、最新颖的解决之道。无法打破陈规的一个例子就是一位发明家在发明汽车的时候，脑子里依然还是想用操作马车的陈规操作汽车。结果，他不是用方向盘，而打算使用缰绳调整汽车的方向！在科技发展史上，通过打破陈规获得有价值创新的例子不胜枚举。当无线通信刚被发明出来的时候，几乎所有人都认定了这种技术演变的最终目标肯定是每个人都会有一台无线通信装置，能够成为"无线"的电话。但在当时的技术条件下，无线通信设备有两个部分：无线发射器体积庞大，价格昂贵；但是无线接收器体积小，而且便宜。所以，要实现这个终极目标需要有长远的打算。这时，一位打破陈规的创新者想到是不是可以把发射器和接收器分开，让每个人都有一部非常便宜的接收器，来接收某个中心发射器的信号。就这样，广播这种最早依赖无线电技术的大众传播方式诞生了。

追求简约也是通向创新的必由之路。在很多情况下，复杂的东西并不一定有效，而只有最简单的设计和组合才能发挥最大的效力。最初做搜索引擎的时候，研究人员发现，如果用户搜索时多输入几个字，搜索结果就会准确得多。那么，有没有什么方法能提示用户多输入几个字呢？当时，有人想到：我们能不能做一个智能化的问答系统，引导用户提出较长的问题呢？但是，这个方案的可行性会遇到许多挑战。也有人想到：我们能不能主动告诉用户，请尽量输入更长的句子，或者根据用户的输入主动建议更长的搜索词呢？但是，这样似乎又会干扰用户。最终，有一位技术人员想到了一个最简单，也最有效的点子：把搜索框的长度增大一半。结果，当用户看到搜索框比较长时，就会有更大的可能性输入更多的字词。今天搜索引擎上长长的搜索框就是这么来的。

以人为本是企业能否保持持久的创新能力的关键。21 世纪人才最重要。在 19 世纪的一个普通工厂里，最能干的工人与普通工人相比，他们的生产力最多相差一倍；但是，在 21 世纪的 IT 企业、研发机构中，一个最有创造力的研发人员和一个普通的工程师相比，他们的生产力却可能差距几十倍、几百倍，甚至上千倍。如果你的企业能够吸引、用好几百个、几千个天才的创新者，即便是在最激烈的竞争环境里，也一定能脱颖而出。为了吸引、留住人才，就要为人才创造最好的工作环境，给予他们最大的信任，赋予他们足够的权限。在谷歌，每一位工程师都可以利用 20% 的工作时间，做自己最有激情做的事情。这是一种真正的放权和信任，也是营造自下而上的创新氛围的有效方法。事实上，谷歌发布的许多创新产品，最早都诞生于 20% 的时间里。正是因为有了诸多鼓励创新的举措，谷歌才能在 10 年多的时间里一直在互联网领域里保持技术优势，不断用最好的创新改进互联网用户的使用体验。

承受风险也是创新过程中重要的一点。任何创新都有风险。在创新的过程中，我们必须用正确的态度对待失败。失败不是对我们的惩罚，而是一次最好的学习机会。爱迪生发明灯泡的时候，直到经历了 6 000 次失败才最终成功。在谷歌，有许多 20% 时间里开始的创新工作，但其中很大一部分都失败了。没有这些失败，就不可能有成功的创新脱颖而出；没有接受和承担风险的能力，就不可能营造出真正鼓励创新的环境。在我负责研究工作时，我的主管曾对我说："如果你每一个项目都成功了，那么你实际上是失败的。因为你并不是在做研究，而是在回避风险只选择那些十拿九稳、没有什么创新价值的项目。"

4. 如何培养创新力？

对个人来说，特别是对渴望创新、渴望成功的学生们来说，该怎样培养自己在创新方面的素质和能力呢？

我的第一条建议是，在学习中，既要知其然，也要知其所以然。例如，中学生学到三角形面积定理时，可能人人都会背诵底乘以高除以二的公式；但是，除了公式以外，聪明的学生还会记住这个公式是如何被推理出来的，为什么三角形的面积是这样计算的。只有懂得了知识背后的道理，才能够在遇到新的问题时举一反三，才能在需要创新的时候灵活地将自己掌握的知识付诸实践。

我的第二条建议是，遇到问题时，试着从不同的角度思考。一个很好的例子是即时贴的发明。美国3M公司有一位研究员。有一次，他想发明一种黏合力非常强的胶水，但因为种种原因，他失败了。实验得到的只是一种黏合力很差的液体，根本无法被用作胶水。但一段时间后，他发现人们有这样一种需求：把便条或书签贴到桌上或墙上，在需要时可以随时揭下来——他此前发现的黏合力差的液体不正可以派上用场吗？就这样，因为思考角度的不同，一种险遭废弃的技术促成了"即时贴"的发明。

第三条建议是只有多问问题，才能更深理解。我的女儿在学习指数的时候，不理解指数是什么，更不相信在真实生活中指数有什么用，就主动来问我。我指导她计算银行存款，比如：假设存入100元，每年的利息是10%，那么10年后，你的存款是多少？通过这样的计算，她终于明白了，原来指数知识和日常生活息息相关。因此，只有像这样不懂就问，才能真正学到有用的知识。

第四条建议是动手实践。没有一种创新是可以靠凭空想象得到的。只有亲自动手，你才能了解一种创意的可行性，才能把创新变成现实。我记得小时候，我的父亲曾让孩子们解答这样一个问题：用6根火柴拼成4个大小一模一样的正三角形。通过动手实践，我们都找到了正确的答案。这样的实践让我对相关的几何和空间知识记忆深刻，也训练了我使用新颖的思维解决问题的能力。

第五条建议是追随自己的兴趣、爱好。只有自己真正喜欢做的事情，才能做到最好。在谷歌，我们宁愿让员工做一个自己有激情的项目，也不愿意因为项目本身的紧急和重要，强迫员工做他自己完全不感兴趣的事情。

在一种鼓励探索、支持兴趣、重视实践的教育环境下，创新并不难。只要培养出灵活的头脑和扎实的基本功，再兼具了科学家、市场人员、工程师的特质，同时热爱自己所从事的工作，你就一定可以做出最新颖、最有用，也最有可行性的创新来！

 课外活动1

结　绳

活动类型：团队熔炼

人数：10~40人

形式：课堂教学、游戏、比赛

活动简介：

一、活动目标

加强团队建设，训练创新思维。

二、活动道具

准备长短不一的绳子若干条（依人数而定）。

三、活动描述

（1）老师将平结的打法教会学生（注意平结是一种绳子的活结打法，节点可以任意伸缩）。

（2）学生将平结打好后成一绳圈，放在地上，然后学生将脚放在绳圈之内。

（3）老师提醒学生："你们的脚在绳圈之内了吗？确认安全了吗？"

（4）学生确认之后，老师说："开始换位。"学生全部离开自己的绳圈并到其他的绳圈之内。3次之后，开始逐渐减少绳圈的数量，每次都减少一个，并经常提醒学员："你们的脚在绳圈之内了吗？确认安全了吗？"要求是所有学生不得在绳圈之外（可能是几个人同时挤在同一个绳圈里）。

（5）到最后只剩下一个绳圈的时候，所有人都站在一个绳圈里，不断缩小圆圈，直到所有人都紧紧挤在一起。至此，游戏第一阶段结束。

（6）游戏第二阶段：老师不断地将绳圈缩小，直至极限范围，并不断询问所有人有没有信心挑战极限。学生会不断地进行挑战。当到达极限的时候，往往会出现一些意想不到的结果：比如，有人会提示我们有没有办法寻找新的思路来挑战极限。记住，老师要注意把握场上气氛，及时加以引导。如果学生没有办法解决问题的时候，老师视情况公布解决方法。

四、注意事项

可以把该游戏分为两个阶段：第一阶段可从团队的角度挖掘游戏的内涵。第二阶段可以从创新的角度挖掘游戏的内涵。老师应注意把握分寸，否则会达不到游戏的效果。

五、调查形式

学生需根据评价表问题自我判定。

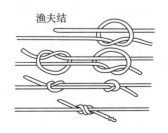

渔夫结

课外活动2

猜　画

活动类型：文体比赛

人数：10～40人

时长：0.5～1小时

形式：游戏、比赛

活动简介：

一、活动目标

培养学生的自律、团结、公道意识，锻炼学习能力、通用能力、创新能力、适应能力。

二、活动道具

题目内容需老师准备。

三、活动描述

可以把学生分成两人一组，可以进行两组之间的相互竞猜。由老师出题，题目可以是词语或者成语。一名同学看到题目后，需在黑板或者纸上画出所看到的词语/成语内容（注意看到题的人不能讲话，不能在画中使用文字、字母和数字），让另一个同学猜。一局为两分钟。在有效时间内答对题目数量最多的组胜出。

四、调查形式

互评表需学生根据活动中搭档的表现进行判定。

项目六　团队能力

众人同心，其利断金。——《周易》

任务一　团队与团队合作

 案例导入

　　3个和尚在一所寺庙里相遇。看到寺庙的破落，他们都很感叹："怎么香火这样不盛呢?"和尚甲："必是和尚不虔，所以菩萨不灵。"和尚乙："必是和尚不勤，所以庙产不修。"和尚丙："必是和尚不敬，所以香客不多。"

　　3个人争执不休，最后决定留下来各尽其能，看看香火能否兴盛。于是，和尚甲礼佛念经，和尚乙整理庙务，而和尚丙则化缘讲经。不久之后，寺庙果然香火渐盛，恢复了往日的壮观。

　　3个人又开始了新的争论。和尚甲："都因为我礼佛念经，所以菩萨显灵。"和尚乙："都因为我勤加管理，所以寺务周全。"和尚丙："都因为我奔走劝世，所以香客众多。"3个人只顾争吵，寺务懈怠，寺院又开始没落了。3个人又走上了化缘之路。直到这时他们才真正明白：寺院的荒废，既非和尚不虔，也非和尚不敬，更非和尚不勤，而是和尚不睦。

案例分析

　　没有人能独自成功，而只有在团队中才能实现最好的自我。一个人不论多么有能力，如果只是一味地强调个人的力量，就算你表现得再完美也很难有所表现。所以说，没有完美的个人，只有完美的团队。

名人名言

　　什么是团队呢? 团队就是不要让另外一个人失败，不要让团队任何一个人失败。——马云

自我提升

一、团队及团队合作

　　(一)　团队的含义

　　1.团队的概念

　　1994年，组织行为学权威、美国圣迭戈大学的管理学教授斯蒂芬·罗宾斯首次提出了"团队"的概念：为了实现某一目标而由相互协作的个体所组成的正式群体。在随后的10年里，关于"团队合作"的理念风靡全球。

团队的组成基于实现一个共同的目标，从而被赋予必要的技术组合、信息、决策范围和适当的酬劳。他们为实现共同目标而相互协力工作并着眼于取得工作成果。

2. 团队的含义

团队具有 3 层含义：

（1）达成共识，目标一致；

（2）清楚的角色认知和分工；

（3）合作精神。

一个团队的力量一定是方方面面的人合作产生的合力，而且合力大于所有参与人的力量总和，亦即"1 + 1 > 2"。

（二）团队的构成要素

团队的构成要素被总结为"5P"，即目标（Purpose）、人（People）、定位（Place）、权限（Power）和计划（Plan）。

1. 目标（Purpose）

团队应该有一个既定的目标，为团队成员导航，知道要向何处去。若没有目标，这个团队就没有存在的价值。

自然界中有一种昆虫很喜欢吃三叶草。这种昆虫在吃食物的时候都是成群结队的，即第一个趴在第二个的身上，第二个趴在第三个的身上……并由一只昆虫带队寻找食物。这些昆虫连接起来就像一节一节的火车车厢。管理学家做了一项实验，把这些像火车车箱一样的昆虫连在一起，组成一个圆圈，然后在圆圈中放了它们喜欢吃的三叶草。结果发现，即使它们爬得精疲力竭，也吃不到这些草。这个例子说明，在团队中失去目标后，团队成员就不知道往何处去，这个团队存在的价值可能就要打折扣。团队的目标必须跟组织的目标一致。此外，还可以把大目标分成小目标，具体分到各个团队成员身上，由大家合力实现这个共同的目标。同时，目标还应该有效地向大众传播，让团队内外的成员都知道这些目标，有时甚至可以把目标贴在团队成员的办公桌上，贴在会议室里，以此激励所有的人为这个目标工作。

2. 人（People）

人是构成团队最核心的力量。

目标是通过人员具体实现的，所以人员的选择是团队中非常重要的一个部分。在一个团队中可能需要有人出主意，有人制订计划，有人实施，有人协调不同的人一起工作，还有人监督团队工作的进展，评价团队最终的贡献。不同的人通过分工共同完成团队的目标。在人员选择方面要考虑人员的能力如何、技能是否互补、人员的经验如何。

3. 定位（Place）

团队的定位包含两层意思：一是整体的定位，即团队在企业中处于什么位置，由谁选择并决定团队的成员，团队最终应对谁负责，团队采取什么方式激励下属等。二是个体的定位，即作为成员，在团队中扮演什么角色，是制订计划，还是具体实施或评估。

4. 权限（Power）

团队当中领导人的权利大小跟团队的发展阶段相关。一般来说，团队越成熟，领导者所拥有的权利相应越小。在团队发展的初期阶段领导权相对比较集中。

团队权限关系到两个方面：

（1）整个团队在组织中拥有的决定权，比方说财务决定权、人事决定权、信息决定权等。

（2）组织的基本特征，比如组织规模的大小、团队数量的多少、组织对于团队的授权大小以及它的业务类型。

5. 计划（Plan）

计划包含两层含义：

（1）目标最终的实现，需要一系列具体的行动方案，可以把计划理解成目标的具体工作程序。

（2）提前按计划进行可以保证团队的工作进度。只有在计划的操作下团队才会一步一步地贴近目标，直至最终实现目标。

（三）优秀团队的特点

1. 明确的目标

成功的团队会把他们的共同目标转变成具体的、可衡量的、现实可行的绩效目标。

2. 共同的承诺

每个人都清楚他或她的贡献怎样与目标相联系。团队成员愿意承诺为目标做出贡献。这给团队带来极大的推动力。

3. 坦诚的沟通

团队的每个成员都需要充分了解与目标相关的信息，了解现存的问题，了解决策改变的原因。团队内部的沟通越通畅，团队合作的气氛就会越浓厚。

4. 相关的能力、技术和知识

团队的每个成员都应具有一定的自我管理素质，对自己和团队都具有高度的负责精神。

5. 相互信任、支持和协作

为了顺利完成各自的任务，融众人所长，团队成员之间的相互合作是必不可少的。

6. 适当的领导及负责人的自我领导管理

一个成功的团队与一个好的领导密不可分。团队需要一个掌握技术的领导核心为团队指明方向，制定决策。

7. 不断寻求发展

团队成员应不断地提高自身能力，以实现既定目标。

二、明确自己的团队角色

每个团队成员都有自己的个性。这是无法，也无须改变的。团队领导者的领导艺术就在于如何挖掘团队成员的优、缺点，根据其个性和特长合理安排工作岗位，使其达到互补的效果。

作为团队成员，如果想把工作做好，就应知道自己在团队中扮演的角色，并清晰地理解该角色的位置。

（1）具备工作能力，且乐于合作。只有这样，其他成员才会明白你所负责的工作在整体工作中的位置，并能根据工作程序的需要及时做出反应。

（2）认识自己的优势、劣势和性格。只有这样，成员才能最大限度地发挥自己的优势，避免自己的劣势，扬长避短。

（3）找到最佳时机介入团队事务。团队中的事务不是每一件都可参与并发表意见的。对何时以团队角色的身份出现、何时保持沉默、何时发挥作用，每个成员都应有清晰的认知。

（4）能在不同的团队角色之间灵活转换。团队工作发生变化，成员的角色也应有所转换。成员应主动适应这种变化，不能以不变应万变。

（5）要适当限制自己的团队角色。团队利益高于一切。成员应适时地从团队利益出发，调整自己的角色行为。

（6）清晰认知他人的团队角色。成员应经常、及时地与他人沟通。清晰认知他人的角色，有时比认知自己的角色更重要。

在团队里，并不需要每个团队成员都异常聪明，因为过度聪明往往会自我意识膨胀，好大喜功；相反，却需要每个人都要具有强烈的责任心和事业心，对于团队精心制定的战略要在理解、把握、吃透的基础上，不折不扣、坚定不移地贯彻执行，对于过程中的每一个运作细节和每一个项目流程都要落到实处。另外，要保证团队的执行力，关键在于执行过程中明确要实现的目标分哪几个阶段和具体的工作指标。这既是确保任务完成质量的关键，又是保证团队执行力的关键。

 拓展阅读

从团队角色作用看西游记人物

《西游记》中唐僧师徒4人的性格、爱好、能力各不相同，但他们各自扮演了西天取经团队中不可缺少的重要角色，一路历经艰难险阻，斩妖除魔，达成了团队的终极目标——到达大雷音寺，拜见佛祖，求取真经。

唐僧是团队的领导者和协调者，虽然处事缺乏果断和精明，但对于团队目标抱有坚定信念，以博爱和仁慈之心在取经途中不断地教诲、感化众位徒弟。

孙悟空是一个不稳定因素，虽然能力高超，交际广阔，疾恶如仇，但桀骜不驯，喜欢单打独斗。最重要的一点是他对团队成员有着难以割舍的深厚感情，同时有一颗不屈不挠的心，为达成取经的目标愿意付出任何代价。

猪八戒个性随和、健谈，是唐僧和孙悟空这对固执师徒之间最好的"润滑剂"和沟通桥梁。虽然好吃懒做的性格经常使他成为挨骂的对象，但他从不会因此心怀怨恨。

沙和尚是每个团队中都不可缺少的成员，脏活、累活全包，并且任劳任怨，还从不争功，是领导的忠实追随者，起着保持团队稳定的基石作用。

　课外活动1

盲人方阵

活动类型：团队熔炼

人数：10~40人

时长：1小时

形式：游戏

活动简介：

将全班学生分成两部分。A部分蒙起眼睛，B部分不说话的情况下带领A部分行走一段路程。老师选择一条合理路线，设置必需的障碍物（上下楼梯，弯腰通过90厘米单扇门，跨越40厘米以上的障碍），数量不限。整个路线长度在400米以内，15分钟内走完，起点和终点都是宽阔的场地。如一班级内学生为30人，老师需要有一个助手配合，助手带队，老师在旁观察和协助；保证手机电量充足，带充电宝。学生要一起行进一段路，不能跑，注意安全，听到哨音时所有人保持安静，马上停止行动。

　课外活动2

过人墙训练

活动类型：团队熔炼

人数：10～40人

时长：1小时以上

形式：游戏、比赛

活动简介：

一、活动目标

通过独具匠心的项目设计，使参训学生在解决问题、应对挑战的过程中，达到"磨炼意志，陶冶情操，挑战自我，熔炼团队，激发潜能"的目的。

二、活动道具

长度20米细绳10条，两根2米长3厘米粗的金属柱。

三、活动描述

用细绳在两金属柱间结一张（假定带有2万伏高压的）电网。将学生分成两组。要求所有队员在规定的时间内从电网的一侧穿越至另一侧。到了规定的时间后如还有人留在原地，则算做整个项目失败。用时少者为胜方。时间：40分钟（根据需要可调）

规则：

（1）网的有效范围：所有网孔的最外围（上下左右演示指明）。

（2）每个网洞只能使用1人/次。

（3）只能从没有使用过的网洞中穿越。在穿越电网的过程中，任何人（包括保护人员）身体的任何部位及其附属物（衣服、鞋子、头发等）都不能触网；否则，正在穿越电网的人必须退回原处，同时这个网洞也将被封死并不得再使用。

每成功穿越一人次，所使用的网孔也将被封死。

（4）任何人不得绕过电网到另一侧帮忙。

（5）不允许做空翻、鱼跃等危险动作。

四、注意事项

（1）服从裁判口令。原则：当老师发现学生的动作有危险，或者出现自己难以把握的问题时，应果断叫停。对于这一原则，要求学生必须服从。

（2）抬女学生过时面向上（在操作过程中提醒）。

（3）在被抬学生已经安全通过电网后，提醒学生，先放脚，再放头。在该名学生还没有安全站立在地上之前，任何人不得松手。

（4）强调只有真正投入才能把项目做好。

五、调查形式

学生需根据评价表问题自我判定。

任务二　培养团队精神

案例导入

一家大公司招聘高层管理人员。9名优秀应聘者经过面试，从上百人中脱颖而出，闯进了由公司老总亲自把关的面试。

老总看过这9个人的详细资料和初试成绩后，相当满意，但此次招聘只能录取3个人。老总给大家出了最后一道题。老总把这9个人随机分成甲、乙、丙3组，指定甲组的3个人去调查婴儿用品市场，乙组的3个人去调查妇女用品市场，丙组的3个人去调查老年人用品市场。老总解释说："我们录取的人是负责开发市场的，所以你们必须对市场有敏锐的观察力。让你们调查这些行业，是想看看大家对一个新行业的适应能力。每个小组的成员务必全力以赴！"临走的时候，老总又补充道："为避免大家盲目展开调查，我已经让秘书准备了一份相关行业的资料。你们走的时候自己到秘书那里去取。"

3天后，9个人都把自己的市场分析报告递到老总那里。老总看完后，站起身来，走向丙组的3个人，分别与之一一握手，并祝贺道："恭喜3位，你们已经被录取了！"然后，老总看着大家疑惑的表情，哈哈一笑说："请大家找出我让秘书给你们的资料，互相看看。"原来，每个人得到的资料都不一样。甲组的3个人得到的分别是本市婴儿用品市场的过去、现在和将来的分析，其他两组也类似。老总说："丙组的人很聪明，互相借用了对方的资料，补齐了自己的研究报告；而甲、乙两组的人却分别行事，抛开队友，自己做自己的，形成的市场分析报告自然不够全面。其实我出这样一个题目，主要目的是考察一下大家的团队合作意识，看看大家是否善于在工作中合作。要知道，团队合作精神才是现代企业成功的保障！"

案例分析

丙组的人发挥了团队合作精神，通过信息共享，为自己的研究赢得了一个更高的起点，最终赢得了工作机会。协作精神已经是当今时代一个团队、一个集体、一个组织生存和发展不可或缺的思想理念和基本原则。作为团队中的个体，要想和团队一起发展，也必须自觉培养并发扬团队协作精神。只有这样，才能更好地融入团队和集体，进而取得进步和发展。

名人名言

大成功依靠团队，而个人只能取得小成功。——比尔·盖茨

自我提升

相传佛教创始人释迦牟尼曾问他的弟子："一滴水怎样才能不干涸？"弟子们面面相觑，无法回答。释迦牟尼说："把它放到大海里去。"对人类而言，这个"大海"就是社会。人类生活的重要特性就是社会性。这就意味着人不能孤立地生活。他必然是在一个团队中生活。

无知产生自负。很多初入社会的年轻人，往往过于看重刚刚获得的学历和十几年来学到的系统知识，在步入社会后表现出自负和自傲。他们总是过分相信自己的能力，认为凭借自己之力就可以把工作轻松做好，从不屑于与人合作，甚至把与人合作看作有辱自己身份的事情。

在社会中，这种个人英雄主义是最要不得的，因为你永远无法独自做好所有事情。如果你仔细观察蚂蚁，就会发现一只蚂蚁在发现了自己拖不动的食物之后，会立即招呼同伴来帮助。于是，你会看见一个比蚂蚁体重大数百倍，甚至数千倍的食物，在一群蚂蚁的齐心协力下，被拖回蚂蚁的巢穴。

一个人的能力是有限的。要想开创一番事业，就必须靠更多的人形成一个团队、一个群体。只有与人合作，才能把工作做好。

杨光在大学里学的是计算机专业，进入一家开发公司半年后，被选拔进入了一个重要的研发小组。杨光听说上司非常欣赏自己的计算机应用能力才决定让他参加研发小组的，不禁有些沾沾自喜，甚至骄傲起来；但他很快发现，有些人虽然计算机应用能力不如他强，但是具有丰富的研发经验和卓越的研发能力。特别是刘师傅，貌不惊人，寡言少语，拿出来的方案却闪耀着智慧的光芒，让许多自诩科班出身的人自惭形秽。自己的方案多次被否决之后，杨光意识到，单靠个人的力量，是很难攻克这个研发课题的。只有与人合作，才会有望取得成功。于是，他立刻做出改变，放下"架子"，在研发过程中，一边暗中努力学习，一边虚心向别人请教。当然，他也诚恳地帮助别人，别人也乐意指点他。完成这个课题之后，他的业务能力大为提高，自然得到了上司的青睐。

一个人不可能单独地在社会中生活。人与人之间的合作是群体生存和发展的动力，同时也是个人不断进取的捷径。尺有所短，寸有所长。每个人都有自己的弱势和缺点，同时又有各自值得称道的地方。只有将各自的优势组合起来，才能更加顺利地完成任务。合作

可以给成员智慧和力量，也让成员体会到与人分享胜利的喜悦，抑或是遇到困难时感受同伴给予的鼓励和温暖。

一位哲人说过：你手上有一个苹果，我手上也有一个苹果。将两个苹果交换后，每个人还是只有一个苹果。如果你有一种能力，我也有一种能力，把两种能力交换后，每个人拥有的就不再是一种能力了。

合作精神是一个人踏入社会所必须具备的基本素质。没有合作精神的人必然会遭遇挫折和失败。培养自己的团队合作精神，要做好以下几个方面。

一、主动关心帮助别人

一个人可以拒绝别人的销售，拒绝别人的领导，却无法拒绝别人对他出于真心的关怀。用同理心对别人的处境感同身受，尽自己最大的能力关心、帮助别人。

二、谈论别人感兴趣的话题

每个人都有自己感兴趣的事物或话题。谈话中，没有人会对自己不感兴趣的话题投入过多的热情；而如果遇到自己感兴趣的话题，则他们常常会情绪激昂地参与进来。找准话题，就会与对方产生共鸣。谈论别人感兴趣的事物，是深刻了解别人并与其愉快相处的交往方式。

三、真心赞美别人

赞美被称为语言的钻石。每个人一生都在寻找重要感，所以都希望得到别人的赞美。人们希望获得成长和成就感。如果团队能为成员提供空间，使他得以很好地成长，则大多数情况下他都会留在团队，而且全力以赴，认真地为之付出。每个人都有优点和其独特性，所以要找到每个人的独特的优点并赞美他。

四、为别人的成就感到高兴

对别人的成就感到高兴，并真心地予以祝贺。当你嫉妒别人或者说当你开始为别人取得的成就感到不舒服的时候，那是因为你的梦想和格局不够大。当你的梦想和格局足够大的时候，你会为别人取得的成就而感到高兴，并且衷心为他祝贺，因为你是一个对自己非常有信心的人。做一个能够为别人的成就感到高兴的人，你自己一定也会有所进步。

五、不要批评，要提醒

可以提醒别人而不是批评别人。如果真的一定要批评别人，则不妨采取三明治批评法，因为任何消极负面的东西都可以用积极正面的东西引导。采取积极、正面的行动，往往能达到令人满意的结果。

六、多提建议，少提意见

意见是一种对现实的不满，可能会有一点抱怨。建议也是一种不满，但它是将不满转化为可以达到满意结果的过程。当你养成提建议而不是提意见的习惯的时候，你会发现，团队当中的人都愿意贡献出更多的建议。这种建议是非常有积极意义的，对团队的帮助也是非常大的。

七、不要抱怨，要采取行动

抱怨不会解决任何问题。只有采取行动，才会产生结果。任何一件事情都不值得抱怨，因为抱怨会让这个结果在团队变得夸大，使每一个人都注意到这种事实，然后影响到每个人的心情；同时，受抱怨影响最大的人是自己，且越抱怨，情绪越不好，产生的绩效也越差。所以，只有把抱怨的行为变成积极的行为，才会产生好的结果。

团队成员相处时不要批评，不要指责，不要抱怨，也不要找借口，而是把问题转化为成功的理由。

拓展阅读

F1 中的 PIT 团队

F1，全称为"世界一级方程式锦标赛（FIA Formula 1 World Championship）"，是由国际汽车运动联合会（FIA）举办的最高等级的年度系列场地赛车比赛，是当今世界最高水平的赛车比赛，与奥运会、世界杯足球赛并称为"世界三大体育盛事"。

PIT，即 Pit Stop，在赛车比赛中预定停站区域被称为维修区，是让车手加油及换轮胎的地方。进维修区的时机及次数是每个车队比赛的重要策略。完美的停站策略会帮助车手完成在赛道上很难完成的超越，而高效率、无差错地停站会为车手节约宝贵的时间。停站的重要性以及专业性被 F1 演绎得最为突出，也最具代表性。

F1 的 PIT 团队是一支分工明确、效率极高、差错率极低的高效团队。赛车每一次停站都需要 22 位技师的配合完成。一个不考虑规定限制的完整的停站过程需要这些技师分工协作完成。

（1）车队根据遥测数据、赛道情况、策略分析，或者车手根据实际驾驶情况，提出进站。

（2）工作人员进行前期准备并就位。

（3）车手驶入维修区，按下维修区限速按钮，油箱盖会自动打开。

（4）负责持写有"BRAKES"（刹车）和"GEAR"（入挡）指示牌的被称为"棒棒糖人"的工作人员，站在维修区外侧，以进一步提示车手的停站位置，之后站在赛车侧

PIT 团队配合

前方。

（5）赛车入位之后，前后各一名工作人员将赛车撬起，由4组轮胎工（每组3人。一人负责卸装螺栓，一个拿掉旧轮胎，一人装上新轮胎）进行换胎。完成后斜上伸直手臂并保持，以示意。

（6）换胎的同时，加油工程师（一人控制加油嘴，另一人肩扛加油管）完成加油。车队会对加油量做提前设置。直到加油完毕，系统才会允许将加油管接口拔出。加油工程师的头盔里会有指示灯，以提示加油完毕。

（7）如有需要，更换损坏的前鼻锥，调节前定风翼角度，清理侧箱进气口，擦拭车手护目镜等工作也会同时进行。

（8）停站即将完成时，"棒棒糖人"会翻转指示牌，提示车手挂一挡准备出发。

（9）停站完成后，"棒棒糖人"举起指示牌，车手出发。

（10）车手保持限速通过维修区，出站加速，继续比赛。

（11）整个过程中，会有手持灭火器的工程师保证安全，也有应对赛车熄火等其他突发情况的工作人员在场。

只有这22位技师各司其职，并且通力合作，配合无间时，PIT团队才能高效运作。不会因为在维修区停留的时间过长而坐失领先机会，才可以帮助车手追回时间，反败为胜。这22位技师在赛车进站维修时都是不可或缺的。其高效率令人难以置信。换胎平均时间为4~5秒，加油一般是7~13秒（要视轻、重油战术不同而定），再加上前后进站时间，也就是20~23秒。

F1 从 2010 年开始取消赛中加油后，风驰电掣一般的进站换胎就成了 F1 中的一道风景，并且成为各支车队之间比拼的一道硬指标。每个赛季都会有最快换胎记录诞生。目前 F1 最快换胎记录是由红牛车队在 2013 赛季的美国站上刷新并保持的——仅用时 1.923 秒，PIT 团队就为车手韦伯装好了 4 个轮胎。如此高效，团队合作得天衣无缝。

 漫画素养

课外活动1

同舟共济

活动类型：团队熔炼

人数：10～40人

时长：30分钟以内

形式：游戏

活动简介：

一、活动目标

促进成员相互学习，合作共事；增进团队的氛围；让大家知道，在困难面前要懂得互相支持、互帮互助的道理。

二、活动道具

报纸。

三、活动描述

（1）通过随机分配，将成员分为2人或者3人一组。助手在每对选手面前的地上铺开1张（半开的）报纸。

（2）老师讲解游戏规则——各对选手都站到报纸上，全部的脚都不能站出报纸的边界。

（3）老师计时，数十下，坚持不住者将被淘汰。所有组都完成后，撕掉一条报纸（10厘米宽）进行下一轮。如此循环，直到决出胜者。

（4）活动结束后，组长引发大家对活动的讨论，并进行总结。

四、注意事项

注意活动安全。

五、调查形式

学生需根据调查表问题自我判定。

课外活动2

蒙眼踢球

活动类型：团队熔炼

人数：10~40人

时长：30分钟以内

形式：游戏

活动简介：

一、活动目标

这个任务体现的是团队成员之间的配合和信任。本游戏的目的主要是锻炼大家的团队合作能力。

二、活动描述

（1）每个队员都在自己的小组内找一个搭档。

（2）每对搭档中只有一个人戴蒙眼布，而另一个人不戴。只有被蒙上眼睛的队员才可以踢球，而他的搭档负责告诉他向什么方向走，做什么。

（3）在规定的时间内，哪一组进的球最多，哪一组就获胜。

三、注意事项

提醒指挥者注意安全，不要让看不见的人全速跑，不要让其离开搭档身边。需要减速刹车时要提前大声喊。看不见的人要把手放在身前，以保护自己。

项目七　适应能力

这个世界上充满了不公平的现象。你不要想着去改变它，你要做的就是去适应它。——比尔·盖茨

任务　提升适应能力

案例导入

2009 年 11 月末，一位倔强的小个子，一字一句地告诉他身边的人："在我过去的 13 年里，我从来都是主力，过去是，现在是，将来也必须是！如果你们希望把我从主力位置上赶下来，那么我想我是无法完成自己的任务的。"

这个小个子就是大名鼎鼎的 NBA 球星阿伦·艾弗森。艾弗森确实有值得骄傲的地方。在过去的十多年里，他一直都是整个 NBA 的金字招牌，在全世界有着难以计数的铁杆粉丝，而他自己也为稍显沉闷的 NBA 注入了街头文化和商业性的嘻哈元素。他几乎拿到了所有的荣誉。

但是很明显，2009 年，NBA 已经不是艾弗森的天下了。联盟新生势力的强势崛起渐渐取代了他的霸主地位。在一浪接一浪的抢班夺权过程中，艾弗森渐渐失去了自己的优势。球队为了培养新人，也一再劝说他"从替补席上为球队做出贡献"。然而，倔强的艾弗森毫不客气地拒绝了这种建议，最终导致他被球队辞退。灰熊队老板仅仅花了 16 万美元就支付了他莅临灰熊的所有费用，而在半年前，他的身价还高达 2 000 万美元。两者形成了鲜明的对比。更为糟糕的是，因为坚持要让自己作为主力出场，所有人都将他看成一个"自私的人"和"会破坏球队整体和谐的危险分子"。于是，没有人愿意冒险雇用他。最终，艾弗森去了没有多少人关注的土耳其联赛队。在那里，他的年薪只有 200 万美元。就这样，曾经叱咤风云的 NBA 球星，因为不能适应环境的变化，沉迷于自己旧日王朝的迷梦，最终沦落到无人问津的地步。

案例分析

即使是篮球 VIP，成就也只能代表着过去。面对未来，必须重新适应社会。要么融入社会，要么被社会淘汰。

名人名言

理智的人使自己适应这个世界，而不理智的人却硬要世界适应自己。——萧伯纳

自我提升

一、什么是适应能力

适应（Adaptation）一词源于拉丁文，原意是调整、改变，一般是指环境条件发生变化时，系统能通过改变结构、参数或控制策略保持一定的功能，从而在新的环境下继续发挥作用或生存下去的行为。

生物遗传学家达尔文的物种进化论第一次用"自然选择"和"用进废退"原理解释生命的起源，彻底跳出了上帝或其他超自然力量的思维模式。他指出，生物界，包括人类本身，只有适应环境，才能生存和发展；对于生物及人的各器官功能来说，只有不断使用、锻炼，其效能、结构才能完善和发展，否则会退化、淘汰，甚至消失。人类正因为具备了良好的生物学适应功能，才能在变化多端的自然界中生存并且不断进化，逐渐把自己从动物界中提升出来，有了高度完善的大脑神经结构和功能，创造了人类灿烂的精神文明和物质文明。最适应环境的个体将存活下来，并将其有利的变异遗传给后代。心理学用适应表示对环境变化做出反应。瑞士心理学家皮亚杰认为，适应是智慧的本质，是有机体与环境间的平衡运动。个体的每一个心理反应，无论是指向于外部的动作，还是内化了的思维动作，都是一种适应。适应的本质在于达成有机体与环境之间的平衡。

适应能力是指人类适应外界环境并生存下来的能力。也就是说，个体对其周围的自然环境和社会需要做出反应的能力，一般是指社会适应能力。社会适应能力是指人为了更好地在社会中生存而进行的心理、生理，以及行为上的各种改变，与社会达到和谐状态的一种适应能力。良好的社会适应能力是指一个人的外显行为和内在行为都能适应复杂的环境

变化，能为他人所理解，为社会所接受，行为符合社会身份，并能保持正常的人际关系。社会适应能力既是个体心理素质的重要内容，也是职业人必须锻炼的一项能力。

二、提升职场适应能力

对于每个刚入职场的年轻人来说，一旦迈出校园，踏入社会，首先必须学会主动提升自己的社会适应能力。正如郎世荣在《适应力》一书中指出的那样，要想改变世界，先要适应世界。

有的人学业成绩优秀，无所不懂，却在自己的工作岗位上处处碰壁，原因就在于不能灵活地适应环境。"适者生存"的法则适用于每一个人。如果你没有这种能力，就会影响你今后的生存和发展。适应能力不是天生的，而是通过后天的不断锻炼培养出来的。

人与环境的关系是相互作用的。如果你学着适应环境，环境也会渐渐锻炼你的能力。

无论你从事何种职业，周围的环境都在不断地发生变化。对于初涉职场的新人而言，不但面临着社会角色的变化，也面对着新的环境和新的人群。只有尽快熟悉周围的氛围，融入新的环境，才能让自己快速适应工作，从平凡变成优秀。

我们需要在适应中变化，在变化中适应。面对未来的变化，人们只能通过自身的改变去适应，比如灾难、病变等不可预知的事件。这些变化随时都能把一个人打倒。提高适应力可以从以下两个方面入手：

（1）适应变化，坦然心态。校园的学习更多是个人行为，而工作则更加社会化，更加注重团队之间的协作。如何与他人协作是初入职场的毕业生最需要学习的东西，而这个没有固定的程式，需要结合自己的性格特点，不断摸索。善于总结与反思将会为初入职场的你节约很多时间。

相对于学习，工作更加功利和现实。很多公司的文化是结果导向的。如果主管对你说"我只看结果"，则不要感到惊讶，因为领导的领导要的也是这个结果。学习主要是考核学习能力，而工作中要求的技能更加综合。工作中会涉及关系建立能力、沟通能力、谈判能力等。与学校的生活不同，一项能力的不足很难用其他的能力来补足。

职场中，机会之类的偶然性事件很多，努力和结果没有百分之百的必然性，但仍有很大的相关性。所以，你不要为自己没有得到什么而气馁。要相信厚积薄发，并且敢于尝试。上帝即便给了你一手烂牌，你也要加油打好这一局。

正因为如此，我们需要做出改变，积极调整心态，适应从学校到企业、社会的转变。譬如，可以先问问自己：10 年后想成为什么样的人，或者是未来要过什么样的生活？这样的问题至关重要。这不是一个简单的问题，需要你系统地思考。只有对未来的理想进行了系统思考，你的职业生涯规划才算真正开始。你思考得越晚，你的机会成本越高。很多人毕业工作了几年之后，发现自己其实不适合所在行业和所任职的企业，毅然跳槽转行。到那时，付出的成本就更高了。

（2）积极主动，提升能力。保持务实的作风，立足现在。很多大学生在工作中往往存在过多的幻想，总是幻想有更好的工作机会。建议职场新人别仅仅幻想，要相信概率，而非迷信奇迹。不要过多地抱怨，抱怨解决不了任何问题。不要沉浸在过去，也不要沉溺于未来，而要着眼于今天。一定要学会脚踏实地，注重眼前的行动。

要积极主动。主动发现问题，思考问题，主动解决问题，承担责任及"分外之事"，投入比别人多的精力和资源。如果想获得更多，就需要比别人付出更多。

始终关注自己能力的成长。不要把改善工作的能力全部寄托在公司培训上，而要把更多的心思放在观察和思考上，找出问题的所在。只有通过观察和实践得到的答案才是真正的知识。在工作实践中不断学习与进步，提高并丰富自己的工作技能。

提升处理人际关系的能力。每个人都习惯以自己的方式与别人沟通，但你要走出自己的舒适区，多和其他人交流，求同存异。人性既有好的一面，也有不好的一面。我们需要了解人性，学习并接受。这不只是适用于工作，也适用于生活。同时，让自己的性格更具有吸引力尤为重要。良好的人际关系能够使你在工作中如鱼得水，走得更远。

 小测试

你的适应能力如何？

请快速阅读下面的陈述，并根据第一感觉给出自己的实际情况与每句话的符合程度（A：1分；B：2分；C：3分）。

1. 每次离开家到一个新的地方后，我总爱闹点毛病，如失眠、拉肚子、皮肤过敏等。

A. 符合 　　　　　B. 不清楚 　　　　　C. 不符合

2. 开会轮到我发言时，我似乎比别人更镇定，发言也显得很自然。

A. 符合 　　　　　B. 不清楚 　　　　　C. 不符合

3. 冬天我比别人更怕冷，而夏天比别人更怕热。

A. 符合 　　　　　B. 不清楚 　　　　　C. 不符合

4. 在嘈杂、混乱的环境中，我仍能集中精力学习和工作，效率并不会大幅降低。

A. 符合 　　　　　B. 不清楚 　　　　　C. 不符合

5. 每次检查身体时，医生都说我"心跳过速"。其实我平时心率很正常。

A. 符合 　　　　　B. 不清楚 　　　　　C. 不符合

6. 如果需要的话，我可以熬一个通宵，第二天仍然精力充沛地学习或工作。

A. 符合 　　　　　B. 不清楚 　　　　　C. 不符合

7. 我觉得一个人做事比大家一起干效率高些，所以我愿意一个人做事。

A. 符合 　　　　　B. 不清楚 　　　　　C. 不符合

8. 为求得和睦相处，我有时会放弃自己的意见，附和大家。

A. 符合　　　　B. 不清楚　　　　C. 不符合

9. 和别人争吵起来时，我常常哑口无言，事后才想起该怎样反驳对方，可是已经晚了。

A. 符合　　　　B. 不清楚　　　　C. 不符合

10. 无论情况多么紧迫，我都能注意到该注意的细节，不会丢三落四。

A. 符合　　　　B. 不清楚　　　　C. 不符合

评价表：

序号	得分	评价	备注
1	24～30分	社会适应能力强	世界千变万化而你游刃有余。你常能把生活中的压力化于无形。你心情愉快，万事如意。这种精神品质有利于你的心理平衡与健康。你是个生命力强的人
2	17～23分	社会适应能力一般	事物的变化及刺激不会使你失魂落魄。对一般情形，你都能相应做出适度的反应；可是如果事件比较重大，变化比较突然，那么你的适应期会拖长。你了解自己的这种情况之后，最好预先准备，锻炼自己的快速适应能力
3	16分以下	社会适应能力差	你对世界的变化及生活的摩擦很不习惯，不过只要意识到了，还是有希望改善这种状况的

拓展阅读

伊斯兰教的先知穆罕默德，带着他的40门徒在山谷里讲经说道。

穆罕默德说：信心是成就任何事物的关键。也就是说，人有信心，便没有不能成功的事情。这时，一位门徒对他说："您有信心让对面那座山过来，让我们站在山顶上吗？"

穆罕默德望着他的门徒，满怀信心地点了点头。接着，穆罕默德对着山大喊一声："山，你过来！"山谷里响起他的回声，回声渐渐消失，山谷又归于宁静。

大家都聚精会神地望着那座山。穆罕默德说："既然山不过来，我们就过去吧！"于是，穆罕默德带着他的弟子们开始爬山，经过一番努力，终于爬到了山顶，他们因为内心的希望成为现实而在山顶上欢呼着。

这时穆罕默德说："这个世上根本就没有移山大法。唯一能够移动山的方法就是'山不过来，我过去'。"

人的一生，会遇见很多座困难的"大山"堵挡在我们的面前。当我们身陷困境而无法改变时，遇见"瓶颈"而无法突破时，拿"头撞南墙"是绝对没有用的。要想改变事情，首先就要行动起来改变自己，适应这个世界。当我们不能改变环境的时候，我们就要学习适应环境；当我们改变别人有困难的时候，我们就改变自己。

漫画素养

项目八 执行能力

朝着一定目标走去是"志"；一鼓作气，中途绝不停止是"气"。两者结合起来是"志气"。一切事业的成败都取决于此。——戴尔·卡耐基

任务一 执 行 力

案例导入

美西战争爆发以后，美国必须马上与西班牙反抗军首领加西亚将军取得联系。加西亚将军隐藏在古巴辽阔的崇山峻岭中——没有人知道确切的地点，因而无法送信给他。但是，美国总统必须尽快地与他建立合作关系。怎么办呢？

有人向总统推荐说："有一个名叫罗文的人，如果有人能找到加西亚将军，那个人一定就是他。"

于是，他们将罗文找来，交给他一封信——写给加西亚的信。罗文接过信后，并没有问"他在哪里"。他拿了信，将它装进一个油纸袋里，打封，吊在胸口藏好，划着一艘小船，4 天之后的一个夜里在古巴上岸，消逝于丛林中，接着在 3 个星期之后，从古巴岛那一边出来，已徒步走过危机四伏的国家，把那封信交给了加西亚。

他送的不是一封普通的信，而是美利坚的命运、整个民族的希望。

案例分析

罗文的事迹通过《致加西亚的信》这本小册子传遍了全世界，并成为敬业和强大执行力的象征。我们都需要学习罗文的敬业精神和执行力，对上级的托付立即采取行动，没有理由和借口，全心全意去完成任务。

名人名言

行动，只有行动，才能决定价值。——约翰·菲希特

自我提升

一、什么是执行力

执行力是指有效利用资源，保质保量达成目标的能力，指的是贯彻战略意图，完成预定目标的操作能力。执行力包含完成任务的意愿、完成任务的能力，以及完成任务的程度。对个人而言，执行力就是办事能力；对团队而言，执行力就是战斗力；对企业而言，执行力就是经营能力。简单来说就是行动力。

个人执行力是指每一个岗位上的人都把上级的命令和想法变成行动，把行动变成结果，没有任何借口，保质保量完成任务的能力。团队执行力是指一个团队把战略决策持续转化成结果的满意度、精确度、速度。它是一项系统工程，表现出来的就是整个团队的战斗力、竞争力和凝聚力。一个优秀的员工从不在遇到困难时寻找任何借口，而是努力寻求办法解决问题，从而出色完成任务。要提升执行力，就必须学会在遇到阻碍时不找借口，而是积极地寻求解决问题的方法。

没有执行力的工作无异于浪费企业资源。实际上，没有功劳的苦劳不仅是对企业资源的浪费、对自身的杀伤力，更是令人触目惊心。不到位的结果会让人在工作中产生严重的焦虑感，降低战斗力。随着焦虑程度的日益增加，工作量越积越多。当工作任务堆积如山的时候，一个人必将遭受从信心到行动的全面崩溃。这个人会对自己的能力做出负面判断。严重者，还会极大地影响身心健康。

有企业管理专家认为：一个企业的成功，30%靠的是战略，30%靠的是运气，另外40%靠的是执行力；也有专家认为：三分战略，七分执行。不管哪种说法，都是把执行力摆在了比较重要的位置。可见，执行力对一个企业的生存和发展具有重要的现实意义；否则，即使把目标定得再高，措施计划订得再好，如果没有落实到行动上，缺乏到位做实，不执行或执行不力，那么所制订的措施计划会无法执行到位，所定的目标更是无法实现。

二、如何保证执行力

保证执行力的第一个基本原则：以结果为导向，树立务实的工作心态。其实这首先是一种外在的要求，是环境逼迫你不得不做出的选择。

第二项基本原则：梳理清楚你拥有的各种有形资源和无形资源，尽可能地寻求资源的支持。要记住，你不是一个人孤军奋战。仅靠纯粹的个人力量远远不够。在工作面前，你首先是个资源整合者。而且，有些你所必需的资源并不是一眼就可以看到。如何发现并争取它们是重中之重。可以断言，聪明的工作者都是善于整合、争取各种资源的人。为了得到资源，他们会不遗余力。如果你能突破视野的局限性，主动寻找更大的资源空间，你就会发现事情没你想的难。

第三项基本原则：制订明晰的工作计划并制定推进流程，一切行动按照计划与流程执行。善于工作的人不仅有阶段性计划，而且有每一天的工作清单。比如前一天晚上，他会梳理好明天具体要做的各项工作。每完成一项就划掉一项，直到完成全部计划。这种方法看似过于精细，但实际上它培养的是一个人的工作方法。它会使你的效率产生飞跃。一个没有工作计划的人注定做不好工作，也不会有属于自己的休息时间。同样，一个没有人生计划的人，也不会得到好结果。当然，并不排除执行计划时的灵活性，不过首先要制订一份计划。

第四项基本原则：发挥主动性，创新你的工作方法。你随时可以创新工作方法。这是你的本能，不要有任何怀疑。没人会喜欢事倍功半地工作。工作方法没有止境。你的经验与思考、你的灵感与想象力，都将推动你的执行力日益提高。

拓展阅读

古时候，蜀国的边远山区有两个和尚：一个穷，而另一个富。他们都想去当时的佛教圣地南海朝圣。一天，穷和尚对富和尚说："我打算去一趟南海。你觉得怎么样？"

富和尚说："我没有听错吧！你想去南海？你凭借什么东西去南海啊？"

穷和尚说："我带一个水瓶和一个饭钵就行了。"

富和尚听了之后哈哈大笑，说："我几年前就做准备去南海了，但路上艰难险阻多得很。等我买一条大船，准备充足后就可以去南海了。你凭一个水瓶和一个饭钵怎么可能到达南海呢？还是算了吧，别做白日梦了！"

穷和尚不再与富和尚争执，第二天就步行前往南海了。

一年后，穷和尚从南海朝圣回来，而富和尚还在准备买大船呢。

富和尚"常立志"，只是立在口头上；穷和尚"立长志"，却是踏踏实实地立在行动上。富和尚的条件比穷和尚好得多，但是当穷和尚已经实现自己愿望的时候，富和尚还在空谈。富和尚就是输在了执行力上。

 漫画素养

任务二 时间管理能力

案例导入

"华为"时间管理培训的第一部分，就是让员工们清楚了解时间管理的两大误区。

误区一：工作缺乏计划。

大量的时间浪费来源于工作缺乏计划，比如：没有考虑工作的可并行性，结果使并行的工作以串行的形式进行；没有考虑工作的后续性，结果工作做了一半，就发现有外部因素限制而只能将其搁置；没有考虑对工作方法的选择，结果长期用低效率、高耗时的方法工作。

误区二：不会适时说"不"。

"时间管理当中最有用的词是'不'"。华为人认为，人们组织工作不当的原因中最常见的一种原因就是不会拒绝。这特别容易发生在热情洋溢的新人身上。新人为了表现自己，往往把来自各方的请托都不假思索地接受下来。显然，这不是一种明智的行为。

量力而行地说"不"，对己对人都是一种负责。首先，自己不能胜任委托的工作，不仅徒费时间，还会给其他工作造成障碍。同时，无论是工作完成时间，还是效果，都无法达标，还会打乱委托人的时间安排，结果是"双输"。

所以"华为"一向强调，接到别人的委托后，不要急于说"是"，而是分析一下自己能不能如期按质地完成工作。如果不能，就要具体与委托人协调。在必要时刻，要敢于说"不"。

案例分析

"一寸光阴一寸金，寸金难买寸光阴"。我们的生命由时间构成。生命的品质就在于我们如何充分利用时间。时间管理的水平直接影响我们的工作、学习、生活质量。具备良好的时间管理能力也是当今社会必备的职场技能。

名人名言

我们拥有的时间并不少，但没有充分利用的时间太多。——西尼加

自我提升

时间一去不复返。它是最稀缺和有限的一种资源。组织规模越大，自己可支配的时间就越少。这时，对于我们来说，知道自己的时间去处、学会管理自己可支配的时间意义重大。

一、时间管理四象限法

究竟什么占据了人们的时间？这是一个经常令人困惑的问题。著名管理学家科维提出了有关时间管理的理论，把工作按照重要和紧急两个不同的程度进行了划分，基本上将其分为 4 个"象限"：既紧急，又重要；重要，但不紧急；紧急，但不重要；既不紧急，也不重要。这就是关于时间管理的"四象限法则"。

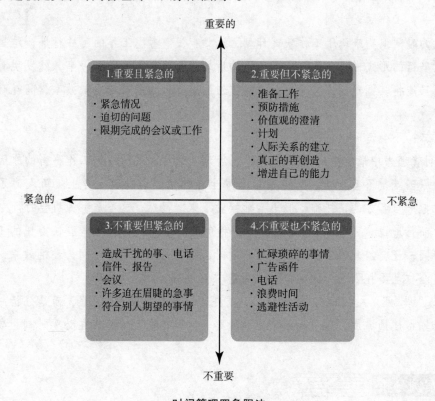

时间管理四象限法

如果把要做的事情按照紧急、不紧急、重要、不重要的排列组合分成 4 个象限，则这 4 个象限的划分有利于我们对时间进行深刻的认识及有效的管理。

第一象限包含的是一些紧急而重要的事情。这一类的事情具有时间的紧迫性和影响的重要性，既无法回避，也不能拖延，而必须首先处理，加以优先解决。它表现为重大项目的谈判，以及重要的会议工作等。

这二象限不同于第一象限。这一象限的事件不具有时间上的紧迫性，但是它具有重大的影响，对于个人或者企业的存在和发展以及周围环境的建立维护，都具有重大的意义。

第三象限包含的事件是那些紧急但不重要的事情。这些事情很紧急，但并不重要。因此，这一象限的事件具有很大的欺骗性。很多人认识上有误区，认为紧急的事情都显得重要。实际上，像无谓的电话、附和别人期望的事、打麻将三缺一等事件都不重要。这些不重要的事件往往因为它紧急，就会占据人们很多宝贵的时间。

　　第四象限的事件大多是些琐碎的杂事，既没有时间的紧迫性，也没有任何的重要性。这种事件与时间的结合纯粹是在扼杀时间，是在浪费生命。像发呆、上网、闲聊、游逛，这些都是饱食终日无所事事的人的生活方式。

　　第一象限和第四象限是相对立的，而且是壁垒分明的，很容易区分。

　　第一象限是紧急而重要的事情。每一个人，包括每一个企业，都会分析、判断那些紧急而重要的事情，并把它优先解决。第四象限是既不紧急，又不重要的事情。有志向而且勤奋的人断然不会去做。

　　第二象限和第三象限最难以区分。第三象限对人们的欺骗性是最大的。它很紧急的事实造成了它很重要的假象，耗费了人们大量的时间。

　　依据紧急与否是很难区分这两个象限的。要区分它们，就必须借助另一标准，看这件事是否重要。也就是按照自己的人生目标和人生规划衡量这件事的重要性。如果它重要，就属于第二象限的内容；如果它不重要，就属于第三象限的内容。

小测试

　　下面是一套时间管理能力的自测题。请为每一题选择最适合你的修饰语。

时间管理能力自测题

序号	题目	总是	经常	很少
1	我觉得我可以工作得更努力			
2	我可以告诉你上个星期我工作了多少个小时			
3	我常常把事情留到最后一分钟才做			
4	对我来说，开始一项工作很难			
5	我对下一步要做什么不是很确定			
6	我要开始做某件事之前，要拖延很长时间			
7	我不知道我做的是否足够多			
8	我在不同的任务之间频繁地换来换去			
9	我在某些地方的工作效率比在其他地方高			
10	我在某些时间的工作效率比其他时间高			
11	我工作起来没有规律，往往在某件事上花费很多时间后又置之不理			
12	我不可能完成我想做的全部事情			
13	我不肯定自己是否在优先处理最重要的事情			
14	到这门课程结束之前，我不敢肯定自己是否会坚持到底			
15	我工作时没有任何计划			

请把你的答案和下面的解释互相对照：

（1）我觉得我可以工作得更努力。

如果你总是觉得自己的时间没有发挥最大作用，则说明你的时间管理技巧有问题。你要学会善于利用时间。

（2）我可以告诉你上个星期我工作了多少个小时。

很多人对自己的工作时间只有一个大致的印象：我好像一直在工作。这样是不行的。人们的感觉往往和实际并不相符。研究人员用相机拍摄下研究对象的工作情况，把统计得到的工作时间与研究对象自我感觉的工作时间进行对照，发现两者之间的差距相当大。如果你对自己的工作时间没有明确的认识，最好花费一天至一周的时间，逐项记录自己的工作时间，说不定结果会使你大吃一惊。

（3）我常常把事情留到最后一分钟才做。

如果总是出现这种情况，则有两种可能的原因：一是你忽视了时间管理，不使用时间表；二是在制订时间表时，没有编排合理的顺序。

（4）对我来说，开始一项工作很难。

哪怕制订好了计划，要开始做这项工作时，你仍然觉得很头疼。如果常常出现这种情况，那么症结不在制订计划的环节，而在"行动"这一环节。你要有意识地增强自己的行动意识，并学会一些克服拖延的技巧。

（5）我对下一步要做什么不是很确定。

如果你总是对下一步要做什么不是很确定，则这是缺乏整体计划的表现。

（6）我要开始做某件事之前，要拖延很长时间。

请参见上述第四项的解释。

（7）我不知道我做的是否足够多。

请参见上述第一项的解释。

（8）我在不同的任务之间频繁地换来换去。

怎样确定分配给不同任务的时间长短，是一项重要的技巧。过长或过短都会降低效率。你可以通过测试和记录确定最适合自己的间隔。

（9）我在某些地方的工作效率比在其他地方高。

没有人能完全排除外界的干扰。不同的地点对人的工作效率有不同的影响，只不过人们往往没有留意这一点。如果你清楚地知道自己在哪些地方的工作效率较高，说明你对自己很了解。这有助于你进行时间管理。

（10）我在某些时间的工作效率比在其他时间高。

请参见上述第一项的解释。

（11）我工作起来没有规律，往往在某件事上花费很多时间后又置之不理。

这也是缺乏整体计划的表现。

（12）我不可能完成我想做的全部事情。

人不可能完成所有想做的事情，故在制订时间表时必须有所取舍。如果连时间表上的事情也总是不能完成，那么不是时间表不切实际，就是执行过程中出了问题。

（13）我不肯定自己是否在优先处理最重要的事情。

先明确价值观，再确定目标，就能容易地为各种事情确定优先级。如果总是对此感到迷茫，则说明你对自己的价值观不是很明确，不能清楚地表述自己真正需要的是什么。

（14）到这门课程结束之前，我不敢肯定自己是否会坚持到底。

如果缺乏计划和执行力，常常不能完成想做的事情，长此以往就会使你对自己失去信心，做任何事情的时候都不知道自己是否会坚持到底。

（15）我工作时没有任何计划。

这是你对自己的计划性的评价。如果工作时经常没有任何计划，则说明你对制订计划的重要性缺乏足够的认识。

拓展阅读

我们的时间都花在哪里了？

读完以下这些统计数据之后，你会发现很有趣的答案：

➤ 一个婴儿在一天中的平均爬行距离约为 200 米。

➤ 一个人在一生中平均要吃掉 30 吨的食物。

➤ 人的指甲在一生中总共能够生长约 25 米。

➤ 人的一生中有超过 9 个月的时间是在马桶上度过的。

➤ 人的一生中平均要流将近 80 升的眼泪。意大利男人会平均每个月哭 3 次。

➤ 我们一生中会有大约 10 万次亲吻。

➤ 以一个 80 岁的人为例，他一生中的睡眠时间至少有 23 年。

时间还花在哪里了？

➤ 据统计，我们每个人平均每天要用 105 分钟吃饭，36 分钟洗漱。

➤ 我们一生中有将近 2 年的时间是坐在电视机前的。

➤ 我们每天会用平均 7 分钟的时间进行无偿劳动，用 8 分钟帮助身边的人。

➤ 我们每天的阅读时间大约为半小时。

➤ 女人每天照顾孩子的时间是 21 分钟，而男人在这方面却只花费了 9 分钟。

➤ 德国人每天用在交通上的平均时间大约为 90 分钟——其中包括步行、骑自行车、开车，以及使用公交系统。

当然，无论多么精确的统计数据，都无法涵盖各人不同的具体情况。每个人都有自己最想干的事情，都希望以自己的方式安排每天的 24 小时——而这正是你要努力的方向。

二、告别拖延

很多时候，我们会在拖延了一个多星期之后才发现，那项任务其实只需要短短的一个小时就可以完成，而且处理起来十分轻松，一点都不困难。那么，我们还等什么呢？赶快跟自己拖延的坏毛病说"再见"吧，不要再任由那种悬而未决的感觉一直折磨自己了，不要再任由这种不必要的压力扰乱自己原本平静的生活了。

（1）总揽全局。首先，请列出一张清单，写出所有尚未完成的工作。这样，你就可以清楚地看到自己整体的工作状况，知道自己至少还需要投入多少时间，然后再根据每项任务的不同性质安排出合理的处理顺序。

（2）然后，在每项任务旁边写下当初拖延的原因，以及完成了这项任务之后自己可能得到的好处。

（3）接下来，请你仔细分析每一项任务，考虑一下具体的处理方式：是毫不犹豫地亲自处理，授权他人处理，还是这项任务在拖延的过程中已经自然而然地得到了解决？如果发现是真正重要的任务，就请马上开始着手处理。如果是多余的不必要的任务，就请你尽可能想办法将它们从清单上划掉。

（5）现在你就可以拿出那些需要处理的重要任务了。将每一件完整的任务划分成若干个阶段性的小任务，然后把每件任务中最轻松、最有意思的部分安排在先。这样，你就可以把每一个小的成功当作对自己的鼓励，以此推动下一步更加困难的工作。此外，还请利用每个阶段的间隙好好奖励自己一下。比方说，你可以容许自己上网放松 10 分钟——不过一定要记住，只有 10 分钟！千万不要让这种小小的奖励变成了又一个拖延工作的借口。

（6）为每一个阶段性的小任务设定一个最后期限。把这些期限全部写进你的日计划中，每天都坚持完成其中的一个部分。这个弥补过去遗留下来的任务的过程就像是还债。你最好把这个"还债"的工作安排在每天上午。这样就可以毫无顾虑地享受一天中剩余的时光了。

（7）锻炼自己的自律意识，把这些计划持之以恒地坚持下去。每当完成了一项困难的任务，就好好奖励自己一次！从日程安排中划去一项任务的感觉就像是从心头放下了一块大石头。你一定要学会享受这种美妙的感觉。

（8）你在处理完堆积下来的所有任务之后再开始接手新的工作项目。

不要再将所有工作都拖到不能再拖的时候才下定决心开始处理。请记住：你完全有能力借助自律改正拖延的坏习惯。你需要的只是踏出第一步的那一点点勇气。要知道，与其在空想中要求自己做到 100 分，倒不如踏踏实实一步一个脚印地处理每一件事情。这样，哪怕每件事情都只做到了 80 分，你也是成功的。此外，对于那些尚未处理的已经拖延已久的工作，也不要因为将功补过就要求自己必须做到尽善尽美。

拖延心理的主要根源就是过度追求完美的自我要求。因为追求完美的人是永远不会满足现状的：他们要么不断地在同一件事情上浪费越来越多的时间却得不到任何产出，要么一直都觉得自己还没准备好，根本不足以开始处理某项任务。后果可想而知。当然就只能是一拖再拖了。

李开复谈如何管理时间

人的一生中两个最大的财富是：你的才华和你的时间。才华越来越多，但是时间越来越少。我们的一生可以说是用时间换取才华。如果一天天过去了，我们的时间少了，而才华没有增加，那就是虚度了时光。所以，我们必须节省时间，有效率地使用时间。如何有效率地利用时间呢？我有下面几个建议：

1. 做你真正感兴趣，与自己人生目标一致的事情

我发现我的"生产力"和我的"兴趣"有着直接的关系，而且这种关系还不是单纯的线性关系。如果面对我没有兴趣的事情，就可能花掉40%的时间，但只能产生20%的效果；如果遇到我感兴趣的事情，就可能花100%的时间而得到200%的效果。要在工作上奋发图强，身体健康固然重要，但是真正能改变你的状态的关键是心理，而不是生理上的问题。真正地投入到你的工作中，你需要的是一种态度、一种渴望、一种意志。

2. 知道你的时间是如何花掉的

挑一个星期，每天记录下每30分钟做的事情，然后做一个分类（例如：读书、准备GRE、和朋友聊天、参加社团活动等）和统计，看看自己在什么方面花了太多的时间。凡事想要进步，必须先理解现状。每天结束后，把一整天做的事记下来，每15分钟为一个单位（例如：1：00～1：15等车，1：15～1：45搭车，1：45～2：45与朋友喝茶……）。在一周结束后，分析一下：这周你如何可以更有效率地安排时间？有没有占太大比例的活动？有没有方法可以增加效率？

3. 使用时间碎片和"死时间"

如果你做了上面的时间统计，你就一定会发现每天有很多时间流逝掉了，例如等车、排队、走路、搭车等。原本可以把这些时间用来背单字、打电话、温习功课等。现在随时随地都能上网，所以没有任何借口再发呆。我前一阵和同事一起出差。他们都很惊讶尽管我和他们整天在一起，但是我能及时回复电子邮件？后来，他们发现，当他们在飞机和汽车上聊天、读杂志、发呆的时候，我就把电子邮件全回了。重点是，无论自己忙，还是不忙，你都要把那些可以利用时间碎片做的事先准备好，到你有空闲的时候有计划地拿出来做。

4. 要事为先

每天一大早挑出最重要的3件事，当天一定要能够做完。在工作和生活中每天都有干

不完的事，而唯一能够做的就是分清轻重缓急。要理解急事不等于重要的事情。每天除了办又急又重要的事情外，一定要注意不要成为急事的奴隶。对那些急但是不重要的事情，你要学会放掉，要能对人说no！而且，每天这3件事里最好有一件重要但是不急的。只有这样，才能确保你没有成为急事的奴隶。

5. 要有纪律

有的年轻人会说自己"没有时间学习"。其实，换个说法就是"学习没有被排上优先级次序"。曾经有一个教学生做时间管理的老师，上课时带来两个大玻璃缸和一堆大小不一的石头。他做了一项实验。在其中一个玻璃缸中先把小石、沙倒进去，最后大石头就放不下了；而在另一个玻璃缸中先放大石头，其他小石和沙却可以慢慢渗入。他以此为比喻，说："时间管理就是要找到自己的优先级。若颠倒顺序，一堆琐事就占满了时间，而重要的事情就没有空位了。"

6. 运用 80%~20% 原则

人如果利用最高效的时间，只要20%的投入就能产生80%的效率。相对来说，如果使用最低效的时间，80%的时间投入只能产生20%的效率。应该把一天头脑最清楚的时间放在最需要专心的工作上。与朋友、家人在一起的时间，相对来说，不需要头脑那么清楚。所以，我们要把握一天中20%的最高效时间（有些人是早晨，也有些人是下午和晚上。除了时间之外，还要看你的心态、血糖的高低、休息是否足够等综合因素），专门用于最困难的科目和最需要思考的学习上。许多同学喜欢熬夜，但是晚睡会伤身，所以还是尽量早睡早起。

7. 平衡工作和家庭

对于家庭的时间分配，我坚持下列的原则：

划清界限，言出必行——对家人做出承诺后，一定要做到，可以适当调整其他工作的时间安排，制定较低的期望值，以免造成失望。

忙中偷闲——不要一投入工作就忽视了家人。有时10分钟的体贴比10小时的陪伴更受用。

闲中偷忙——学会怎么利用时间碎片。例如：家人没起床的时候，你可以利用这段空闲时间做你需要做的工作。

注重有质量的时间——时间不是每一分钟都是一样的。有时需要全神贯注，有时坐在旁边上网就可以了。要记得家人平时为你牺牲很多，而度假、周末是你补偿的机会。

任务三　目标管理能力

 案例导入

山田本一是日本著名的马拉松运动员。他曾在1984年和1987年的国际马拉松比赛中

两次夺得世界冠军。记者问他凭什么取得如此惊人的成绩时，山田本一总是回答："凭智慧战胜对手!"

大家都知道，马拉松比赛主要是运动员体力和耐力的较量，爆发力、速度和技巧都在其次。因此，对山田本一的回答，许多人觉得他是在故弄玄虚。

10年之后，这个谜底被揭开了。山田本一在自传中这样写道："每次比赛之前，我都要乘车把比赛的路线仔细地看一遍，并把沿途比较醒目的标志画下来，比如：第一标志是银行；第二标志是一棵古怪的大树；第三标志是一座高楼……这样，一直画到赛程的结束。比赛开始后，我就以百米的速度奋力地向第一个目标冲去。到达第一个目标后，我又以同样的速度向第二个目标冲去。40多公里的赛程，被我分解成几个小目标，跑起来就轻松多了。开始我把我的目标定在终点线的旗帜上，结果当我跑到十几公里的时候就疲惫不堪了，因为我被前面那段遥远的路吓倒了。"

案例分析

目标是需要分解的。最终目标是宏大的，引领方向的目标；而绩效目标就是一个具体的、有明确衡量标准的目标。比如在4个月内把跑步成绩提高1秒，就是最终目标。绩效目标可以被进一步分解。比如在第一个月内提高0.03秒。当目标被清晰地分解了，目标的激励作用就显现出来了。当我们实现了一个目标的时候，我们就及时地得到了一个正面激励。这对于培养我们挑战目标的信心的作用是非常巨大的。

名人名言

成功就等于目标，而其他的一切都是这句话的注解。——伯恩·崔西

自我提升

一、目标的含义

目标是个人、部门或整个组织所期望实现的成果。我们所说的梦想、理想通常是对目标的另一称呼。人们需要通过自己的努力实现既定目标。目标是动力。

美国管理大师彼得·德鲁克认为：只有先有目标，才能确定工作。所以，企业的使命和任务都必须被转化为目标。如果一个领域没有目标，这个领域的工作就必然被忽视。

目标给你一个看得见的彼岸，给你实现它时的成就感，你的心态就会向着更积极主动的方向转变。只要有了目标，才有斗志，才能开发我们的潜能。清晰、明确的目标产生坚定的信念。

在大海上行驶的船，如果没有目标，它就不知道为什么要发动、为什么要行驶，最后只是漂浮，随遇而安；随意漂流的航船，并不知道想要什么，那么一定会失去机遇、运气

以及来自其他人的支持，同时它也不会知道目前是顺风，还是逆风，以及应该做出什么努力。

1953 年，美国耶鲁大学对应届毕业生进行了一项有关目标的调查。研究人员问参与调查的学生这样一个问题："你们有人生的目标吗？"只有 10% 的学生确认他们有目标。研究人员又问了第二个问题："如果你们有目标，那么你们可不可以把它写下来呢？"结果只有 4% 的学生清楚地把自己的目标写下来。

20 年后，耶鲁大学的研究人员在世界各地追访当年参与调查的学生。他们发现，当年白纸黑字写下人生目标的那些学生，无论是事业发展，还是生活水平，都远远超过了另外那些没有写下目标的同龄人。这 4% 的人拥有的财富居然超过其余 96% 的人的总和。那些没有写下人生目标的 96% 的人，一辈子都在直接或间接地、自觉不自觉地帮助那 4% 的人实现人生目标。

二、制定目标的原则

为使目标切合实际，在实施目标管理之前需进行全面、细致的分析，认清自己的优势和劣势，从而明确要解决问题的原因以及要达到的结果。只有这样，才能着手拟定正确的目标。

设置目标的时候需要符合一些原则。比较常见的原则就是 SMART 原则。

➢ 具体的、科学的
➢ 可衡量的，尽量量化和可描述的
➢ 可达成的，起到激励作用的
➢ 相互关联的
➢ 有时间限制的

三、个人目标管理

每一个初入社会的新人，都需树立明确的目标。制定目标，必须充分评估自身素质和所处的环境，切合自身实际。只有这样，才能沿着正确的方向前进，否则可能南辕北辙，劳而无功。确定目标之后，就应抓紧时间付诸行动。如果你只是把目标拿在手中赏玩，它就什么也不是，甚至会变成一剂迷魂药，使你迷醉在幻想之中，碌碌无为。

将目标付诸行动时，选一个目标达成的日子，将这个日子写下来，并且拟订那时与此刻必须做的所有工作的日程表。比如，若你决定两年之内当上销售部经理，你就要写下今年要达到的目标（比如成为业务主管），再定出每个月要实现的销售业绩，以及每周，甚至每天要做的事。

日程表要常做，做到你知道"下一步"该做什么，要能随时采取走向目标的下一步行动。设下日程表后，你要马上采取行动，并每天衡量进度，经常检查结果。这不但有利于纠正工作中的错误，还可以用不断上升的成果鼓励自己，以坚定自己的信心，最终实现目标。

在实现目标的过程中，要注意以下几点：

（1）有步骤地实现目标。在实现目标的过程中，你一定要按照制订的计划有步骤地去做，而不应该是事无巨细，眉毛胡子一把抓。不然，你将有永远处理不完的事，不但被搞得头晕目眩，难出成绩，而且会打击你的自信心，让你变得消极，与自己的目标距离越来越远。

（2）不要急于求成。一件事情的成功需要一个水到渠成的过程。任何急于求成的行为，都有可能导致你功败垂成。

所以，在你实现目标的过程中，一定要遵循事情的发展规律，不要异想天开，走捷径。

（3）用看得见的目标不断鼓励自己。目标只有看得见，够得着，才能成为一个有效的目标，才会形成动力，帮助人们获得自己想要的结果。

人们在制定目标的时候经常会犯一个错误，就是认为目标定得越高越好，认为目标定得高了，即便只完成80%，也能超出自己的预期。实际上，这种思想是有问题的。持有这种思想的人过分依赖目标，认为只要制定了目标，就能完成目标。

实际上，制定目标是一回事，而完成目标则是另外一回事。制定目标是明确做什么，而完成目标是明确如何做。与其制定一个高目标给自己压力，不如制定一个合适的目标，并制订行动计划，排除障碍，从而形成动力。

另外，目标不是唯一的激励手段。目标只有与激励机制相匹配，才会起到更有效的激励作用。所以，除了关注目标之外，还要关注配套的激励措施。

1952年，世界著名游泳选手查德威克计划从卡塔琳娜岛游向加州海岸。4日清晨，加利福尼亚海岸及附近的太平洋海面笼罩在浓雾中。查德维克在游了16个小时后仍然在坚持。她感到又轻又冷，已经精疲力竭了。更使她灰心的是茫茫大海中看不到目标。她感到再也难以支撑了，于是向小船上的人请求上船。尽管船上的人都劝她，离海岸只有半英里了，但迷茫的目标已经动摇了她的信心。在她的再三请求下，人们把她拉上了船。

后来，她总结说："令我半途而废的不是疲劳和寒冷，而是我看不到目标，不知道自己游了多少。我看不到自己的进步，所以我泄气了。"

可见，当你订立自己的目标时，千万别低估了目标的可量化性。一个人如果看不到自己的进步，就会消极。所以，当你取得一点进步时，就要鼓励自己一次。那越来越近的目标必将产生强大的动力，推动你一直向前。

拓展阅读

从前有两个和尚，分别住在相邻的两座山上的庙里。这两座山之间有一条溪。于是，这两个和尚每天都会在同一时间下山去溪边挑水。久而久之，他们便成了好朋友。

就这样，时间在每天挑水中不知不觉已经过了 5 年。

突然有一天，左边这座山的和尚没有下山挑水。右边那座山的和尚心想："他大概睡过头了。"便不以为意。哪知道第二天，左边这座山的和尚还是没有下山挑水，第三天也一样。过了一个星期还是一样。直到过了一个月，右边那座山的和尚终于受不了了。他心想："我的朋友可能生病了。我要过去拜访他，看看能不能帮上什么忙。"

于是，他便爬上了左边这座山，去探望他的老朋友。等他到了左边这座山的庙里，看到他的老友之后大吃一惊，因为他的老友正在庙前打太极拳，一点也不像一个月没喝水的人。他很好奇地问："你已经一个月没有下山挑水了，难道你可以不用喝水吗？"左边这座山的和尚说："来来来，我带你去看。"于是，他带着右边那座山的和尚走到庙的后院，指着一口井说："这 5 年来，我每天做完功课后都会抽空挖这口井。虽然我们现在年轻力壮，尚能自己挑水，但是倘若有一天我们都年迈走不动了，我们还能指望别人给我们挑水喝吗？所以，即使有时很忙，我也没有间断过我的挖井计划，能挖多少就算多少。如今，终于让我挖出井水，我就不用再下山挑水，可以有更多时间练我喜欢的太极拳了。"

项目九　语言表达与沟通能力

一个人的成功 15% 取决于他的专业知识，而 85% 来自他的沟通能力和综合素质。——戴尔·卡耐基

任务一　倾听能力

案例导入

在古希腊，苏格拉底教授沟通技巧。有一个人慕名而来。他为了在老师面前展示自己的才能，滔滔不绝地谈论自己具有何等的天赋，为了来学习他做了多少准备。苏格拉底听完之后，表示可以收下他做学生，但是他必须缴纳双倍的学费。此人大感不解，怯怯地问："为什么要收我双倍的学费呢？"苏格拉底说："我除了要教你怎样说话以外，还得先教你怎样做一个听者。你得先学会倾听。"

案例分析

一个不善于聆听的人，要讲好话是不可能的。倾听是首要的沟通技巧。

名人名言

倾听不仅是一种对别人的礼貌与尊重，更是对讲话者的高度赞美与恭维。——戴尔·卡耐基

自我提升

倾听是一种礼貌，是一种尊敬讲话者的表现，是对讲话者的一种高度的赞美。倾听能让对方喜欢你，信赖你。

每个人都希望获得别人的尊重，受到别人的重视。当我们专心致志地听对方讲，努力地听，甚至全神贯注地听时，对方一定会有一种被尊重和重视的感觉，双方之间的距离也必然会拉近。

一、倾听的含义

国际倾听协会将倾听定义为：倾听是接收口头及非语言信息，确定其含义并对此做出反应的过程。由此可以看出：

（1）倾听是信息的重要来源；

（2）倾听有利于知己知彼；

（3）倾听有利于获得友谊和信任；

（4）倾听也是推销的最好手段。

二、倾听的类型

从倾听的效果上，可以将倾听分为以下4种类型：

（1）听而不闻。这种倾听是心不在焉的听。别人讲别人的，自己想自己的。

（2）选择倾听。这种倾听只对自己感兴趣的部分予以倾听，而对其他部分则不理不睬。

（3）专注倾听。这种倾听是对所有的信息都认真倾听。

（4）有效倾听。这种倾听是真正主动参与沟通。倾听者聚焦于讲话内容，把注意力从自己转移至讲话者，不带偏见，不做预先判断，积极反馈，使讲话者从倾听者的参与中获得鼓励。

三、有效倾听的内容

有效倾听不仅能捕捉完整的信息，注意对方肢体语言和语调中隐含的信息，还能真实、全面地理解讲话者的意见和需要，觉察出讲话者所要表达的情感。有效倾听包含的内容如下：

1. 排除干扰

在倾听时，要排除干扰，不要让噪声、认知和情绪影响倾听的效果，不仅要听到对方所说的内容，还要听清楚对方所讲的中心思想，关注内容，捕捉要点。

2. 身体参与

对对方的讲话要给予积极的回应，如赞许的点头、关注的目光、对谈话感兴趣的表情，以及微笑等。

3. 语言参与

在对方讲话的过程中要适当地表示理解，如"对""是这样""有道理"等；对于有疑问或没有听清的地方要及时提问，如"你刚才说的是……""你的意思是……""有一点我不清楚，您能再解释一下吗""能举个例子吗""后来怎么样"等。

4. 同理心倾听

同理心倾听是有效倾听的最高层次。要做到同理心倾听，就要站在对方的角度，专心倾听对方说话，让对方觉得被尊重，能正确辨识对方的情绪，能正确解读对方说话的含义。要做到同理心倾听，就要求掌握以下技巧：

（1）全神贯注地听，不可随便打断对方。

（2）控制自己情绪，等别人说完再下结论。

（3）充分理解对方之后，判断出对方的需要。

（4）找出问题的关键，尽量从对方立场和感受出发提出解决方案。

好的倾听者与差的倾听者之间的区别

好的倾听者	差的倾听者
适当使用目光接触	打断讲话者（不耐烦）
对讲话者语言和非语言行为保持注意和警觉	不保持目光接触（眼神游离）
容忍且不打断（等待讲话者）	心烦意乱，不注意讲话者
使用语言和非语言表达表示回应	对讲话者不感兴趣
用不带威胁的语气提问	很少给讲话者反馈或没有反馈
解释、重申、概述讲话者所说的内容	改变主题
提供建设性的反馈	做判断
移情（达到理解讲话者的作用）	思想封闭
显示出对讲话者外貌的兴趣	议论太多
展示关心的态度，并愿意倾听	自己抢先
不批评，不判断	给不必要的忠告
敞开心扉	忙得顾不上听

拓展阅读

曾经有一个著名主持人去采访一群孩子，问他们："小朋友们，你们长大后想要当什么呀？"有的孩子说长大后想当医生，有的孩子说长大后想当记者。

其中有一个小朋友很天真地回答主持人："嗯……我要当飞机的驾驶员。我要把飞机开到蓝蓝的天空中去！"

主持人接着问他："如果有一天，你的飞机飞到太平洋上空，所有的发动机都熄火了，那么你会怎么办？"

小朋友想了想，回答主持人："我啊，会先告诉坐在飞机上的人绑好安全带，然后我挂上我的降落伞跳出去。"

现场的观众都在暗自揣测他是不是个自作聪明的、自私的小家伙。没想到，孩子脸上的两行热泪夺眶而出。这使得主持人发觉这孩子的同情之情远非笔墨所能形容。

于是，主持人帮他擦拭了下眼泪，问他说："你能告诉大家，你为什么要这么做吗？"

答案透露出一个孩子真挚的想法："我要去拿燃料，还要回来的！"

任务二　语言表达能力

案例导入

刘大不善于说话，无端地得罪了许多人。他30岁生日那天，请朋友张三、李四、王五、赵六来喝酒。张三、李四、王五陆陆续续来了，可是快到开席时，赵六还没有来。刘大站在门口懊恼地说："该来的还不来！"张三正好站在他身旁，听了这话，心想："该来的不来？那不是说不该来的来了吗？"袖子一甩就走了。李四从客厅里赶出来问刘大："这是怎么回事？"刘大也感到莫名其妙，着急地说："哎呀，不该走的又走了。"李四一听，也不辞而别。刘大不明究竟，摊开双手对王五说："你看，我又不是讲他的。"王五听了，气呼呼地拔腿而去。刘大更糊涂了，望着满桌酒菜和空空的客厅，沮丧极了。这时，赵六来了。刘大说："你来得真不是时候！"赵六一听，转身而去。刘大呆呆地站着，不明白为什么朋友们都走了。

案例分析

刘大诚心诚意请朋友们吃饭本是好事，结果饭没吃成，还把人都得罪了。这都是刘大差劲的语言表达能力惹的祸。

名人名言

假如人们之间的表达能力也和糖或咖啡一样是商品的话，那么我愿意付出太阳底下任

何东西的价格来购买这种能力。——美国石油大王洛克菲勒

 **自我提升**

语言表达能力是现代人才必备的基本素质之一。在现代社会，由于经济的迅猛发展，人们之间的交往日益频繁，语言表达能力的重要性也日益增强，好口才越来越被认为是现代人所应具有的必备能力。

一、什么是语言表达能力

语言表达能力是指以口头语言（如说话、演讲、作报告等）及书面语言（如回答申论问题、写文章等）表达的过程中运用字、词、句、段的能力。

作为现代人，我们不仅要有新的思想和见解，还要在别人面前很好地表达出来；不仅要用自己的行为为社会做贡献，还要用自己的语言去感染、说服别人。

就职业而言，现代社会从事各行各业的人都需要口才：对政治家和外交家来说，口齿伶俐、能言善辩是基本的素质；商业工作者推销商品、招徕顾客，企业家经营管理企业，都需要口才。在人们的日常交往中，具有口才天赋的人能把平淡的话题讲得非常吸引人，而口笨嘴拙的人就算他讲的话题内容很好，人们听起来也是索然无味。有些建议，口才好的人一说就通过了，而口才不好的人即使说很多次，还是无法获得通过。

美国医药学会的前会长大卫·奥门博士曾经说过：我们应该尽力培养出一种能力，让别人能够进入我们的脑海和心灵，能够在别人面前、在人群当中、在大众之前清晰地把自己的思想和意念传递给别人。当我们努力去做并不断进步时，我们会发觉——真正的自我正在人们心目中塑造一种前所未有的形象，产生前所未有的震撼。

总之，语言能力是我们提高素质、开发潜力的主要途径，是我们驾驭人生、改造生活、追求事业成功的无价之宝，是通往成功之路的必要途径。

二、大学生的语言表达能力

目前，在校大学生普遍存在语言表达能力不足的缺陷。这种状况和大学生应当具备的基本素质与能力要求不相适应或有一定的差距。大学生语言表达能力不足突出地表现在以下几个方面：

（一）大学生语言表达能力的现状

1. 语言表达不精确，引起误解

这一点主要表现在大学生语言表达不够准确、妥帖，让人感到没有完全表达清楚，有语意未尽之感；或总是抓不住重点和中心，甚至让人感到费解。特别是对比较复杂的现象、事理和情感的表达，让人"丈二和尚摸不着头脑"。具体表现在：语言缺乏严密的逻辑推理，甚至矛盾；语句不符合语言表达的语法规范，显得生硬；语句或词语前后颠倒，

显得混乱；缺乏语言的连贯性，显得结结巴巴；用词不当或用语跳跃，使得语句不够通顺；还有的似乎是急于表达或过于紧张，使得表达不够流畅，不够通顺。

2. 语言表达不清晰、不到位

语言表达不清，主要反映在对语言表达的内容方面。有的同学想要表达认识、思想或情感等，但不能清楚、明白地表达出来，甚至让人感到费解。这种表达不清而让对方猜测的现象还是较普遍的，特别是对比较复杂的现象、事理和情感的表达。

3. 语言表达不规范，带有浓重的地方方言

语言表达不规范，主要是说学生的语言表达不准确、不标准，特别是口头语言表达。有的语言表达带有浓厚的地方语言特色。如以口头语言表达时普通话的音调不标准，久而久之习惯成自然，与他人沟通交流时造成一定的心理障碍。

（二）影响大学生语言表达能力的原因分析

1. 传统文化对说话表达能力的影响

我国的儒家传统文化审美观念崇尚"君子讷于言而敏于行"，反对"巧语令色"，以含蓄讷言为美德，视舌灿莲花为世故，加上历史上经常有"祸发齿牙""祸从口出"的故事，遇事三缄其口、洁身自好便成为人们的习惯。这也潜移默化地影响了学生的心理，错过了很多说话锻炼的机会。

2. 传统单一的教学模式

在传统教育理念的影响下，学生学习就是为了考试。教师是主体，而学生是客体。课堂教学成为"一言堂"。以考试为中心、以学生为主的教学，就像流水线上的现代化生产，是一种标准化作业，于是就呈现出初中生上课举手寥寥、高中生上课无人举手、大学生上课懒得启齿的局面。

3. 说话教学固有的缺失

学生的说和写是一种言语的输出，而听和读是言语的输入。两者相辅相成，互相促进。我们的教学往往呈现出的情形是：注重写，轻视说，导致学生呈现近似于"茶壶里煮饺子——倒不出"的现象。

4. 相关课程资源的贫乏

课程教学是培养和提高学生语言表达能力的一个非常重要的环节，而相关的课程，在高校的课程设置中并没有得到充分的重视。一般高校中，类似于"普通话训练""口才训练""交际口语"这一类的课程往往只是零星地出现在学校的公选课中，甚至处于一种"可开可不开"的境地。

三、提高语言表达能力的方法

提高语言表达能力的方法有很多种，基本上要多听、多读、多写、多说。

1. 多听

听是说的基础。要想会说，建议你养成爱听、多听、会听的好习惯。比如，在与别人交流的时候多听别人的说话方式，从中学习其好的说话技巧，从而提高自己的语言表达能力。这也是为多说做准备。

2. 多读

多读好书，有助于培养好的阅读习惯，从书中汲取语言表达的方式、方法和技巧。知识会增加语言的素材，增加一个人的气质涵养，而多读也是为多写做准备。读的时候也和听的时候一样，一方面增加素材，另一方面要有侧重点。在没事的时候，可以拿起各种书籍大声地朗读。通过朗读加强自己的语感，就像我们学英语读得多才会说得好一样，汉语也是同样的道理。朗读时，一定要把完整的句子读完整，使整篇文章尽可能顺畅、流利。只有这样，在说话时才可能有相同的感觉。

3. 多说

多说并不是逮什么说什么，乱说一气，而是有准备、有计划、有条理地说，或者是介绍，或者是演讲。要说得好，说得精彩，就必须有充分的准备，而这一准备过程和实际说的过程，就是练习语言表达的过程。平时多和家人、朋友交谈也可以锻炼语言表达能力。交流是双方的、相互的。根据对方的反应，你要适当地调整谈话的内容和表达的灵活性。让家人、朋友多监督你，久而久之，表达能力就会有所提高。

4. 多写

平日养成多动笔的习惯，把日常的观察、心得以各种形式记录下来，定期进行思维加工和整理，日积月累可以提高写作技巧，从而提高自己的书面语言表达能力。

当然，采用上面的几种方法都不会达到立竿见影的效果。只有长期持久地锻炼，才会有效。

四、提升语言表达能力的技巧

1. 交谈能力

交谈是日常工作和生活中交流信息、交换意见、了解情况、协调关系、商谈工作的一种方式。要想谈话达到预期的目的，就需要注意以下几点：

（1）充分地尊重对方。孔子说：三人行，必有我师。就像世界上没有两片完全相同的树叶一样，每个人对事物的观点也是不同的。抱着一种学习的态度与人交流，是产生尊重的基础。尊重能保持你在交谈中的良好姿态，能让对方感觉到你的真诚可敬，能让人向你展示心灵的最深层。要让别人尊重自己，自己就要首先尊重别人。

（2）尽量不使用否定性的词语。心理学家调查发现，在交流中不使用否定性的词语，会比使用否定性的词语效果更好。这是因为使用否定词语会让人产生一种命令或批评的感觉。虽然明确地说明了你的观点，但不易于让人接受。如：对"我不同意你今天去北京"

这句话，我们可以换一种说法："我希望你重新考虑一下你今天去北京的想法。"交流中，很多的问题都是可以使用肯定的词语来表达的。

（3）换一个角度表达更易让人接受。汉语是世界最复杂的语言之一。这种复杂性，也说明了它的丰富多彩。对于同样的观点，可采用多种表达方法。如：若我们要表达一位女士很胖，则一种方式是"你真的很胖，需要减肥"，而另一种方式是"您从前一定是个很苗条的人"。表达的方式有很多种。如果你是那位女士，会喜欢哪种说法？当然是第二种。所以，我们在表达自己的观点时不妨思考 3 秒钟，也许会想出更精彩、让人更喜欢的语言。

（4）情绪不稳时少说话。人在情绪不稳或激动、愤怒时，智力水平是相当低的。心理学研究证明，人在情绪高度不稳定时，智力只有 6 岁的水平。在情绪不稳定时，常常表达的不是自己的本意，道理理不清，话也讲不明，更不能做决策，不要相信"急中生智"的谎言。生活、工作中，因为一句话就反目成仇的例子举不胜举。

（5）不要随意触及隐私。任何人在心灵深处都有隐私，都有一块不希望被人侵犯的领地。现代人极为强调隐私权。朋友或同事出于信任，把内心的秘密告诉你，是你的荣幸；但是你若不能保守秘密，则会使他们伤心，甚至使他们产生怨恨。隐私是人心灵深处最敏感、最易激怒、最易刺痛的角落，无论是在当面，还是在背后，都应回避这样的话题。

（6）不要打断别人。有亲和力的人善于倾听，不断鼓励他人说话。倾听既是一种了解别人的方式，更是一种与人交往的智慧。在现实生活中，有的人为了引人注意，总是不顾他人的感受而滔滔不绝，以致占用了大家交谈的大部分时间。这样的人是一位谈话高手吗？他能达到预期的目的吗？答案是"不能"，因为他不懂倾听的礼节和重要性。戴尔·卡耐基告诉人们如何成为一位谈话高手，即学会倾听，鼓励别人多谈他自己的事。

2. 演讲能力

演讲学是一门新晋学问。许多西方学者都认为，演讲学科能增进人们进取的机会，提高事业成功的概率，甚至认为演讲是生存和发展的必要修养。尤其是对当代大学生而言，演讲能力的高低往往决定着我们的发展前景。

演讲，作为一种以语言为工具进行宣传的社会活动，可谓源远流长。远在古代的希腊、埃及、巴比伦、印度和中国，演讲就已经有了高度的发展，成为一种相当普遍的实践活动。在古希腊，演讲的作用很大，无论是对国家事务的决定，或是对人的情感以及社会思想的影响都很强烈。因此，演讲被誉为"艺术之女王"。

当代大学生是国家的未来与希望，如果想为国家与社会做出贡献，并实现自己的人生价值，那么拥有演讲的能力是必不可少的一点。无论我们希望未来成为一名政治家、企业家，还是一名优秀的员工，演讲都是推动我们向目标前进的巨大动力。社会的进步与发展离不开演讲，而个人价值的实现也离不开演讲，可以说，演讲学科应该是我们当代大学生的必修课：

要想做一次成功的演讲，在演讲之前的准备阶段应该做好以下工作。

（1）研究你的话题。首先，你只有对自己所讲的话题了如指掌，你才能让观众听了信服。

（2）了解你的观众群。如果你真的想提高你的演讲能力，你就应充分了解你的观众群。如果你是给同班同学做演讲，你演讲的内容就应该能激发他们的好奇心，令他们感兴趣。如果你是给专家们做演讲，你演讲的内容就不应该太浅显。如果你给初中生讲解的是一个比较复杂的话题，就要用他们能懂的语言讲解。

（3）根据演讲时间的长度决定内容。通常情况下，你所要做的演讲都有时间限制，比如工作上的半小时演讲，课堂上的 10 分钟演讲。不管给你多长时间，你都要根据时长安排相应的演讲内容。既不要准备得太多，否则你即便加快语速也讲不完，也不要准备得太少，否则你最后不知该讲些什么。

（4）演讲时添加一些多媒体因素。不管是添加背景音乐，还是辅以 PPT，多媒体因素都可以帮助强化你的观点，并吸引你的观众。不过，也不要运用得太多，不然会适得其反。一篇有名的文章提到，演讲过多地使用 PPT 会令观众生厌。因此，如果你决定用多媒体材料，得确保这些会帮助你拉近与观众之间的距离，并提高演讲的效果，而不是疏远跟观众的关系。

（5）演讲的思路框架要清晰。符合逻辑，组织结构清晰明了的演讲更受观众欢迎，也更能体现出你的演讲能力。当然，在演讲的结构上你可以适度创新，但对于大多数演讲来说，就像大多数论文一样，它们都有相似的格式。格式一般如下：

◆ 介绍：吸引观众，介绍演讲的主题。

◆ 正文：用具体的例子、事实、故事和数据阐释你的观点。

◆ 总结：总结你所讲的内容，并引申开来，以启发思考。

（6）练习，练习，再练习。如果你想提高演讲的能力，最好的方法就是多练习，对着镜子练，洗澡的时候练，在朋友或家人的面前练。不过，你不要把每个词都背下来，不然会听起来很不自然，而且一旦你忘词或被观众的提问打断，可能就不知道下面该怎么说了。你应该练习的是把握住主题的重点内容，而在细节上则可以在真正演讲时做适当添加或删减，可以自由发挥。

在演讲进行的过程中，要注意以下几点：

（1）演讲前努力放松自己。不要大汗淋漓地赶到会场或因为紧张而变得结巴。在演讲前几个小时喝杯茶或安静地冥想一下，或者去散散步，以放松自己。如果你是个精益求精、事事追求完美的人，或者你在演讲前几分钟还在演练，那么你在演讲时很难做到真正放松。记住，你越放松，观众会觉得与你的距离越近，你的表现也会越好。

（2）体现出足够的自信。如果你表现得自信，并且对你所讲的内容深信不疑，那么观众自然会信任你。因此，你要面带微笑，用坚定的眼神注视你的观众，向他们展现你的自信，并对自己讲的主题胸有成竹。如果你对所讲的内容不是很自信，则尽量辅以体现自信的肢体动作，这样更容易让观众信任你。

◆ 不要无精打采，而要抬头挺胸。

◆ 不要坐立不安，或玩弄手指。

◆ 懂得适当地取笑自己。如果你讲错了，则不妨大大方方地用开玩笑的语气承认。这样，大伙也会一笑而过，以免出现尴尬。

◆ 语言要坚定有力，传达出你对所说的每个词都深信不疑的感觉。

（3）有一个吸引人的开头。你的演讲应该是引人入胜的，最好开口的第一个字就能引起观众的兴趣，以使其坚持听完你的整场演讲。比如可以用让人震惊的事件或相关的事实、有趣的名人轶事，或者名人名言开头。不管用什么开头，都要与你的主题有关，而不单单是娱乐大众而已。

（4）发音要清晰。发音清楚是一场好演讲的关键因素。你可能将内容准备得很充分，但如果讲得声音太轻、太快，或口齿不清，观众就很可能听了一整场也不知道重点在哪里。因此，演讲时要口齿清晰，语速慢，语音响亮，确保每个人都能听到。此外，适当地辅以肢体语言，有助于观众理解演讲的内容。

（5）举例说明观点。如果你想阐明自己的观点，则需要在演讲中添加些故事、名人轶事、数据、事实等。故事是很好的例子。讲故事的过程可以拉近与观众间的距离，更有力地支持自己的观点。

（6）多使用第二人称"你、你们"。在写比较正式的论文时，要少用"你、你们"等第二人称；不过，在演讲时，第二人称的使用可以大大拉近与观众之间的距离。你要让观众感受到你是在跟他/她讲话，而且你讲的内容会对他们/她们有利。

（7）要自然而然地、充满人情味地演讲。演讲时要真实流露出自己的情感。没有人会喜欢无聊的演讲者。因此，在你的肢体语言中增加点力量，必要时变换语音、语调，可以讲些自己不成功或出丑的例子，用幽默自嘲的语调，让观众从你的失败经验中学习。

（8）反复强调你要讲的重点。你肯定希望在演讲结束后观众依然记得您演讲中的一两个观点。演讲时，可以反复强调自己的重要观点，但不要让观众觉得厌烦。如果你在演讲开头讲了一个故事或名人轶事，则在讲完后要总结要点，并在演讲过程中或结尾的部分再次强调观点，以让观众意识到你的重要观点是哪些。

（9）考虑是否该留些问答时间。问答环节能帮助观众完全理解你的演讲内容，并拉近与观众之间的距离，使其充分掌握你所要演讲的重点。如果你觉得有必要预留一个问答环节，且不影响整个演讲内容的传达，则可以在完成演讲内容之后、在结束之前安排问答。

（10）结尾有力，并引发深思。不要因为自己或观众看起来疲惫不堪了，就匆匆结束。

在结尾处应该总结整场演讲的重点内容，并能引发观众深思，语气要有力。如果有必要，你还应该感谢观众们花费他们宝贵的时间来听你的演讲。

 小测试

演说技能自我评估

评价标准：

非常不同意／非常不符合（1分）

不同意／不符合（2分）

比较不同意／比较不符合（3分）

比较同意／比较符合（4分）

同意／符合（5分）

测试问题：

（1）我在整个演讲过程中眼睛同听众保持接触。

（2）我的身体姿态很自然，没有因为紧张而做作。

（3）我能运用基本的手势强调我的要点。

（4）我运用停顿、重复和总结强调我的观点。

（5）我每次演说前都会确定具体的目标。

（6）我会对听众的需求、忧虑、态度和立场进行分析。

（7）在组织思路时我会先写下几个主要的论点。

（8）我会特意准备颇具吸引力的开场白。

（9）我演讲的结尾会呼应开头，且必要时能要求听众采取行动。

（10）我制作的投影片简明扼要，有助于达到演讲目标。

（11）我的论点、论据之间有内在的逻辑联系，有助于支持我的主张。

（12）我会把紧张、焦虑转换为热情和动力。

（13）我会清楚地叙述我的观点对听众的好处与利益。

（14）我会热切、强烈地讲述我的观点。

（15）我会事先演练，以免过分地依赖讲稿，以便把注意力放在观察听众的反应上。

（16）我的演讲稿只写关键词，以免照本宣科。

（17）我会预测听众可能会提的问题，并且准备相应的答案。

（18）我的声音清楚，语速适中，富有感染力。

（19）我会有意识地运用语音、声调和语速表示强调。

（20）演讲前我会检查场地及相应的设施。

（21）准备演讲时，我会估计将会遭到的反对意见。

（22）整个演讲过程中我会始终充满自信。

（23）演讲前我会检查我的衣着打扮是否得体。

105～115 分表示：你具有优秀演讲者的素质。

98～104 分表示：你略高于平均水平，有些地方尚需要提高。

98 分以下表示：你需要严格地训练你的演说技能。

把得分最低的 6 项作为学习提高的重点。

小测试

测试你的语商（LQ）

语商（LQ）是指一个人学习、认识、掌握运用语言能力的商数。具体地说，它是指一个人语言的思辨能力、说话的表达能力，以及在语言交流中的应变能力。

语言能力并不是与生俱来的，而是人们通过后天学习获得的技能。虽然遗传基因或脑部构造异常会导致语能优势或语能残缺，但是在现实生活中，由于每个人的主客观条件、花费时间和学习需求不同，我们获得语商能力的快慢和高低也是不同的。这就表明人的语商能力的强化和提升主要还是依赖后天的语言训练和语言交流。

语言是人类分布最广泛、最平均的一种能力。在人的各种智力中，语言智力被列为第一种智力。事实表明：语言在人的一生中占据着重要地位，是人们发展智力和社交能力的核心因素。

如果我们说话时用语准确、修辞得体、语音优美，我们从事各项工作就会更加游刃有余，事业就会更加成功，人生也会更加丰富多彩。

人们的语言交流和人际沟通能力在这个竞争日益激烈的时代显得更加重要。语商将给我们带来新的生存机遇，全方位提升人的素质。我们生活在一个有声的语言世界中。语言能力是每个人一生中极为重要的生存能力。语言交流水平的高低就是语商能力的高低。通过进行下面的测试，我们会对自己的语商能力有所把握。

1. 你觉得会说话对人一生的影响：

A. 重要。

B. 一般。

C. 不重要。

2. 和很多人在一起交谈时，你会：

A. 有时插上几句。

B. 让别人说，自己只是旁听者。

C. 善用言谈增加别人对你的好感。

3. 在公共场合，你的表现是：

A. 很善于言辞。

B. 不善言辞。

C. 羞于言谈。

4. 假如一个依赖性很强的朋友打电话与你聊天，而你没有时间陪他的时候，你会：

A. 问他是否有重要的事情。如没有，回头再打给他。

B. 告诉他你很忙，不能和他聊天。

C. 不接电话。

5. 因为一次语言失误，在同事间产生了不好的影响，你会：

A. 一样地多说话。

B. 尽力寻找机会，以良好言行挽回影响。

C. 害怕说话。

6. 有人告诉你某某说过你的坏话，你会：

A. 处处提防他。

B. 也说他的坏话。

C. 主动与他交谈。

7. 在朋友的生日宴会上，你结识了朋友的同学，而当你再次看见他时：

A. 匆匆打个招呼就过去了。

B. 一张口就叫出他的名字，并热情地与之交谈。

C. 聊了几句，并留下新的联系方式。

8. 你说话被别人误解后，你会：

A. 多给予谅解。

B. 忽略这个问题。

C. 不再搭理人。

计分标准：

1. 选 A，2 分；选 B，1 分；选 C，0 分。

2. 选 A，1 分；选 B，0 分；选 C，2 分。

3. 选 A，2 分；选 B，1 分；选 C，0 分。

4. 选 A，2 分；选 B，1 分；选 C，0 分。

5. 选 A，0 分；选 B，2 分；选 C，1 分。

6. 选 A，1 分；选 B，0 分；选 C，2 分。

7. 选 A，0 分；选 B，2 分；选 C，1 分。

8. 选 A，2 分；选 B，1 分；选 C，0 分。

测试分析：

得分在 0~5 分，表明你的语商较低，语言表达能力和语言沟通能力还很欠缺。如果你的性格太内向，则会阻碍你语言能力的提高。你应该尽力改变这种状况，跳出自己的小圈子，多与外界接触，寻找一些与别人言语交流的机会，努力培养自己的说话能力。只有这样，你才有希望成为一个受欢迎的人。

得分在 6～11 分，表明你的语商良好，语言表达能力和语言沟通能力一般。如果再加把劲儿，你就可以很自如地与人交流了。提高你的语言能力的法宝是主动出击。这样可以使你在语言交流中赢得主动权，你的语商能力自然会迈上一个新的台阶。

得分在 12～16 分，表明你的语商很高。你清楚怎样表达自己的情感和思想，能够很好地理解、支持别人。不论是同事还是朋友，是上级还是下级，你都能和他们保持良好的言谈关系。值得注意的是：千万不要炫耀自己的这种沟通和交流能力，否则会被人认为你是故意讨好别人，是十分虚伪的表现。尤其是对那种不善于与人沟通的人，更要十分注意，要做到用你的真诚打动别人。只有这样，你才能长久地维持你的好人缘，你的语商才能表现得更高。

课外活动1

辩论赛

活动类型：团队熔炼

人数：10～40 人

时长：1 小时以上

形式：比赛

活动简介：

一、活动目标

培养学生的语言组织及表达能力、创新能力、团结协作能力，提高其情绪稳定性、适应能力、意志力和忠诚度。

二、活动描述

（1）前期准备：教师作为此次活动的组织者，提前 2～3 周公布活动方案。将参与活动的学生分成两组（分为正方、反方），每组设组长 1 人。每组上场辩手 5 人，而未上场学生则均为本组后援团成员。学生以组为单位，准备辩论素材，制作资料卡片。教师就辩论过程中可能涉及的有关问题做好准备。

（2）实施过程：将活动过程分为 3 个阶段。第一阶段，由各组（分别代表正方、反方）派代表向全体学生陈述本组基本观点；第二阶段为辩论阶段，由各组辩手分别发表各自观点，同时也接受对方提问。第三阶段，由各组派代表总结本组对所持观点的看法。

（3）总结和评价：首先学生口头自评、互评，填写自评表、互评表；然后，教师根据辩论现场出现的问题进行点评和总结。最后，教师完成评价工作。

三、注意事项

（1）各组同学需对本组所代表的立场、观点进行分析、整理，准备好陈述用的文字材料及相关支撑资料的卡片。

（2）辩论时只对对方所持观点进行反驳，切忌进行人身攻击。

（3）后援团成员如需对本组观点进行补充说明，则可以将字条提交给本组辩手。

四、调查形式

学生需根据自评表/互评表内容进行评定。

课外活动2

模型描述

活动类型：团队熔炼

人数：10～40人

时长：0.5～1小时

活动简介：

一、活动目标

锻炼压力管理能力，提高团队建设。

二、活动道具

老师先自己用积木做好一个模型。

三、活动描述

（1）将参加人员分成若干组，每组4～6人为宜。

（2）每组讨论3分钟，根据自己平时的特点分成两队，分别为"指导者"和"操作者"。

（3）请每组的"操作者"先暂时到教室外面等候。

（4）这时老师拿出自己做好的模型，让每组剩下的"指导者"观看（不许拆开），并在不借助任何工具的情况下记忆模型的样式。

（5）15分钟后，将模型收起，请"操作者"进入教室。每组的"指导者"不借助任何工具将刚刚看到的模型描述给"操作者"，由"操作者"搭建一个与模型尽可能一模一样的造型。

（6）老师展示标准模型，用时少且出错率低者为胜方。

（7）让"指导者"和"操作者"分别将自己的感受用彩笔写在白纸上。

任务三　沟通能力

案例导入

一位理发师带了个徒弟。徒弟学过一段时间后就开始为顾客服务了。由于经验不足，徒弟的第一个顾客抱怨说："头发留得过长。"徒弟无言以对。师傅却笑着解释："头发长，使您显得含蓄。这叫深藏不露，很符合您的身份。"顾客听了高兴而去。

徒弟给第二个顾客理好发后，顾客照了照镜子，说："头发好像剪得短了点。"徒弟无语。师傅又笑答："头发短，使您显得精神、朴实，让人感到亲切。"顾客听完欣喜而去。

遇到第三个顾客后，徒弟小心谨慎。不料理完发，顾客一边交钱，一边抱怨，说："时间花得太长了。"徒弟一脸茫然。师傅忙说："为'首脑'多花点时间很有必要。您一定听说过：进门苍头秀士，出门白面书生。"顾客听罢，又高兴而去。

到第四个顾客时，徒弟在小心谨慎的同时加快了速度。这回顾客摸着头有些疑惑地说，"我好像还没有这么快就理完过头发。"师傅又一次笑着抢答："如今时间就是金钱。'顶上功夫'速战速决，为您赢得了时间和金钱啊！"顾客欢笑告辞。

案例分析

徒弟的手艺可能确实不是很好，但同一件事情经过师傅的"沟通"处理，与徒弟无言以对的效果就截然不一样了。理发师傅的寥寥数语不仅化解了顾客的抱怨和责怪，还由此激发了徒弟钻研技术的潜能。沟通的力量在此一览无余。

名人名言

未来竞争是管理的竞争。竞争的焦点在于每个社会组织内部成员之间及其与外部组织的有效沟通之上。——美国著名未来学家约翰·奈斯比特

自我提升

在现代社会中，工作、生活节奏加快，人际交往趋于频繁。沟通既可以让我们增进个体与社会的联系，形成一条牢固的情感纽带，也可以让我们通过与其他人的信息交流促进相互间的合作。因此，沟通能力已经成为 21 世纪人才的重要素质之一。

一、沟通的含义

沟是指"水道、通道"。通是指"贯通、往来、通晓、通过、通知"。也就是说，只有首先有沟，然后才能通。沟通就是"沟"通，把不通的管道打通，让"死水"成为"活水"，使彼此能对流、能了解、能交通、能产生共同意识。沟通是一种信息的双向，甚至多向的交流，将信息传递给对方，并期望得到对方相应反应的过程。

拓展阅读

沟通的 4 个 70%

第一个 70%：据一项权威的统计表明，除去睡眠时间，我们 70% 以上的时间都被用在传递或接受信息上。

第二个 70%：企业 70% 的问题是由于沟通障碍引起的。

第三个 70%：在企业里，管理人员每天将 70%～80% 的时间花费到"听、说、读、写"的沟通上。

第四个 70%：美国哈佛大学研究发现，我们工作中 70% 的错误是由不善于沟通，或者说不善于谈话引起的。

二、有效沟通的基本原则

今天，我们生活在一个前所未有的信息过剩的时代，到处充斥着各种声音，但一个人的接受能力有限，故如何提高沟通效率是每个人必须解决的问题，否则我们就会被这个嘈杂的世界淹没。

不可否认，每个人都有表达的欲望，但是由于技巧、途径和手段的不同，有些人的表达却没有听众。

不知你有没有发现，凡是杰出的商业人士都有一个共同的特点，即口若悬河、激情四

射。跟这种人相处是一种愉快的享受。而且，他们大多是很会讲故事的人。当听众略感疲倦时，他们很快就能察觉，然后不经意地丢出一个话题。你会不自觉地被他的气场吸引，留下极深的印象。这种现象说明，语言本身具有超越时空的力量。语言可以创造奇迹，把平凡的人生变得伟大。

如果你想做一个具有超级人格魅力的人，或者你想让事业的势头不可阻挡，那么你必须翻越过横亘在你面前的一座大山——沟通。只有越过了这座大山，你才能够看到无限风光。

有效沟通的几项基本原则如下。

（1）用一颗真诚的心打动对方。真诚是职场沟通交流中的"法宝"。开诚布公、坦率谈论的态度，能使双方倍感亲切、自然，易于接受各自的观点和看法。

真诚不需要从别处寻觅。它就来自你的内心。如果你能向对方表达出最大的诚意，则再坚硬的冰山也能融化。真诚首先源于你的内在品质。如果你是个真实的人，那么任何伪装的想法都属多余。只要你敞开心扉，真诚就是你最强大的武器。没有人会拒绝一个真诚的沟通者。

有人曾经说过，一个人说话时的真诚态度会让他的声音焕发出真实的色彩，而虚伪的人绝对伪装不出这种魅力。

（2）消除自己的畏惧与自卑心理，让对方感受到你的自信。在沟通中，你能向别人表达自己热情与积极的感受吗？在聚会中，你能自如地与陌生人交谈吗？你有时会觉得无法有效地把自己的意愿表达清楚吗？在一个群体中，你是不是经常表现懦弱，受人摆布？每当这个时候，有的人会忍气吞声，继续烦恼；有的人则采取惩罚、奚落的方式回击冒犯者，给人留下负面印象，而后又经常后悔。所有这些都源于你的不自信。其实你完全可以采取更好的方式，只要你自信。

如果你想建议对方做什么事情，那就拿出你的信心来。一个言语有条理的人会给人值得信任的感觉。很多谈判高手会让人觉得他们具备随机应变的特殊本领。其实他们并不是一开始就能这样的。他们的娴熟来自之前具有针对性的准备。任何情况都在他们的意料之中；又或是在长期的工作中，他们积累了丰富的业务经验。

（3）学会换位思考，站在对方立场上想问题。沟通可以成为一种美妙的分享。双方都要想清楚自己做的事对对方是否有价值，而这是一切成功的出发点。

如果沟通的双方各执一词，那么沟通会变得复杂，甚至难以进行下去。因此，在沟通的时候要站在对方的立场上想问题，设身处地地思考对方的感受，学会换位思考，以促进沟通。

（4）调动你的激情，做一个有感染力的人。感染力是你给对方的第一印象。一个具有很强感染力的人一出场就会释放气场。强有力的感染力会使对方很快接受你、喜欢你，与你建立起瞬间亲和力。

（5）学会赞美他人，善于给别人制造好心情。赞美是发自内心的对于美好事物表示肯定的一种表达。在人与人的交往沟通中适当地采用赞美之辞，可以增进彼此之间的感情与友谊。一句得体的赞美可以缩短人与人之间的心理距离，营造一种亲切、轻松的谈话氛围。

（6）做一个善于倾听的人，不要着急发表看法。当对方说话的时候，一定要耐心倾听，听别人想表达什么意思，而不是在一旁做自己的事情，对别人一点也不在乎。要做到有效沟通，就一定要好好思考别人这么说的理由和原因。只有找到问题所在，才能真正解决问题。

在别人表达自己想法的时候，在恰当之处可以说出自己的想法，或是做出一些反应。比如答应，或者点头都可以，表明自己在耐心倾听。在沟通的过程中只有用心倾听对方的观点，你才能抓住对方说话的重点，发现其优点，包括缺点和情绪。

拓展阅读

据说在宋朝时期，西夏曾想进攻中原，但拿不定主意。于是，就向中原派了一个使者，进贡了3个一模一样的金人。这3个金人不仅质地纯正，而且金碧辉煌，做工考究，把皇帝高兴坏了。可是，这西夏国使者按照西夏国王的吩咐，出了一道题目：这3个金人哪个最有价值？皇帝想了许多办法，请来珠宝匠检查，称重量，看做工，都是一模一样的。怎么办？使者还等着回去汇报呢。泱泱大国，不会连这种小事都不懂吧？

最后，有一位退位的老大臣说他有办法。皇帝将使者请到大殿。老臣胸有成竹地拿着3根稻草，分别插入了3个金人的耳朵里。第一个金人，稻草从另一边耳朵出来了。第二个金人，稻草从嘴巴里直接掉出来；而第三个金人，稻草进去后掉进了肚子里，什么响动也没有。老臣说：第三个金人最有价值！使者默默无语，称答案正确。使者回到西夏，备言所经之事。西夏国王于是放弃了进攻宋朝的打算。

最有价值的人，不一定是最能说的人。老天给我们两只耳朵和一个嘴巴，本来就是让我们多听少说的。只有善于倾听，才是成熟的人的最基本素质。

小测试

沟通技能测试表

一、自我表达检视（经常 = A；有时 = B；很少 = C）

1. 别人是否误解过你的意思？

2. 当与人沟通时，你是否经常离开谈话的本意而跳到别的话题？

3. 别人曾经让你进一步确认你的意思吗？

4. 你嘲笑过别人吗？

5. 你是否尽量避免和别人面对面交流？

6. 你总是尽量表达你的意思，并且你认为是用最适合的方式与别人交谈吗？

7. 交谈时，你注视别人的眼睛吗？

8. 谈话结束时，你询问别人明白你的意思吗？

9. 你是否会找一个你认为合适的时间、地点和别人交谈？

10. 你总是把事情的前因后果都澄清给别人吗？

11. 如果你要表达的意思很复杂，令人难以明白，那么你会事先考虑吗？

12. 你征求过别人的观点吗？

得分：

备注：1~5题：A=1，B=2，C=3；6~12题：A=3，B=2，C=1。

32分以上：你具有很强的表达沟通能力，也许在一些方面还有提升的余地。

26~32分：你具备一定的表达沟通能力，有待进一步提高。

26分以下：你的沟通技能有待全面提高。

二、聆听技能检视（经常=A；有时=B；很少=C）

1. 听别人说话时，你是否常注视她/他的眼睛？

2. 你经常通过他人的外表和讲话内容及方式判断是否有必要继续听下去吗？

3. 你经常说服自己接受他人的观点和看法吗？

4. 在听他人说话时，你是否常着重听取他人陈述具体事例而不太注意全面的陈述？

5. 你经常既注重听取事实陈述，也参考事实后面他人的观点吗？

6. 为了澄清一些问题，你经常向他人提问吗？

7. 常常直到他人结束一段话，你才对他的话发表看法吗？

8. 你经常有意识地分析他人所讲的内容的逻辑性和前后一致性吗？

9. 他人说话时，你经常预测他下一句话，且一有机会你就插话吗？

10. 你经常不等他人说完就说话吗？

得分：

备注：2，4，9，10题：A=1，B=2，C=3；1，3，5，6，7，8题：A=3，B=2，C=1。

26分以上：你具有很强的聆听能力，也许在一些方面还有提升的余地。

22~26分：你具备一定的聆听能力，有待进一步提高。

22分以下：你的聆听技能有待全面提高。

三、双赢法沟通技能检视（经常=A；有时=B；很少=C）

1. 和别人意见不一致时，你经常不愿进入讨论吗？

2. 你常常愿意尽力做出一个对双方都有利的决定吗？

3. 参加讨论时，你经常中途离开吗？

4. 即使很费时间，你也经常愿意帮助别人解决问题吗？

5. 你经常尽最大可能理解别人的观点吗？

6. 别人常常带着问题征询你的意见吗？

7. 你经常告诉别人存在什么样的问题吗？

8. 你经常愿意以事实为根据，而不是以判断为根据吗？

9. 你经常强迫别人改变主意吗？

10. 为了避免不开心，你经常回避任何可能引起争议的问题吗？

11. 你经常先让别人讲述自己的观点吗？

12. 即使别人说话带有偏见，你也经常不提出异议吗？

得分：

备注：1，3，7，9，10，12题：A＝1，B＝2，C＝3；2，4，5，6，8，11题：A＝3，B＝2，C＝1。

32分以上：你具有很强的协商能力，也许在一些方面还有提升的余地。

26～32分：你具备一定的协商能力，有待进一步提高。

26分以下：你的协商技能有待全面提高。

三、提高沟通能力的技巧

沟通的成功与否，与其说在于沟通的内容，不如说在于沟通的方式。要成为一名成功的交流者，不仅取决于交流的对方认为您所解释的信息是否可靠而且适合，更在于你是否真诚，是否能够善于站在对方角度考虑并进行有效表达。提高以下几个技巧，可以帮助你有效提升沟通能力。

1. 同理心

沟通的首要技巧在于是否拥有同理心，即学会从对方的角度考虑问题。这不仅包括理解对方的处境、思维水平、知识素养，同时包括维护对方的自尊，增强对方的自信，请对方说出自己的真实感受。

所以，在做任何事情之前我们都要仔细考虑。试着先将自己的想法放下来，真正设身处地地站在对方的立场，仔细地为别人想一想。你将会发现，许多事情的沟通竟会变得出乎意料的容易。

当然，人是有差异的。这些差异在交流中都会形成障碍。认识障碍会帮助我们克服它。我们也可以通过询问、变化信息调整我们的语速和音量，以获得理解。因为沟通是两个人的事情，很多时候都要从对方的角度考虑问题，而不仅仅是从自己的角度出发。

2. 善于聆听

沟通的第二大技巧是善于聆听。真正的沟通高手首先是一个热衷于聆听的人。

只有善于倾听，才是成熟的人最基本的素质。如果你在听别人说话时可以听懂对方话里的意思，并且能够心领神会，同时可以感受到对方的心思而予以回应，则表示你掌握了倾听的要领。在聆听的过程中我们还应该注意以下几点：

（1）和说话者的眼神保持接触。

（2）不可凭自己的喜好选择收听，而要接收全部信息。

（3）提醒自己不可分心，必须专心致志。

（4）点头、微笑，身体前倾，必要时记笔记。

（5）以谦虚、宽容、好奇的态度来听。

（6）多问问题，以澄清疑问。

3. 控制情绪

我们在沟通中要尽可能地避免使用太强烈的词汇，不要在生气时沟通，否则容易语无伦次。你只有对自己的反应负责任，避免指责别人，才有可能掌握问题的重点。

4. 赞美

人性的弱点是喜欢批评别人，却不喜欢被批评；喜欢被人赞美，却不喜欢赞美别人。因此，人与人之间的距离被拉开了。有这样一个故事：

有甲、乙两个猎人。有一天，他们都打了两只野兔回家。

甲的妻子看见甲后冷冷地说："就打到两只吗？"甲听了后心里埋怨道："你以为很容易打到吗？"第二天，甲照常去打猎，但这次他故意两手空空回家，让妻子觉得打猎是很不容易的事。

乙的情形正好相反。乙的妻子看见乙带回两个兔子，惊讶地说："哇，你竟然打了两只！乙听了后心中大喜，洋洋自得地说：两只算什么！"第二天，乙也照常去打猎，而这次乙却带回了4只兔子。

这个故事给了我们一个启示：一副冷漠的面孔和一张缺乏热情的嘴是最令人失望的，会挫伤人的积极性；而发自内心的真诚赞扬，却能给人带来快乐，会大大提高积极性。

不过，虽然赞美有利于沟通，但是赞美需要技巧，需要真情投入。适当的赞美是建立在细致的观察与鉴赏之上的。赞美的原则和技巧主要有以下几点：

（1）情真意切。并非任何赞美都能使听者高兴。只有那些基于事实、发自内心的赞美，才能让对方受用。若是无根无据、虚情假意的赞美，对方除了感到莫名其妙，更会觉得你油嘴滑舌，诡诈虚伪。要赞美对方就一定要出于真诚，因为这不但会使被赞美者产生心理上的愉悦，还可以使你经常发现别人的优点，从而使自己对人生持有乐观、欣赏的态度。

（2）具体翔实。应从具体事件入手，善于发现别人哪怕是最微小的长处，并不失时机地予以赞美。赞美用语愈翔实具体，说明你对对方愈了解。用具体的赞美让对方感到你的真挚、亲切和可信，你们之间的距离就会越来越近。如果你只是含糊其辞地赞美对方，说一些"你工作得非常出色"，或者"你是一位卓越的领导"等空泛、漂浮的话语，就很容易引起对方的反感，甚至误解和不信任。

（3）合乎时宜。赞美的效果在于相机行事，适可而止，真正做到"美酒饮到微醉后，好花开到半开时"。当别人决心做一件有意义的事时，开头的赞扬能激励他做出成绩，中间的赞扬有益于对方再接再厉，而结尾的赞扬则可以肯定成绩，从而达到整体赞美的最大效果。

（4）赞美要差异化。人的素质有高低之分，年龄有长幼之别，优点也各有不同。因此，赞美一定要差异化。对年长者，要在他的健康、阅历、经验、成就上做文章；对年轻人，可在他的事业、精力、仪表、风度上找话题；对初见者，可从他的表现和直观的外表谈起……总之，每个人都有自己独特的、值得赞美的亮点。只要你认真挖掘，就总能找到对方的闪光之处。

（5）在第三者面前夸奖。当事人不在场时，你可以在第三者面前进行赞美。这样赞美的效果有时候会出乎意料的好。比如，你可以在王老板面前说："杨光工作认真负责，而且喜爱钻研，业绩非常出色，还有创新能力，是一个不可多得的人才啊！"这话日后传到杨光耳里，他自然会对你万分感激。通常，背后对人评价的好话或坏话都能传达到本人那里。好话，除了能起到赞美的激励作用外，更能让被赞美者感到你对他的赞美是真诚的，因而更能增强赞美的效果。

5. 肢体语言

1965 年，美国心理学家佐治·米拉经过研究后发现，沟通的效果只有 7% 来自文字，有 38% 来自声调，而有 55% 来自身体语言。在人际交往中，我们可以通过别人的动作、姿势衡量、了解并理解别人。

使用肢体语言要注意以下几点：

（1）与亲近的朋友和家人可以保持 45 厘米的距离。

（2）与朋友和亲近的同事可以保持 45～80 厘米的距离。

（3）与同事或熟人应保持 60～120 厘米的距离。

（4）与陌生人（取决于友好程度）大约要保持 150 厘米的距离。

肢体语言主要体现在眼神、面部表情、手势等方面。

（1）眼神。俗话说，眼睛是心灵的窗户。在沟通过程中，要保持适当的目光接触。在不同场合，与不同的人沟通时，应选择恰当的目光接触方式。

◆ 商谈视线：直视对方的额心和双眼之间一块正三角形区域，会产生一种严肃的气氛。

◆ 社交视线：注视对方双眼和嘴巴之间的倒三角形区域，会产生社交气氛。

◆ 微笑表示友善和礼貌，而皱眉表示怀疑和不满意。

（2）面部表情。脸部是视觉的重心。它在沟通的肢体语言中占了举足轻重的地位，是最容易表达，也是最快引发回应的部分。面部表情包括口形、嘴巴的律动、眼睛的转动、眉毛的角度、眉毛的扬抑等。这些面部表情可以反映出一个人的情绪，例如悲伤、快乐、愤怒、仇视、怀疑等。

（3）手势。手势是人的第二张脸。常用手势的含义如下：

◆ 掌心向上，表示顺从或请求。

◆ 掌心向下，表示权威或优势。

◆ 举手用力向下，有攻击、恐吓的意味。

◆ 高举单手或竖起手指，示意你想说话或在会议中发表意见。

◆ 用食指按着嘴巴，示意"肃静，不要吵"。

◆ 手指着手表或壁钟，示意停止工作或时间到了。

◆ 把手做成杯状放在耳后，手掌微向前，示意"请大声一点，我听不清楚"。

手势在我们沟通交流中很容易被忽视。有些人认为手势无关紧要，喜欢用手指指着别人说话。其实，这是很不礼貌的。

 漫画素养

 拓展阅读

沟通中的4W1H

4W1H决定着信息发送的有效性。

4W是指When，What，Who，Where。1H是指How。

When是指何时发送信息，所定时间是否恰当。

What是指确定的信息内容要简洁，强调重点，并用熟悉的语言。

Who 是指确定谁该接收信息，而要获得接收者的注意，还要考虑接收者的观念、需求及情绪。

Where 是指在何时发送信息。我们要考虑地点是否合适，是否不被干扰。

How 决定信息发送的方法，如：E-mail、电话、面谈、会议等。

 **课外活动**

友好交往

活动类型：个人挑战

时长：0.5～1 小时

活动简介：

一、活动目标

在学生间形成沟通、了解的良好氛围，使学生了解自己，了解自己周围的同学。

二、活动描述

（1）学生围成圆圈，依次自我介绍。介绍时注意方法：我是某某班喜欢什么什么的谁，而下一个人则要说：我是某某班喜欢什么什么的谁旁边的……依次进行串联介绍。

（2）老师说"开始"时，学生在教室里随便走动，而当遇到其他人时，就伸出手与其握手，同时叫出对方的名字，面带微笑，目光平视，向他（她）问好。在短时间内，握手的人次越多越好。当老师说"停"时，将互相握着手的两个同学分为一组。

（3）以两人为单位，依次用语言打招呼，互相问候，了解对方的兴趣、爱好，鼓励对方等。尝试与不同的，特别是与自己不熟的同学进行这种交流。

（4）完成一组后，老师提示再次开始。每位同学至少与 3 名同学完成交流。

模块四　身心健康素养篇

 学习目标

通过本模块的学习，更好地认识并接纳自我，培养阳光心态；加强情绪管理能力，打造良好的职业心态。

项目十　心理健康

心灵是一个特别的地方，在那里既可以把天堂变成地狱，也可以把地狱变成天堂。——弥尔顿

任务一　认识并接纳自我

案例导入

爱因斯坦以前并不是一个认真学习和热衷钻研的人。直到16岁那年听了父亲讲的一个故事，他的人生才有了巨大的改变。

父亲对爱因斯坦说："昨天我和咱们的邻居杰克大叔去清扫南边的一个大烟囱。只有踩着那烟囱里面的钢筋踏脚才能上去。你杰克大叔在前面，而我在后面。我们抓着扶手一阶一阶地终于爬上去了。下来时，你杰克大叔依旧走在前面，而我还是跟在后面。后来，钻出烟囱之后，在我们身上发生了一件奇怪的事。你杰克大叔的后背、脸上全被烟囱里的烟灰蹭黑了，而我身上一点烟灰也没有。可是，我们当时并不清楚这一点。我们只能相互从对方的形象中猜测自己的样子。看见你杰克大叔脏兮兮的样子，我以为自己一定和他一样脏，于是马上跑到河边去好好清洗了一番；而杰克大叔看到我比较干净，于是以为他自己也是干净的，所以稍微洗了一下手就回家了，结果在回家的路上引得路人哈哈大笑。"

爱因斯坦听罢也哈哈大笑起来，而父亲却郑重地对他说："其实别人谁也无法清晰地映照出你真实的模样。只有你自己才是自己的镜子。拿别人做镜子，白痴或许会把自己照

成天才。"听了父亲的话之后，爱因斯坦意识到自己过去是多么肤浅和无知，并下决心认真学习，弥补自己的诸多不足。

 **案例分析**

不能正确认识自我往往是形成心理问题的重要原因之一。要想保持心理健康，我们就应该有自知之明，在充分了解自我的基础上，坦然接受自我，既不过高估计自我，也不自欺欺人。只有这样，才会心安理得，减少心理的冲突，保持健康状态。

 **名人名言**

知人者智，自知者明。胜人者有力，自胜者强。——老子

自我提升

一、自我认知

自我认知是对自己的洞察和理解，包括自我观察和自我评价。自我观察是指对自己的感知、思维和意向等方面的觉察。自我评价是指对自己的想法、期望、行为及人格特征的判断与评估。这是自我调节的重要条件。

如果一个人不能正确地认识自我，看不到自我的优点，觉得处处不如别人，就会产生自卑，丧失信心，做事畏缩不前……相反，如果一个人过高地估计自己，就会骄傲自大，盲目乐观，导致工作上失误。因此，恰当地认识自我，实事求是地评价自己，是自我调节和人格完善的重要前提。

我们和别人相处时，如果了解对方，就更容易信任、理解对方，更愿意进行合作并相互支持。同样，我们也需要和自己相处。我和"自己"的关系，其实也是一种人际关系。自我认知度高，可以给我们带来很多好处。

首先，自我认知度高可以让我们更自信。自信是什么？就是信任、相信自己，因为你了解自己是什么样的人，在不同的情况下会有什么样的想法和行为。由此，你也会有更强的自控力，因为我们只能控制了解了的事物。我们的情绪、需求、想法都是如此。

其次，自我认知度高可以让我们更有安全感。因为我们会更清楚地知道出现问题和挫折的时候，自己做了些什么，哪些行为对事情的结果有影响。比如，有些人脾气不好，自我认知又差，意识不到自己接人待物的方式有问题，所以老是和别人闹矛盾。这样的状况多反复几次，会很难在任何关系里有安全感，因为你会觉得这世界似乎都是讨厌你的。

再次，自我认知度高可以让我们对自己的人生有更好的规划，更加有方向感。缺乏自我认知，就好像一次没有目的地的自驾游，只是看哪条路不堵车就往哪走，而到了最后，

连你自己都不知道走到哪里去了。了解自己的需求、目标、追求，知道自己喜欢什么、讨厌什么、发自内心需要什么，这些都是自我认知的一部分。

最后，自我认知度高，还可以带来更好的自我照顾（self-care），或者说自爱。还是拿人际关系打比方，我们往往喜欢指责不是特别熟悉的人，给他们贴标签；但是对于我们非常熟悉的人，比如父母，心里面总会多一分宽容——"他（她）就是这样的人"。对于我们自己，如果不了解自己，则也会很容易产生自责和负罪感；但如果你知道自己的优、缺点，接纳自己的不完美和不足，就不会时刻感到挫败了。

有句名言说："每个人的心中都隐藏着一个国王。"但可悲的是，很多人要么屈服于现实，要么怀疑自己的能力，从来没有看到过内心那个强大的国王。

现在请回答：每天早上，你是否会怀着喜悦的心情迎接全新的自己？你是否感到自己充满活力？当结束一天的学习或工作的时候，你是否感到充实、快乐？当你真诚地面对自己时，是否会感到满意？

一切成功和幸福感都首先源于你的自我认知。每个人都有对自我的判断。自我认知既可以是最好的发动机，也可以是最糟糕的发动机。如果你想跑出法拉利赛车的速度，就不能用老爷车的发动机做心脏。如果你想登上生命的巅峰，就必须把那些看不见的束缚统统抛弃。

要相信，你的禀赋是天生的，你的基因是健全的，你的生命是鲜活的，而壮阔的人生正等着你一展身手。事实上，没人比你更清楚你的感受，他人的经验也无法替代你的情感。你要做真实的自己。

有这样一个故事：一只小鹰碰巧出生在鸡窝里。它看起来与别的小伙伴没什么不同，但它感觉自己是与众不同的。当伙伴们到处欢快地觅食时，它却仰望蓝天试着飞翔。伙伴们嘲笑它，奚落它，后来还用嘴啄它。它们一次次告诉它："别做梦了。你不过是只鸡。"它不信。随着羽翼渐丰，终于有一天，它长啸一声，一举飞上了天空。所有的鸡都惊呆了。它们不敢相信事实。你就是那只注定在天空翱翔的雄鹰！即使与蓝天有万丈距离，你终将有回归的一天。也许今天的你还在路上，但不妨多想想成功的样子，暗暗鼓励自己：我来了。我为使命而来！

二、自我接纳

自我接纳是指个体对自身以及自身所具特征所持的一种积极的态度，即能欣然接受自己现实中的状况，既不因自身的优点而骄傲，也不因自己的缺点而自卑。此外，自我接纳是人天生就拥有的权利。一个人并非只有了突出的优点、成就，或做出别人希望的改变才能被接纳。

你的人际关系是你的镜子。你从别人那里得到的爱——或没有得到——反射出你对自己爱的程度。你若善待自己，你就不会被人欺骗。你不对自己好，别人也没法救你。

如果你悲伤、受挫，觉得得不到爱、欣赏和认同，就自己给自己这些东西吧。这是你对自己的爱，又何必卷入寻求他人的爱的无望中去呢？你若赞美自己，快乐就会伴随你每一天。你不需要依靠别人得到这一切。

只要你给自己更多的爱，你的人际关系就会轻而易举地反映出你对自我的尊重。你没必要给别人压力或操纵别人。生活会帮你改善人际关系。

下面是一些自我接纳的方法：

（1）停止与自己对立。"停止与自己对立"是指停止对自己的不满和批判。不论自认为做了多少不合适的事、有多少不足，从现在起，都停止对自己的挑剔和责备，要学习站在自己这一边，维护自己生命的尊严和价值。

（2）停止苛求自己。具体说就是，允许自己犯错误，但在犯错后，一要做出补偿，以弥补自己的错误造成的损失；二是以后不再犯同样的错误。

（3）停止否认或逃避自己的负性情绪。即使产生了负性情绪，也不要抑制、否认或掩饰它，更不要责备自己，生自己的气。要先坦然地承认并接纳自己的负性情绪，不论它是沮丧、愤怒、焦虑，还是敌意。

人产生负性情绪是很正常的。它提醒你对现状要有所警觉。这是改变现状的先决条件。如果一个人不为自己的成绩差而沮丧，他就不会努力学习；如果一个人不为和别人的矛盾而苦恼，他就不知道自己的人际交往方式需要调节。

所以，既不要怕产生负性情绪，也不要否认或逃避。要首先接纳它，然后再想办法解决引起负性情绪的问题。

（4）无条件地接纳自己。绝大多数人从小就受到种种有条件的关注，或者严格的管束，从而使很多人以为只有具备某种条件，如漂亮的外表、优秀的学习成绩、过人的专长、出色的业绩等，才能获得被自己和他人接纳的资格。于是，很多人因此背上了自卑的包袱。由于曾经被挑剔，也就逐渐习惯于用挑剔的目光看待自己，越看越觉得无法接受。所以，我们要学习做自己的朋友，站在自己这一边，接受并且关心自己的身体和心理状况，不加任何附加条件地接纳自己的一切。

 小测试

心理成熟度测试

下面有25道题，且每道题都有5个备选答案。请根据自己的实际情况，在题目下面圈出相应的字母。每道题只能选择一个答案。请注意这是测验你的实际想法和做法，而不是问你哪个答案最正确。因此，请不要猜测"正确的"答案，以免测验结果失真。

1. 我所在单位的领导（或学校的老师）对待我的态度是：

a. 老是吹毛求疵地批评我。

b. 我一做错什么事，马上就批评我，从不表扬我。

c. 只要我不犯错误，他们就不会指责我。

d. 他们说我工作和学习还是勤恳的。

e. 只要我有错误，他们就批评；只要我有成绩，他们就会表扬我。

2. 如果在比赛中我或我的一方输了，我通常的做法是：

a. 研究输的原因，提高技术，争取以后赢。

b. 对获得胜利的一方表示赞赏。

c. 认为对方没啥了不起，在别的方面自己（或自己一方）比对方强。

d. 认为对方这次赢的原因不足道，很快就忘记激励自己了。

e. 认为对方这次赢的原因是运气好，下次自己运气好的话也会赢对方。

3. 当生活中遇到重大挫折（如高考落榜、失恋）时，便会感到：

a. 自己这辈子肯定不会幸福。

b. 我可以在其他方面获得成功，加以补偿。

c. 我决心不惜任何代价，一定要实现自己的愿望。

d. 没关系，我可以更改自己的计划或目标。

e. 我认为自己本来就不应当抱有这样的期望。

4. 别人喜欢我的程度是：

a. 有些人很喜欢我，但其他人一点也不喜欢我。

b. 一般都有点喜欢我，但都不与我做知己。

c. 没有人喜欢我。

d. 许多人都在一定程度上喜欢我。

e. 我不知道。

5. 我对谈论自己受挫折经历的态度是：

a. 只要有人对我受挫折的经历感兴趣，我就告诉他（她）。

b. 如果在谈话中涉及，我就无所顾忌地说出来。

c. 我不想让别人怜悯自己，因此很少谈自己受挫的经历。

d. 为了维护自尊，我从不谈自己受挫的经历。

e. 我感到自己似乎没有遇到过什么挫折。

6. 通常情况下，与我意见不相同的人都是：

a. 想法古怪，难以理解的人。

b. 缺乏文化知识修养的人。

c. 有正当理由坚持自己看法的人。

d. 生活背景和我不同的人。

e. 知识比我丰富的人。

7. 我喜欢在游戏或竞赛中遇到的对手是：

a. 技术很高超的人，使我有机会向他学习。

b. 比我技术略高些的人。这样，玩起来兴趣更高。

c. 显然技术比我差的人。这样，我就可以轻松地赢他，显示自己的实力。

d. 和我的技术不相上下的人。这样，在平等的基础上展开竞争。

e. 一个有比赛道德的人，不管他的技术水平如何。

8. 我喜欢的社会环境是：

a. 比现在更简单、平静的社会环境。

b. 就像现在这样的社会环境。

c. 稳步向好的方面发展的社会环境。

d. 变化很大的社会环境，使我能利用这机会发展自己。

e. 比现在更富裕的社会环境。

9. 我对待争论的态度是：

a. 随时准备进行激烈争论。

b. 只喜欢争论自己有兴趣的问题。

c. 我很少与人争论，喜欢独立思考各种观点的正确与否。

d. 我不喜欢争论，尽量避免之。

e. 我不讨厌争论。

10. 受到别人批评时，我通常的反应是：

a. 分析别人为什么批评我，自己在哪些地方有错

b. 保持沉默，对他记恨在心。

c. 也对他进行批评。

d. 保持沉默，毫不在意，过后置之脑后。

e. 如果我认为自己是对的，就为自己辩护。

11. 我认为亲属的帮助对事业成功的影响是：

a. 总是有害的。这会使我在无人帮助的时候面对困难一筹莫展。

b. 通常是弊大于利，常常帮倒忙。

c. 有时会有帮助，但这不是必需的。

d. 为了获得事业成功，这是必需的。

e. 对一个人刚从事某一职业时有帮助

12. 我认为对待社会生活环境的正确态度是：

a. 使自己适应周围的社会生活环境。

b. 尽量利用生活环境中的积极因素发展自己。

c. 改造生活的不良因素，使生活环境变好。

d. 遇到不良的社会生活环境时，就下决心脱离这个环境，争取调到别的地方去。

e. 自顾生活，不管周围生活环境是好还是坏。

13. 我对死亡的态度是：

a. 从来不考虑死的问题。

b. 经常想到死，但对死不十分害怕。

c. 把死看作必然要发生的事情，平时很少想到。

d. 我每次想到死都十分害怕。

e. 一点儿也不怕，认为自己死了就轻松了。

14. 为了让别人对自己有好的印象，我的做法是：

a. 在未见面时就预先想好自己应当怎样做。

b. 虽很少预先准备，但在见面时经常注意给人一种好的印象。

c. 很少考虑应给人一个好的印象。

d. 我从来不做预先准备，也讨厌别人这么掩盖自己的本来面目。

e. 有时为了工作和生活上的特殊需要，认真考虑如何给人以良好的印象。

15. 我认为要使自己生活得愉快而有意义，就必须生活在：

a. 关系融洽的亲属们中间。

b. 有知识的人们中间。

c. 志同道合的朋友们中间。

d. 为数众多的亲戚、同学和同事们中间。

e. 不管生活在什么人中间都一样。

16. 在工作或学习中遇到困难时，我通常是：

a. 向比我懂得多的人请教。

b. 只向我的好朋友请教。

c. 我总是尽自己最大努力去解决，实在不行，才去请求别人的帮助。

d. 我几乎从不请求别人来帮助。

e. 我找不到可以请教的人。

17. 当自己的亲人错误地责怪我时，我通常是：

a. 很反感，但不吱声。

b. 为了家庭和睦，违心地承认自己做错了事。

c. 当即发怒，并进行争论，以维护自己的自尊。

d. 不发怒，耐心地解释并说明。

e. 一笑了之，从不放在心上。

18. 在与别人的交往中，我通常是：

a. 喜欢故意引起别人对自己的注意。

b. 希望别人注意我，但想不明显地表示出来。

c. 喜欢别人注意我，但并不主动追求这一点。

d. 不喜欢别人注意我。

e. 对于是否会引人注意，我从不在乎。

19. 外表对我来说：

a. 非常重要，常花很多时间修饰自己的外表。

b. 比较重要，常花少量的时间做修饰。

c. 不重要，只要让人看得过去就行了。

d. 完全没有重要性，我从不修饰自己的外表。

e. 重要是重要，但我花在修饰上的时间不多。

20. 我喜欢与之经常交往的人通常是：

a. 异性，因为他们（或她们）更容易相处。

b. 同性，因为他们（或她们）与我更合得来。

c. 和我合得来的人，不管他们与我的性别是否相同。

d. 我不喜欢与家庭以外的人多交往。

e. 我只喜欢与少数合得来的同性朋友交往。

21. 当我必须在大庭广众中讲话时，我总是：

a. 会因发窘而讲不清话。

b. 尽管不习惯，但还是做出泰然自若的样子。

c. 我把这看成一次考验，毫不畏惧地讲话。

d. 我喜欢对大家讲话。

e. 坚决推辞，不敢讲话。

22. 我对用相面、测字算命的看法是：

a. 我发现算命能了解过去和未来。

b. 算命人多数是骗子。

c. 我不知道算命到底是胡说，还是确实有道理。

d. 我不相信算命能知道人的过去和未来。

e. 尽管我知道算命是迷信，但还是半信半疑。

23. 在参加小组讨论会时，我通常是：

a. 第一个发表意见。

b. 我只对自己了解的问题发表看法。

c. 只有我说的话比别人有价值时，我才发言。

d. 我从来不在小组会上发言。

e. 我虽然不带头发言，但总是要发言的。

24. 我对社会的看法是：

a. 社会上到处都有丑恶的东西，我希望能逃避现实。

b. 在社会上生活，要想永远保持正直、清白是很难的。

c. 社会是人生的大舞台，我很喜欢研究社会现象。

d. 我不想了解社会，只希望自己能生活得愉快。

e. 不管生活环境如何，我都要努力奋斗，无愧于自己的一生。

25. 当我在生活道路上遇到考验（如参加高考、承担冒风险的工作）时，我总是：

a. 很兴奋，因为这能体现我的力量。

b. 视为平常小事，因为我已经习惯了。

c. 感到有些害怕，但仍硬着头皮去顶。

d. 很害怕失败，常放弃尝试。

e. 听从命运的安排。

□ **计分与评价**

根据你的答案，对照计分表，计算自己的总得分。计分过程中，负分数与绝对值相等的正分数可以相互抵消。这个总分就是你的个性成熟度指数。

计分表

题号	选项				
	a	b	c	d	e
1	−3	−2	4	0	6
2	4	0	−3	8	−4
3	−4	10	0	5	−3
4	0	3	−3	8	−2
5	−3	8	4	−2	0
6	−3	−2	8	4	0
7	−2	6	−3	0	8
8	−5	0	6	4	−3
9	−4	8	0	−2	3
10	8	−4	−4	0	4
11	−2	0	8	−4	6
12	−2	4	8	−4	6
13	0	2	10	−4	−3
14	−1	8	0	−3	4
15	0	6	4	−2	−4

题号	选项				
	a	b	c	d	e
16	8	0	4	−2	−4
17	−1	0	−4	8	4
18	−2	0	8	−3	4
19	−2	6	0	−3	4
20	−2	0	8	−3	4
21	−1	4	8	2	−4
22	−5	3	−2	10	0
23	0	8	−1	−4	4
24	−3	−2	6	0	10
25	4	8	0	−4	−1

计分表上每道题目的 5 个答案中，得分为正值的答案代表处理该问题时的合理做法。得分越高，说明该做法越妥当，是个性成熟者的通常做法；相反，得分为负值的答案代表了不妥当的幼稚的做法，反映了个性的不成熟。因此，你可观察一下你在每道题目上的得分，看看自己在哪些题目上的得分较高，自己在处理哪些问题上较为成熟和老练；自己在哪些题目上得了负分数，自己在处理哪些问题时还不成熟，较为妥当的做法是哪一种。经过这样仔细分析，你可以看出自己处理社会生活问题的长处和短处，使自己尽快地成熟起来。

总分可用来判断人整体的个性成熟程度。总分越高，说明你的个性越成熟；总分越低，说明你的个性越不成熟。关于具体的个性成熟程度的划分标准如下：

如果你的测验总分在 150 分以上，就说明你是个很成熟、老练的人。凡个性成熟的人，都掌握一套行之有效的适应社会的方法。他们知道怎样妥善地处理个人所遇到的各种社会问题。他们能准确地判断处理某个问题时哪些方式是有效的、哪些方式会造成不良的后果，从而选择一种最佳的处理方法。他们常常成为别人讨教和仿效的对象。

个性成熟的人大多有丰富的经历，有大量过去失败的或成功的经验可供借鉴。但是，个性成熟的程度并不一定与人的年龄成正比。如果测验总分在 100～149 分，则说明你是较为成熟的人。在大部分事情的处理上你是很得体的。你能够很好地适应社会，建立起良好的人际关系。

如果测验总分在 50～99 分，则说明你的个性成熟程度属于中等水平。你的个性具有两重性：一半老练；另一半是幼稚的。你还需要在社会生活实践中成熟起来。

如果测验总分在 0～49 分，则说明你的个性还欠成熟。你还不善于处理社会生活中的各种问题和矛盾，不善于观察影响问题的各种复杂因素，不能准确地预见自己行为的结果，还不能很好地适应复杂的社会生活。

如果你的测验总得分是负数，则说明你还十分幼稚，处理社会生活问题很不成熟。你喜欢单凭个人粗浅的直觉印象和一时的感情冲动行事，好冲动，莽撞，不识大体；或者相反，即遇事退缩不前，生怕出头露面，孤独而自卑。你既容易得罪人，也容易被人欺骗，在社会生活中到处碰壁，无法实现自己的理想和目标。这种状况与现代社会生活的要求很不适应，所以你必须设法使自己尽快地成熟起来。

 小测试

性格色彩测试

用"红、蓝、黄、绿"4种颜色代替人的性格类型，借助一幅幅美妙的图画解析多变的人生；通过对"性格色彩密码"的解读，帮助你学会以"有'色'眼睛"洞察人性，增强对人生的洞察力，并修炼个性，从而掌握自己的命运。

共30题。请分前、后15题进行测试，耐心完成。

1. 关于人生观，我的内心其实是：

A. 希望能有各种各样的人生体验，所以想法极其多样化。

B. 在合理的基础上，谨慎确定目标，而一旦确定目标，就会坚定不移地去做。

C. 更加在乎取得一切有可能的成就。

D. 毫不喜欢风险，喜欢保持稳定或现状。

2. 爬山旅游时，大多数状况下，在下山回来路线的选择上我最可能：

A. 好玩有趣，所以宁愿选择新路线回巢。

B. 安全稳妥，所以宁愿选择原路线返回。

C. 挑战困难，所以宁愿选择新路线回巢。

D. 方便省心，所以宁愿选择原路线返回。

3. 说话时，我更看重：

A. 感觉效果。有时可能会略显得夸张。

B. 描述精确。有时可能略过冗长。

C. 达成结果。有时可能过于直接而让别人不高兴。

D. 人际感受。有时可能会不愿讲真话。

4. 在大多数时候，我的内心更想要：

A. 刺激。经常冒出新点子，想做就做，喜欢与众不同。

B. 安全。头脑冷静，不易冲动。

C. 挑战。生命中竞赛随处可见，有强烈的"赢"的欲望。

D. 稳定。满足自己所拥有的，很少羡慕别人。

5. 我认为自己在情感上的基本特点是：

A. 情绪多变，经常波动。

B. 外表自我抑制强，但内心感情起伏大，一旦挫伤，就难以平复。

C. 感情不拖泥带水，只是一旦不稳定，就容易发怒。

D. 天生情绪四平八稳。

6. 我认为自己除了工作外，在控制欲上面，我：

A. 没有控制欲，只有感染带动他人的欲望，但自控能力不算强。

B. 用规则保持我对自己的控制和对他人的要求。

C. 内心是有控制欲并希望别人服从我的。

D. 没兴趣影响别人，也不愿别人控制我。

7. 当与情人交往时，我最希望对方：

A. 经常赞美我，让我享受开心、被关怀且又有一定自由。

B. 可随时默契到我内心所想，对我的需求极其敏感。

C. 得到对方的认可，我是正确的并且我对其是有价值的。

D. 尊重并且相处静谧的。

8. 在人际交往时，我：

A. 本质上还是认为与人交往比长时间独处更有乐趣。

B. 非常审慎、缓慢地进入，常被人认为容易有距离感。

C. 希望在人际关系中占据主导地位。

D. 顺其自然，不温不火，相对被动。

9. 我做事情，经常：

A. 缺少长性，不喜欢长期做相同无变化的事情。

B. 缺少果断，期待最好的结果但总能先看到事情的不利面。

C. 缺少耐性，有时行事过于草率。

D. 缺少紧迫，行动迟缓，难下决心。

10. 通常我完成任务的方式是：

A. 常赶在最后期限前完成，是临时抱佛脚的高手。

B. 自己有严格规定的程序，精确地做，不要麻烦别人。

C. 先做，快速做。

D. 使用传统的方法按部就班，需要时从他人处得到帮忙。

11. 如果有人深深惹恼我时，我：

A. 内心感到受伤，认为没有原谅的可能，可最终很多时候还是会原谅对方。

B. 深深感到愤怒，如此之深怎可忘记？我会牢记，同时将来完全避开那个家伙。

C. 会火冒三丈，并且内心期望有机会狠狠地回应。

D. 避免摊牌，因为还不到那个地步或者自己再去找新朋友。

12. 在人际关系中，我最在意的是：

A. 得到他人的赞美和欢迎。

B. 得到他人的理解和欣赏。

C. 得到他人的感激和尊敬。

D. 得到他人的尊重和接纳。

13. 在工作上，我表现出来更多的是：

A. 充满热忱，有很多想法且很有灵性。

B. 心思细腻，完美精确，而且为人可靠。

C. 坚强而直截了当，且有推动力。

D. 有耐心，适应性强而且善于协调。

14. 我过往的老师最有可能对我的评价是：

A. 情绪起伏大，善于表达和抒发情感。

B. 严格保护自己的私密，有时会显得孤独或是不合群。

C. 动作敏捷又独立，并且喜欢自己做事情。

D. 看起来安稳轻松，反应度偏低，比较温和。

15. 朋友对我的评价最有可能的是：

A. 喜欢对朋友述说，也有感染别人的力量。

B. 能够提出很多周全的问题，而且需要许多精细的解说。

C. 愿意直言想法，有时会直率而犀利地谈论不喜欢的人、事、物。

D. 通常与他人一起是倾听者。

16. 在帮助他人的问题上，我内心的想法是：

A. 别人来找我，不太会拒绝，会尽力帮他。

B. 应该帮助值得帮助的人。

C. 很少承诺要帮，但我若承诺，则必兑现。

D. 虽无英雄打虎胆，但常有自告奋勇心。

17. 面对他人对自己的赞美，我内心：

A. 得到赞美时，也不至于特别欣喜；没有也无所谓。

B. 我不需无关痛痒的赞美，宁可对方欣赏我的能力。

C. 思考对方的真实性或立即回避众人的关注。

D. 赞美多多益善，总是令人愉悦的。

18. 面对生活，我更像：

A. 随和派——外面的世界与我无关。我觉得自己这样还不错。

B. 行动派——我若不进步，别人就会进步。所以，我必须不停地前进。

C. 分析派——在问题发生之前，就该想好所有的可能。

D. 无忧派——每天的生活开心快乐最重要。

19. 对于规则，我内心的态度是：

A. 不愿违反规则，但可能因为松散而无法达到规则的要求。

B. 打破规则，希望由自己制定规则而不是遵守规则。

C. 严格遵守规则，并且竭尽全力做到规则内的最好。

D. 不喜被规则束缚，不按规则出牌会觉得新鲜有趣。

20. 我认为自己在行为上的基本特点是：

A. 慢条斯理，办事按部就班，能与周围的人协调一致。

B. 目标明确，集中精力为实现目标而努力，善于抓住核心要点。

C. 慎重小心，为做好预防及善后，会不惜一切而尽心操劳。

D. 丰富跃动，不喜欢制度和约束，倾向于快速反应。

21. 当我做错事时，我倾向于：

A. 害怕但表面上不露声色。

B. 不承认而且辩驳，但内心其实已经明白。

C. 愧疚和痛苦，容易停留在自我压抑中。

D. 难为情，希望逃避别人的批评。

22. 当结束一段刻骨铭心的感情时，我会：

A. 很难受，可日子总要过，时间会冲淡一切的。

B. 虽然觉得受伤，但一旦下定决心，就会努力把过去的影子甩掉。

C. 深陷在悲伤的情绪中，在相当长的时期里难以自拔，也不愿再接受新的人。

D. 痛不欲生，需要找朋友倾诉或者找到渠道发泄，寻求化解之道。

23. 面对他人的倾诉，我的反应是：

A. 能够认同并理解对方当时的感受。

B. 快速做出一些定论或判断。

C. 给予一些分析或推理，帮助对方理顺思路。

D. 可能会随着他的情绪起伏而起伏，也会发表一些评论或意见。

24. 我在以下哪个群体中交流感到较为满足？

A. 舒服、轻松的氛围中，最终心平气和地达成一致结论。

B. 彼此展开充分激烈的辩论并有收获。

C. 有意义地详细讨论事情的好坏和影响。

D. 很开心并且随意、无拘束地闲谈。

25. 在内心的真实想法里，我觉得工作：

A. 不必有太大压力，可以让我做我熟悉的工作就很不错。

B. 应该以最快的速度完成，且争取完成更多的任务。

C. 要么不做，要做就做到最好。

D. 如果能将好玩融合其中那就太棒了，不过如果是自己不喜欢的工作，那就实在没劲了。

26. 如果我是领导，那么我内心更希望在部属心目中我是：

A. 可以亲近的和善于为他们着想的。

B. 有很强的能力和富有领导力的。

C. 公平、公正且足以令人信赖的。

D. 被他们喜欢并且是富有感召力的。

27. 我对认同的需求是：

A. 无论别人是否认同，生活都是要继续的。

B. 精英群体的认同最重要。

C. 只要我在乎的那些人认同我就足够了。

D. 所见之人无论贵贱都对我认同该有多好。

28. 当我还是个孩子的时候，我：

A. 不太会积极尝试新事物，通常比较喜欢旧有的和熟悉的。

B. 是孩子王，大家经常听我的决定。

C. 害羞见生人，有意识地回避。

D. 调皮可爱，乐观而又热心。

29. 如果我是父母，那么我也许是：

A. 容易被说服或者宽容的。

B. 比较严厉、性急，并且是说一不二的。

C. 坚持自己的想法，并且是比较挑剔的。

D. 积极参与到子女中一起玩，是被小朋友们热烈欢迎的。

30. 以下有 4 组格言。哪组里整体上最符合我的感觉？

A. 最深刻的真理是最简单和最平凡的。要在人世间取得成功，就必须大智若愚。好脾气是一个人在社交中所能穿着的最佳服饰。知足是人生在世最大的幸福。

B. 走自己的路，让人家去说吧。虽然世界充满了苦难，但是苦难总是能战胜的。有所成就是人生唯一真正的乐趣。对我而言解决一个问题和享受一个假期一样好。

C. 一个不注意小事情的人，永远不会成就大事业。理性是灵魂中最高贵的因素。切忌浮夸铺张。与其说得过分，不如说得不全。谨慎比大胆要有力量得多。

D. 幸福在于对生命的喜悦和激情。任何时候都要最真实地对待你自己。这比什么都重要。使生活变成幻想，再把幻想化为现实。幸福不在于拥有金钱，而在于获得成就时的喜悦以及产生创造力的激情。

算分方法：

（1）计算 1～15 题分数总和：

A 的总数（　　）　B 的总数（　　）　C 的总数（　　）　D 的总数（　　）　共计 15 分

（2）计算 16～30 题分数总和：

A 的总数（　　）　B 的总数（　　）　C 的总数（　　）　D 的总数（　　）　共计 15 分

（3）把前、后两部分的数目相加：

红色：前 A＋后 D 的总数（　　　）

蓝色：前 B＋后 C 的总数（　　　）

黄色：前 C＋后 B 的总数（　　　）

绿色：前 D＋后 A 的总数（　　　）

总计 30 分

最终得出你的性格色彩结果，例如：红 15，蓝 3，黄 8，绿 4。总分中数目最大的字母是你的核心性格。其他字母代表你整个性格中的比例。如果某种颜色大于 15，则说明你是典型的此类性格。如果有两种或 3 种数目非常接近，则说明你是较为复杂的组合性格。

基本性格有以下 12 种情况：

典型的红、蓝、黄、绿，红＋黄、红＋绿、蓝＋黄、蓝＋绿、黄＋红、黄＋蓝、绿＋红、绿＋蓝。

说明：在性格组合当中，没有列出"红蓝配"（红＋蓝、蓝＋红）和"黄绿配"（黄＋绿、绿＋黄）的 4 种组合，是因为红与蓝、黄与绿是两对完全相反的性格。两种完全相反的性格共同组合在一人身上，必有另一个是受到强大的后天影响。这种人将在很多时候呈现极大的内心困惑。挖掘出真正的自己，对他们而言，是所有人中最迫切需要的！

一、红色

■ 性格优势

作为个体：有高度乐观的积极心态。喜欢自己，也容易接纳别人。把生命当作值得享受的经验。喜欢新鲜、变化和刺激。经常开心，追求快乐。情感丰富而外露。自由自在，不受拘束。喜欢开玩笑和调侃。别出心裁，与众不同。表现力强。容易受到人们的喜欢和欢迎。生动活泼，好奇心强。

沟通特点：才思敏捷，善于表达。喜欢通过肢体上的接触传达亲密情感。容易与人攀谈。发生冲突时，能直接表白。人越多越亢奋。演讲和舞台表演的高手。乐于表达自己的看法。

作为朋友：真诚主动，热情洋溢。喜欢交友，善于与陌生人互动。擅长搞笑，是带来乐趣的伙伴。容易原谅自己和别人，不记仇。富有个人魅力。乐于助人。有错就认，很快道歉。喜欢接受别人的肯定并不吝赞美。

对待工作和事业：工作主动，寻找新任务。富有感染力，能够吸引他人参与。激发团队的热情合作心和进取心，重视团队合作的感觉。令人愉悦的工作伙伴。完成短期目标时，极富爆发力。信任他人。善于赞美和鼓励，是天生的激励者。不喜欢太多的规定束缚，富有创意。工作以活泼化、丰富化的方式进行。反应快，闪电般开始。

■ 性格过当

作为个体：情绪波动大起大落。变化无常，随意性强。鲁莽冲动，轻信他人，容易上当受骗。虚荣心强，不肯吃苦，贪图享受。喜欢走捷径，虎头蛇尾，不能坚持。粗心大意，杂乱无章。不肯承担责任，期待有别人为自己的人生负责。缺乏自控，毫无纪律。容易原谅自己，不吸取教训。不稳定，散漫。拒绝长大。借放纵麻痹自己的痛苦和烦恼，而不认真思考生命的本质。

沟通特点：说话少经大脑思考，脱口而出。对于严肃和敏感的事情也会开玩笑。炫耀自己，夺人话题。注意力分散，不能专注倾听，爱插话。吹牛不打草稿，疏于兑现承诺。忘记别人说过什么，对自己讲过的话也经常重复。口无遮拦，不保守秘密。不可靠，光说不练。夸大吹嘘自己的成功。

作为朋友：缺少分寸，开过度的玩笑，热情过头。只想当主角。谈论自己感兴趣的话题，而对和自己无关的话题心不在焉。爱插嘴，打断别人谈话。健忘多变。经常会忘记老朋友。有极强的依赖性，脆弱而不能独立。好心办坏事。

对待工作事业：跳槽频率高，这山望着那山高。没有规划，随意性强。没有焦点，把精力分散在太多的不同方向。过高估计了自己的能力。觉得没有必要为未来做准备。不肯花更多的精力或不愿做更多的幕后工作，即以勤奋为代价，以获取更高的殊荣。不切实际地希望所有的工作都要有趣味。很难全神贯注，经常性地走神。异想天开，难以预料。

二、蓝色

■ 性格优势

作为个体：有着严肃的生活哲学。思想深邃，独立思考而不盲目从众。沉默寡言，老成持重。注重承诺，可靠安全。谨慎而深藏不露。坚守原则，责任心强。遵守规则，井井有条。是深沉而有目标的理想主义者。敏感而细腻。高标准，追求完美。谦和、稳健。善于分析，富有条理。待人忠诚，富有自我牺牲精神。深思熟虑，三思而后行。坚韧、执着。

沟通特点：享受敏感而有深度的交流。设身处地地体会他人。能记住谈话时共鸣的感情和思想。喜欢小群体交流的思想碰撞。关注谈话的细节。

作为朋友：默默地为他人付出，以表示关切和爱。对友谊忠诚不渝。真诚关怀朋友的境遇，善于体贴他人。能够记得特殊的日子。遭遇难关时，极力给予鼓舞安慰。很少向他人表达内心的看法。经常扮演解决、分析问题的角色。

对待工作和事业：强调制度、程序、规范、细节和流程。做事之前首先计划且严格按照计划执行。喜欢探究及根据事实行事。尽忠职守，追求卓越。高度自律。喜欢用表格、数字的管理验证效果。注重承诺。一丝不苟地执行工作。

■ 性格过当

作为个体：高度负面的情绪化。猜忌心重，不信任他人。太在意别人的看法和评价，容易被负面评价中伤。容易沮丧，悲观消极。陷于低落的情绪而无法自拔。情感脆弱、抑郁，有自怜倾向。杞人忧天，庸人自扰。最容易患抑郁症。当别人轻易成功时，会因自己的努力付出却不如他人而心生嫉妒。过于阴沉的面孔，让人感觉压抑，不易接近。

沟通特点：不知不觉地说教和上纲上线。原则性强，不易妥协。强烈期待别人具有敏感度，能够深度理解自己。以为别人能够读懂自己的心思。不太主动与人沟通。既不喜欢给别人制造困扰和麻烦，也讨厌别人给自己制造困扰和麻烦。真诚开放心胸并与人互动会比较难。习惯以防卫的心态面对别人。

作为朋友：过度敏感，有时很难相处。有着强烈的不安全感。远离人群。喜好批判和挑剔。吝于宽恕。经常怀疑别人的话，不容易相信他人。

对待工作和事业：对自己和他人常寄予过高而且不切实际的期望。过度计划，过度绸缪。患得患失，行动缓慢。较真，挑剔他人及自己的表现。专注于小细节，因小失大。吝啬表扬，强烈的形式主义。容易被不理想的成绩击垮斗志。墨守成规，死板教条，不懂变通。为了维护原则而缺乏妥协精神。

三、黄色

■ 性格优势

作为个体：不达目标，誓不罢休。不停地给自己设定目标，以推动前进。把生命当成竞赛。行动迅速，活力充沛。意志坚强。自信，不情绪化，而且非常有活力。坦率，直截了当，一针见血。有强烈的进取心，居安思危。独立性强。有强烈的求胜欲。不畏强权并敢于冒险。不易气馁，不在乎外界的评价，坚持自己所选择的道路和方向。危难时刻挺身而出。讲究速度和效率。敢于接受挑战并渴望成功。

沟通特点：以务实的方式主导会谈。喜欢主导整件事情。能够直接抓住问题的本质。说话用字简明扼要，不喜欢拐弯抹角。不受情绪干扰和控制。

作为朋友：给予解决问题的方法，而非纠缠在过去。迅速提出忠告和方向。直言不讳地提出建议。

对待工作和事业：动作干净利落，讲求效率。能够承担长期高强度的压力。有强烈的目标趋向，善于设定目标。高瞻远瞩，有全局观念。善于委派工作。坚持不懈，促成活动。办事善于抓住重点。行事作风明快。是天生的领导者，富有组织能力。竞争越强，精力越旺，愈挫愈勇。寻求实际的解决方法。以结果和完成任务为导向，并且效率高。善于快速决策并处理所遇到的一切问题。富有责任感。

■ 性格过当

作为个体：自己永远是对的，死不认错。趾高气扬，霸道。只关注自己的感受，不在意别人的心情和想法。以自我为中心，有自私倾向。霸道。脾气暴躁，容易发怒。缺少同情心。傲慢自大，目中无人。经常紧绷自己的情绪。在情绪不佳或有压力的时候，经常会不可理喻与独断专行。不喜欢受群体规范约束，喜欢打破既定规则。

沟通特点：喜欢争辩，易引发冲突。铁石心肠，情绪冷淡。粗线条，简单粗暴。毫无敏感，无力洞察他人内心，不理解他人所想。抗拒批评，是严酷且自以为是的审判者。缺乏亲密分享的能力。缺乏耐心，是非常糟糕的倾听者。态度尖锐严厉，批判性强。容易让他人的工作或生活步调紧张。不习惯赞美别人。说话有时咄咄逼人。控制欲强。不太能体谅他人，对行事模式不同的人缺少包容度。

作为朋友：大多时候仅保持理性的友谊。讨厌与犹豫不决及能力弱的人互动。试图控制、影响大家的活动，希望他人服从自己而非配合别人。除了工作内容，很少交谈其他话题。情感上习惯与人保持一定的距离。很少向人流露出直接、诚挚的关怀。需要你的时候才找你。为别人做主。

对待工作和事业：生活在无尽的工作当中而不是人群中。数量远比质量重要。没有完成目标时，容易发怒且迁怒于人。寻求更多的权力，有极强的控制欲。拒绝为自己和他人放松。完成工作第一，人的事情第二。为了自己的面子，不妥协且毫不认错。对于竞争结果过分关注而忽略过程中的乐趣。武断，刚愎自用且一意孤行。很难慢下来，是缺少生命乐趣的工作狂。未明察就急于改变，急于求成。

四、绿色

■ 性格优势

作为个体：爱静而不爱动，有温柔、祥和的吸引力和宁静、愉悦的气质。和善的天性，做人厚道。追求人际关系的和谐。奉行中庸之道，为人稳定低调。遇事以不变应万变，镇定自若。知足常乐，心态轻松。追求平淡的幸福生活。有松弛感，能融入所有的环境和场合。从不发火，温和、谦和、平和三和一体。做人懂得"得饶人处且饶人"。追求简单、随意的生活方式。沟通特点以柔克刚，不战而屈人之兵。避免冲突，注重双赢。心平气和且慢条斯理。善于接纳他人的意见。最佳的倾听者，极具耐心。擅长让别人感觉舒适。有自然和不经意的冷幽默。松弛大度，不疾不徐。

作为朋友：从无攻击性。富有同情心，关心他人。宽恕他人对自己的伤害。能接纳所有不同性格的人。有着和善的天性及圆滑的手腕。对友情的要求不严苛。处处为别人考虑，不吝付出。与之相处轻松、自然，又没有压力。最佳的垃圾宣泄处，鼓励他们的朋友多谈自己。从不尝试改变他人。

对待工作和事业：有着高超的协调人际关系的能力。善于从容地面对压力。巧妙地化解冲突。能超脱游离政治斗争之外，没有敌人。缓步前进，以取得思考空间。注重人本管理。推崇一种员工都积极参与的工作环境。尊重员工的独立性，从而博得人心和凝聚力。善于为别人着想。以团体为导向。创造稳定性。用自然低调的行事手法处理事务。

■ 性格过当

作为个体：按照惯性思维做事，拒绝改变，对于外界变化置若罔闻。懒洋洋的作风，原谅自己的不思进取。懦弱胆小，纵容别人欺压自己。期待事情会自动得到解决，完全守望被动。得过且过。无原则地妥协，采取不负责任的解决态度。逃避问题与冲突。太在意别人的感受，不敢表达自己的立场和原则。

沟通特点：一拳打在棉花上，毫无反应。没有主见，把压力和负担通通转嫁到他人身上。不会拒绝他人，给自己和他人都带来无穷麻烦。行动迟钝，慢慢腾腾。避免承担责任。

作为朋友：不负责任地和稀泥。持姑息养奸的态度。压抑自己的感受，以迁就别人。期待让人人满意，对自己的内心不忠诚。没有自我，迷失人生的方向。缺乏激情。漠不关心，惰于参与任何活动。

对待工作和事业：安于现状，不思进取。乐于平庸，缺乏创意。害怕冒风险，缺乏自信。拖拖拉拉。缺少目标。缺乏自觉性。懒惰而不进取。宁愿做旁观者，也不肯做参与者。

拓展阅读

美国心理学家亚伯拉罕·马斯洛归纳出如下 16 条理想的人格特征：

(1) 了解并认识现实，持有较为实际的人生观。

(2) 悦纳自己、别人以及周围的世界。

(3) 在情绪与思想表达上较为自然。

(4) 有较广阔的视野，就事论事，较少考虑个人利害。

(5) 能享受自己的私人生活。

(6) 有独立自主的性格。

(7) 对平凡事物不觉厌烦，对日常生活永感新鲜。

(8) 在生命中曾有过引起心灵震撼的高峰体验。

(9) 爱人类并认同自己为全人类之一员。

(10) 有至深的知交，有亲密的家人。

(11) 有民主风范，尊重别人的意见。

(12) 有伦理观念，能区别手段与目的，绝不为达到目的而不择手段。

(13) 带有哲学气质，有幽默感。

(14) 有创见，不墨守成规。

（15）对待世俗和而不同。

（16）对生活环境有改造的意愿和能力。

 漫画素养

自我认识

活动类型：才艺展示

人数：40~80人

时长：0.5~1小时

形式：课堂教学

活动简介：

一、活动目标

大学生正处于自我同一性形成的关键时期。该时期学生主要关注"我是谁"这个问题。如果这一阶段建立了较好的自我认同感，理解自己是怎样的人，接受并欣赏自己，他们就会形成较好的信念、性格，就会有较为清晰的自我概念和性别角色。这些将影响他们以后的学业发展和职业选择。通过活动，让同学们认识自己，全面了解自己，以获得清晰的自我概念；有助于他们进一步开发自己的潜能，接纳自我，更加自信，同时学会尊重和接纳他人。

二、活动道具

纸、笔。

三、活动描述

活动一：

（1）自画像：每个人画一幅自画像，要能代表自己的看法和认识，不需要特别像或者特别美观。画既可以是具体的、写实的，也可以是抽象的、想象的，只要认为表现的是自己就可以（8分钟）。

（2）分享：老师先分享自己画的自画像，解释自己的画，并做出分析，给学生做示范，引导学生进行分享和表达。接着与同学们分享。在与学生分享的过程中，老师给予反馈，对学生进行鼓励和表扬，并补充学生的发言，进行总结（10分钟）。

活动二：

（1）诗创作：创作《我是……》的诗。诗歌每句的格式已经被固定。同学们可以任意填充适合自己和自己喜欢的内容（5分钟）。

（2）分享：由学生自愿分享，老师进行指导与鼓励（10分钟）。

总结：解释两种活动的目的和意义，之后帮助同学们通过这种方式认识自己（1分钟）。

课外活动2

了解自身的优、缺点

活动类型：班级教育

人数：10～40人

时长：30分钟以内

形式：课堂教学

活动简介：

一、活动目标

互相认识，初步形成融洽的气氛；帮助建立互相信任的关系；带领大家活动，并从活动中认识自我、领会自我、感恩自我。

二、活动道具

（无）

三、活动描述

从以下意象联系自身情况并认真思考：

意象我：

我是

我想

我听见

我看见

我要

我假装

我感到

我触摸

我担心

我哭泣

我理解

我说

我梦想

我尝试

我希望

左手与右手：请将左手和右手印在画纸上。左手填优点，而右手填缺点。

自我关爱工具箱：请选择自己继续保持的5个优点和可以改正的5个缺点，并用心体会。

任务二　培养阳光心态

　　刘丽是某高校会计专业的专科毕业生。平时学习刻苦用功，成绩优异，其他方面的表现也还不错。有一次她去某外资公司应聘。在面试后的第五天，她遗憾地收到了一份拒聘信。信中说："尽管您的知识和学历给我们留下了很深的印象，但我们已经选中了一个目前离我们的需求更接近的应聘者。"还没看完信，小丽的泪水已是夺眶而出。因为这是两周内她第三次被拒了。

　　"没有人会再聘用我了。"她自言自语道，心中已是一片茫然。然而，小丽怎么也没有想到，她竞争的这个职位虽然只招聘2人，却收到了200多份求职信。她的简历被招聘单位评为十佳之一。她更没有料到，她击败了95%的应聘者，从而入围10个参加面试的人选。虽然最后另外两个人得到了这份工作，她却没有，但是如果她了解到那两个被选中的人，一个是硕士研究生，另一个比她多了5年的工作经验，他们比她更有明显的优势的话，她也许就不会那么自卑和伤心了。

　　由于连遭挫折，小丽对求职失去了信心，整天把自己关在家里，不敢出去找工作。当年她没有顺利就业，一直待业在家。第二年的毕业生招聘会陆续开始后，她仍没有走出自卑的阴影，总是觉得没有单位能看得上自己。她甚至害怕去与应届毕业生同场竞争。后来，在父母的一再催促下，她好不容易鼓起勇气参加了一场招聘会。可是，当用人单位问她"为什么过了一年，仍没有一点工作经验"时，她无言以对，落荒而逃。

　　从此，小丽就再不敢去找工作了。她特别害怕招聘者那挑剔的眼光。一提起要与用人单位见面，她就恐惧不已。

案例分析

　　刘丽在最初的几次求职被拒后就失去了信心和勇气，并产生了"就业恐惧症"，被妄自菲薄、自怨自艾、萎靡不振的情绪所笼罩。最后，她选择的逃避行为更是这一心理障碍的典型表现。

　　人生是一个面对问题并解决问题的过程。问题能启发我们的智慧，激发我们的勇气；问题是我们成功与失败的分水岭。为解决问题而付出努力，能使思想和心智不断成熟。我们的心灵渴望成长，渴望迎接成功而不是遭受失败。所以，它会释放出最大的潜力，尽可能将所有问题解决。面对的问题和解决问题的痛苦，能让我们得以最好地学习。美国开国先哲本杰明·富兰克林说过："唯有痛苦才会带来教益。"面对问题，聪明者不应因害怕痛苦而选择逃避，而是要迎上前去，直至将其战胜为止。

名人名言

一切的和谐与平衡、健康与健美、成功与幸福，都是由乐观与希望的向上心理产生与造成的。——华盛顿

自我提升

世界卫生组织曾对健康的含义做了科学的界定："健康是一种在身体、心理和社会适应方面的完好状态，而不仅仅是没有疾病或虚弱的状态。"心理学家认为，一个人的心理状态常常直接影响他的人生观、价值观，直接影响他的某个具体行为。所以，从某种意义上讲，心理健康比生理健康显得更为重要。

一、健康人格的特征

健康人格是指人格和谐、全面、健康地发展，与社会环境相适应，为其他社会成员所接受，而又充分展现主体个性特征的人格模式。健康人格是一种在结构和动力上向崇高人性发展的特征。它表现出人格的完整性、统一性、稳定性等特点，是人格特征的完美结合，是人格所应达到的最高境界。健康人格的核心是个体身心的和谐以及个人与社会的和谐。具有健康人格的人，其最显著的特征就是能够正确认识自我，能够保持身心平衡，能够有意识地调节自己的行为，以适应社会生活。

健康人格最核心的内容就是要具备完整、统一的人格品质，使自己的身心达到协调与统一，使自身能够适应社会，实现人生价值。具体而言，大学生的健康人格应具备以下几个基本特征：

（1）能正确认识并评价自我。"我是谁?"这个问题是人类亘古不变的困惑。现代人生活在信息爆炸的时代，每天都接收着来自四面八方的信息，但是面对这个问题同样感到茫然无知。一句话，就是缺乏自知。自知是一个人自我意识发展的基础。大学是自我同一性进一步发展的关键时期。大学生对于自己是谁、将来要成为什么样的人、如何为自己正确定位，必须有一个明确的概念。然而，大学也是一个令人困惑的时期。大学生很容易在纷繁的世界中迷失自己，随波逐流。因此，要拥有健康的人格，首先必须能够将自我客体化，对自己的所有、所缺、所长及所短有较清楚、明确的认识，以便正确定位自己，扬长避短。只有对自我有了正确的认识之后，才能够给自己恰如其分的评价，既不自视清高、妄自尊大，也不自轻自贱、妄自菲薄，才能够认可自我，悦纳自己，接受属于自己的一切，从而形成对自己较积极的看法，在日常生活中有效地调节自己的行为，以与环境保持协调。

（2）具有良好的情绪、情感调控能力。大学生面对着各种各样的压力，如学业压力、就业压力、恋爱压力等，情绪容易波动，情感不够成熟，容易走向极端，因此必须具备良好的情绪、情感调节能力。一个人只有能够自如地驾驭自己的情感，才能保持内心平和，泰然自若地面对生活，才有勇气和毅力迎接生活的挑战。

（3）具有健全而合理的智能结构。健全而合理的智能结构是大学生健康人格的一个重要方面。健全的智能结构包括良好的观察力、记忆力、思维力、注意力、创造力、想象力和表达能力等。在现代社会中，信息和知识每时每刻都在更新。人们只有不断地更新自己的头脑，才能适应社会。大学生作为社会发展的未来，必须具备科学合理处理信息的能力。因此，整个智能结构的健全发展是大学生立足于新型社会的根本。

（4）具有和谐的人际关系。大学生生活在学校中，同时也参与一定的社会活动，必然要与他人发生联系。这就涉及人际关系的问题。在如今的社会，想要完成一件事情、成就一番事业，没有他人的帮助几乎是寸步难行的，因此必须学会合作，想要能够与他人融洽地相处、愉快地合作就显得非常重要。另外，和谐的人际关系，能够给人以归属感，使人避免产生孤独感、无助感，能够促使人格向着更加健全的方向发展。

（5）具有远大的人生理想。人无志而不立。人生的理想是一个人活着的追求。没有了人生追求，生活将会变得枯燥乏味。生活不可能一帆风顺，总会有风吹浪打、坎坷起伏。这时候必定有一种乐观向上的生活态度，以让自己释怀；要有一定的信仰，以坚定生活的信心。只有相信前途是无限光明的，才不至于被一时的迷雾模糊了双眼，消极颓废。远大的人生理想，在健全人格中就如同明亮的航标灯一样引导着我们不断前进。

（6）具有强烈的社会道德责任感。由于接受了高等教育，相对社会上大多数的人群来说，大学生的知识水平明显比较高，但是知识水平高并不代表一个人的道德水平也高。正如一本书中描述的那样："一个掌握知识的人，其对社会和人类的破坏力是一个文盲所无法企及的。如果知识缺少了人格的驾驭，好比一列有着极好动力系统的火车，却没有安装相应的控制驾驶系统，而一旦启动，将可能横冲直撞，带来的只能是灾害。"因此，大学生在提高自身知识水平的同时，也应该注重社会道德责任感的培养，使自己做到品学兼优，德才兼备。

（7）具有乐观的生活态度和良好的意志品质。大学阶段是大学生心理上的"断奶期"。这时候，有很多事情需要自己独立去面对，去处理。这是一个在成长中困惑，在困惑中成长的过程，是难以避免的。它要求我们必须具备良好的意志品质和乐观的生活态度。无论是在大学期间，还是在以后的生活中，具备良好的意志品质和乐观的生活态度都是非常重要的。在某种程度上，它决定了我们的命运和人生，是大学生健康人格不可或缺的一部分。

（8）具有健康合理的审美情趣。具有健康、崇高的审美情趣，高品位的鉴赏力，以及高境界的品位，是健康人格的一个方面。它与人的认识能力和道德理性能力共同作用，使人格臻于完善。健康的审美情趣对大学生树立审美观、人生观、世界观，塑造健康人格结构，具有重要作用。只有具备了高尚、健康的审美情趣，才能提高自身的修养，自觉抵制各种不健康思想的侵蚀，追求更高的人生价值，实现自我完善和提升。大学生必须培养健康、合理的审美观，在日常生活中处处反思自己的行为，力求符合健康、崇高的审美标准，进而实现人格的完善。

二、学会自我调节

生活是一面镜子。你对它微笑，它也会对你微笑；你对它哭，它也会对你哭。为什么成功者的脸上总是洋溢着自信的微笑，而失败者却总是唉声叹气？答案即问题本身。每个人的生活都是自己心灵的投影。你播种了什么，就会收获什么。你觉得自己是个倒霉的人，坏运气就会缠着你不放。

实际上，如果以坦然的心境面对人生，那么又有什么理由整天愁眉苦脸呢？要知道：你觉得世界不公平，但有人比你遭遇过更多的不公平；你觉得人生困苦，但有人比你更困苦。你并不是全世界最倒霉的那个人。

起码你四肢健全，你可以自由地呼吸新鲜空气，接受阳光照射。有人一来到这个世界就不得不接受身体残缺的现实，但身体的残缺并不意味着失去美好的生活。只有心灵的残缺才是一切美好的天敌。

真正决定人生景象的不是你遇到了什么，而是你以什么样的心态看待它。

从前有两个人吃葡萄。一个人是理性的悲观主义者，每吃完一颗，他就会对自己说好葡萄又少了一颗；另一个人则是吃完了一颗，总是相信下一颗会更好。结果，同样一盘葡萄，两个人吃出的味道却完全不同。生活也是如此。

并不否认，凡是正常人都很容易陷入负面情绪的泥沼中。当我们沉溺其中时，并不会马上意识到它的危害。持有消极心态的人一般都不自知，就像一个身体器官还未发生根本性病变的人并不会觉得哪里不舒服。

拿破仑·希尔告诉我们：你、我的心灵就像一枚硬币，一面写着积极心态，而另一面写着消极心态。内心的风吹向哪一面，你就会看到一个什么样的世界。你已经看到结局：积极心态的世界阳光灿烂，充满欢乐；而消极心态的世界却阴霾重重，举步维艰。更严重的是，在人际交往中，没人愿意跟消极的人做朋友。抱有消极心态的人注定是孤独的。

同样一种秋色，在悲观者看来，处处令人忧伤；而对乐观者来说，秋色却美不胜收。我们的心灵就像一个精巧的调色板，关键看你为生活涂上什么颜色。只要你愿意，你就能随时让生活充满阳光。

拥有积极的心态不一定能保证事事成功，但我们可以断言：消极心态绝对会阻碍成功。事实上，人的心态是可以逆转的。每个人的身心都是一块巨大的"磁铁"。如果你能积极面对生活，向那些美好的事物不断发出真诚的邀请，它就会来到你身边；相反，如果你习惯沉浸在负面情绪中，体内的负能量就会越积越多，那些你所不愿意看到的结果就会接二连三地追着你。你必须明白，这个世界上没有比活在消极心态里更悲惨的事情了。要想彻底改变你的人生，就一定要赶快走出消极心态的泥潭，再次理性而坚定地出发。消极心态就是这样一个魔鬼：你越怕失去什么，越会失去什么；越不想什么发生，越会发生什么。当你感到消极心态的鬼魂正啃噬你的时候，要立即予以抵制、转化、清除。人生是一条理性的河流，不要放纵你的负面情绪。

大凡成功者都不是所谓的超人，也不是命运的幸运儿，都有过意志动摇、沮丧绝望的时刻。最大的差别只在于，他们勤于清扫心灵的阴影。无论什么时候，他们都始终盯着生活中美好的一面，不给消极心态占据上风的机会，因为他们懂得，内心的图景会决定未来人生的样子。

事实上，心态的适时把握与调整是一个人是否真正成熟的重要标志。

合理的宣泄、运动调节、音乐调节、倾诉调节和寻求专业帮助都是我们能够用到的调节方式。具体的调节方法如下：

（1）适当的哭一场。在悲痛欲绝时大哭一场，可使情绪平静。哭是解除紧张、烦恼、痛苦的好方法。美国专家威费雷认为，眼泪能把有机体在应激反应过程中产生的某种毒素排出去。从这个角度来讲，遇到该哭的事情忍住不哭就意味着慢性中毒。

（2）痛快地喊一回。当受到不良情绪困扰时，不妨痛快地喊一回。通过急促、强烈、无拘无束的喊叫，将内心的积郁发泄出来，也是一种方法。

（3）进行剧烈的运动。当一个人情绪低落时，往往不爱动。越不动，注意力就越不易转移，情绪就越低落，容易形成恶性循环。因此，可以通过跑步、打球等体育活动改变不良情绪。

（4）找人倾诉。俗话说："将快乐与人分享，会收获更多的快乐；将痛苦与人分担，可以减轻痛苦。"把不愉快的事情隐藏在心里，会增加心理负担。找人倾吐烦恼，心情往往会顿感舒畅。还可以找心理咨询员进行咨询，让他们帮助消解烦恼。

（5）转移注意力。转移注意力就是把注意力从引起不良情绪的事情转移到其他事情上。为此，既可以做一些自己平时感兴趣的事，做一些自己感兴趣的活动，如游戏、打球、下棋、听音乐、看电影、读报纸等，也可以外出旅游，到风景优美的环境中放松自己，把自己从消极情绪中解脱出来，从而激发积极、愉快的情绪反应。

（6）纠正认知偏差。人之所以受到困扰，不在于发生的事实，而在于对事实的观念和认知。决定情绪的是人的认知。主动调整自己对事情的看法，纠正认识上的偏差，多从光明面看问题，就可以减弱或消除不良情绪，变阴暗为晴朗。

小测试

乐观心理测试

1. 当你完成一项工作或任务时，你通常的感觉是：

A. 没什么特别的感觉。

B. 轻松愉快，预料之中。

C. 终于解脱的感觉。

D. 希望如此，更加自信。

2. 假如让你选择，你更喜欢下列哪种工作：

A. 与很多人在一起并亲密接触。

B. 与少数人在一起，有共同语言。

C. 按部就班的平静工作。

D. 没有太多烦心事的独处工作。

3. 当你有重要的心思一时解不开时，你通常的做法是：

A. 找朋友倾诉或请教别人。

B. 搁置一边，寻找解脱。

C. 闷闷不乐，基本独处。

D. 想方设法，早日解决。

4. 假如你因私事遇到不快，上班或见到朋友时你会：

A. 打起精神，把烦恼暂时忘记。

B. 难以克制，想避开。

C. 继续不快，很烦，想发脾气。

D. 恢复正常，寻找新的乐趣。

5. 知道朋友因某事误解了你并生你的气后，你将如何处理？

A. 无所谓，顺其自然。

B. 抱怨朋友不该如此。

C. 寻找机会，做出解释。

D. 等其自己明白过来再说。

6. 下列词语中，你最喜欢、欣赏哪一组？

A. 无忧无虑的生活。

B. 积极、挑战、乐趣。

C. 理智、谨慎、稳重。

D. 冷静、坚守、不吃亏。

7. 你觉得爱独处，不善交际的人能成功吗？

A. 很难。

B. 比较难。

C. 不一定。

D. 能成功。

8. 当你听课或听人演讲时，你通常的做法是：

A. 当个好听众，认真汲取有用的东西。

B. 有时听，有时不听，区别对待。

C. 冷眼旁观，评判大于接受。

D. 满不在乎，听不进去。

9. 在公共场所你有时看到大量闲人在打扑克、聊天时，你的感觉是：

A. 视而不见。

B. 想加入其中。

C. 很吃惊或反感。

D. 若有所思。

10. 当你做某件事或工作却总做不好时，你会：

A. 放弃，但无所谓。

B. 很沮丧，认为自己笨。

C. 仍坚持做。

D. 想办法另辟途径。

11. 在与朋友相聚时，忽然有人争吵起来，并破坏了大家的气氛。你的做法是：

A. 平静观察，静观其变。

B. 觉得扫兴，想要离开。

C. 欲调解，但欲言又止。

D. 站出来主动和解。

12. 当你在生活中连续遇到挫折或不公平时，你的反应是：

A. 有所气恼，想要反抗。

B. 看得开并理解、包容。

C. 耿耿于怀，抱怨命运。

D. 怀疑自己，减少斗志。

计分表

项目	1	2	3	4	5	6	7	8	9	10	11	12
A	2	4	3	3	2	3	4	4	2	2	2	3
B	4	3	2	2	1	4	3	3	1	1	1	4

续表

项目	1	2	3	4	5	6	7	8	9	10	11	12
C	1	2	1	1	4	2	2	2	4	3	3	1
D	3	1	4	4	3	1	1	1	3	4	4	2

40~48 分，属超级乐观者，具有积极心态。

30~39 分，倾向于积极、乐观，心态良好。

21~29 分，表现一般，需激励、引导。

12~20 分，倾向于悲观、保守、冷漠。

 小测试

心理适应能力测试

测试介绍：

心理适应能力，又称心理适应性，指的是个体各种特征互相配合，以适应周围环境变化的能力。它是一种综合性的心理特征。

一般而言，心理适应能力强的管理者，在碰到各种紧急、复杂、令人恐惧或危险的事物时，仍能安然处之，发挥甚至是超常发挥出自己原有的能力和水平；而心理适应能力较差的管理者，一旦遭遇到自己先前从未经历过的情况，往往就会惊慌失措、紧张万分而不知所为。其行为大为失常，导致许多事情失败。

因而，了解自己的心理适应能力、培养并增强自己的心理适应能力是必需的。那么，如何了解自己的心理适应能力呢？请大家参与下面这个测试，并认真作答。全部作答完毕后将给出测试结果。

● 1. 若把每次考试的试卷都拿到一个安静、无人的房间去做，我的成绩就可能好一些。

● A——很符合我的情况；

● B——比较符合我的情况；

● C——不能肯定；

● D——不太符合我的情况；

● E——根本不符合我的情况。

● 2. 夜间走路，我能比别人看得更清楚。

● A——很符合我的情况；

● B——比较符合我的情况；

● C——不能肯定；

● D——不太符合我的情况；

- E——根本不符合我的情况。

- 3. 每到一个新的地方，我都容易患一些诸如失眠、心烦、吃不好、拉肚子等小毛病。

  - A——很符合我的情况；

  - B——比较符合我的情况；

  - C——不能肯定；

  - D——不太符合我的情况；

  - E——根本不符合我的情况。

- 4. 我在正式考试或测验时所取得的成绩比平时的要好得多。

  - A——很符合我的情况；

  - B——比较符合我的情况；

  - C——不能肯定；

  - D——不太符合我的情况；

  - E——根本不符合我的情况。

- 5. 尽管我已把演讲稿记得很牢，可是在演讲的时候总要出些差错。

  - A——很符合我的情况；

  - B——比较符合我的情况；

  - C——不能肯定；

  - D——不太符合我的情况；

  - E——根本不符合我的情况。

- 6. 如果有必要，我就能通宵达旦地工作或学习。

  - A——很符合我的情况；

  - B——比较符合我的情况；

  - C——不能肯定；

  - D——不太符合我的情况；

  - E——根本不符合我的情况。

- 7. 夏天我比别人更怕热，而冬天比别人更怕冷。

  - A——很符合我的情况；

  - B——比较符合我的情况；

  - C——不能肯定；

  - D——不太符合我的情况；

  - E——根本不符合我的情况。

- 8. 即使在混乱嘈杂的环境里，我仍能集中精力，高效率地学习或工作。

  - A——很符合我的情况；

- B——比较符合我的情况；
- C——不能肯定；
- D——不太符合我的情况；
- E——根本不符合我的情况。
- 9. 体检时，医生都说我心跳过速。其实，我的脉搏很正常。
- A——很符合我的情况；
- B——比较符合我的情况；
- C——不能肯定；
- D——不太符合我的情况；
- E——根本不符合我的情况。
- 10. 会议上发言时，我比别人更镇定、更自然。
- A——很符合我的情况；
- B——比较符合我的情况；
- C——不能肯定；
- D——不太符合我的情况；
- E——根本不符合我的情况。
- 11. 当家人的朋友来时，我常常想方设法躲避他们。
- A——很符合我的情况；
- B——比较符合我的情况；
- C——不能肯定；
- D——不太符合我的情况；
- E——根本不符合我的情况。
- 12. 外出时，我很快能适应当地的生活习俗。
- A——很符合我的情况；
- B——比较符合我的情况；
- C——不能肯定；
- D——不太符合我的情况；
- E——根本不符合我的情况。
- 13. 逢重大比赛时，场面越热烈，我的成绩越差。
- A——很符合我的情况；
- B——比较符合我的情况；
- C——不能肯定；
- D——不太符合我的情况；
- E——根本不符合我的情况。

- 14. 讨论问题时，我能流利地表达自己的看法。
- A——很符合我的情况；
- B——比较符合我的情况；
- C——不能肯定；
- D——不太符合我的情况；
- E——根本不符合我的情况。
- 15. 对很多事情，我更愿一个人做而不愿多人合作。
- A——很符合我的情况；
- B——比较符合我的情况；
- C——不能肯定；
- D——不太符合我的情况；
- E——根本不符合我的情况。
- 16. 考虑到大家要相安共处，有时我不能坚定自己的立场或意见。
- A——很符合我的情况；
- B——比较符合我的情况；
- C——不能肯定；
- D——不太符合我的情况；
- E——根本不符合我的情况。
- 17. 在公众面前时，我常有心跳加快的感觉。
- A——很符合我的情况；
- B——比较符合我的情况；
- C——不能肯定；
- D——不太符合我的情况；
- E——根本不符合我的情况。
- 18. 我能注意到应该注意到的细节，不管当时的情况多么紧迫。
- A——很符合我的情况；
- B——比较符合我的情况；
- C——不能肯定；
- D——不太符合我的情况；
- E——根本不符合我的情况。
- 19. 与别人讨论时，我常觉自己没话说，但事后常发觉自己有很多理由能反驳对方。
- A——很符合我的情况；
- B——比较符合我的情况；

- C——不能肯定；
- D——不太符合我的情况；
- E——根本不符合我的情况。
- 20. 我正式的考试成绩经常比平时的要好。
- A——很符合我的情况；
- B——比较符合我的情况；
- C——不能肯定；
- D——不太符合我的情况；
- E——根本不符合我的情况。

评分：

- 凡属单号题（如1，3，5，…），从A到E的选项答案分别记1，2，3，4，5分，即A为1分，B为2分，C为3分，D为4分，E为5分。
- 凡属双号题（如2，4，6，…），从A到E的选项答案分别记5，4，3，2，1分，即A为5分，B为4分，C为3分，D为2分，E为1分。

答题与分析：

全部20题得分与心理适应能力的相互关系：

- 81～100分表示心理适应能力强；
- 61～80分表示心理适应能力较强；
- 40～60分表示心理适应能力一般；
- 21～40分表示心理适应能力较差；
- 0～20分表示心理适应能力很差。

拓展阅读

　　雨后，一只蜘蛛艰难地向墙上已经支离破碎的网爬去。由于墙壁湿润，它爬到一定的高度时就会掉下来。它一次次地向上爬，一次次地掉下来……

　　第一个人看到了，叹了一口气，自言自语："我的一生不正如这只蜘蛛吗？生活忙忙碌碌而无所得。"于是，他日渐消沉。

　　第二个人看到了，说："这只蜘蛛真愚蠢，为什么不从旁边干燥的地方绕一下往上爬？我以后可不能像它那样愚蠢。"于是，他变得聪明起来。

　　第三个人看到了，立即被蜘蛛屡败屡战的精神感动了。于是，他变得坚强起来。

　　对世间万事万物，你可以用两种观念去看它。一种是正的、积极的，而另一种是负的、消极的。这一正一反，就是心态。它完全取决于你自己的想法。好的心态可使人欢快进取、有朝气、有精神；而消极的心态则使人沮丧、难过、没有主动性。

漫画素养

好，今天的面试开始。面试者请进。

课外活动

积极的人生态度

活动类型：班级教育

人数：10~40人

时长：1小时以上

形式：课堂教学

活动简介：

一、活动目标

回首生命成长经历，客观地面对过去，展望美好的未来；对自己的人生做出评估，理解千差万别的人生经历，增强对他人的理解；引导团体成员以积极的心态面对未来的生活。

二、活动道具

纸、彩色蜡笔。

三、活动描述

绘制人生曲线：

（1）指导者先说明用人生曲线探索自己人生过程的意义。

（2）要求大家画一个坐标系。横坐标表示年龄，而纵坐标表示生活的满意程度。然后，找出生活中的一些重要的转折点，连成线。

（3）对未来人生的趋向用虚线表示。

我的未来不是梦：

（1）小组成员在纸上画出未来某一天的生活状态，或通过描绘某一事物想象自己未来的样子。

（2）各个成员在小组中与他人分享自己对未来的期盼。大家一起讨论，最后由小组代表总结发言。

游戏意义：在整个过程中应注意以下三点：①注重表达内心感受；②强调人生中的高潮、低谷，以及自己的满意度，并注重讲对自己有影响的人和事；③其他成员要以接纳的态度主动聆听，积极反馈。良好的氛围可以帮助团队成员更好地回顾成长历程，展望美好未来。在整个过程中，团队成员可以不断探索自己生命过程的意义。

结束阶段：

（1）大家围坐一圈，在老师的启发下，分享游戏感受。

（2）老师适时根据成员的感受分享、总结、评价游戏中体现出来的团体概念以及凝聚力的意义与内涵。

（3）示范、强调分享的重要性，并点题。

（4）对整个团体心理辅导进行总结。

项目十一　情绪管理能力

使我们不快乐的，都是一些芝麻小事。我们可以躲闪大象，却躲不开一只苍蝇。——戴尔·卡耐基

任务一 认识情绪

 案例导入

有一次，成吉思汗带着一帮人上山打猎。他们一大早便出发，可是到了中午仍没有收获，只好意兴阑珊地返回帐篷。可是，成吉思汗心犹不甘，便带着皮袋、弓箭以及心爱的飞鹰，独自一人又去了山上。

烈日当空，他沿着羊肠小道走了很长时间，口渴的感觉越来越重，但他找不到任何水源。良久，他来到了一个山谷，见有水从山上面一滴一滴地滴下来。成吉思汗非常高兴，就从皮袋里取出一只金属杯子，耐着性子去接滴下来的水。

当接到七八分满时，他高兴地把杯子拿到嘴边，想把水喝下去。就在这时，一股疾风猛然把杯子从他手里打了下来，将已到嘴边的水杯弄洒了。成吉思汗不禁又急又怒。他抬头看见自己的爱鹰在头顶上盘旋，才知道是它捣的鬼。尽管他非常生气，却又无可奈何，只好拿起杯子重新接水喝。

当再次接到七八分满时，又有一股疾风把水杯弄翻了。毫无疑问，又是他的爱鹰干的好事！成吉思汗顿生报复之心："好！你既然不知好歹，还专门给我找麻烦，我就好好教训一下你这家伙！"

于是，成吉思汗一声不响地拿起水杯，再重新接一滴滴的水。当接到七八分满时，他悄悄取出尖刀拿在手中，然后把杯子慢慢地移到嘴边。飞鹰再次向他飞来时，成吉思汗迅速拿出尖刀，把飞鹰杀死了。

不过，由于他的注意力过分集中在杀飞鹰上面，却疏忽了手中的杯子，不知杯子掉到了哪里。他想，既然有水从山上滴下来，那么上面也许有蓄水的地方。当他爬上山顶时，发现那里果然有一个池塘。

成吉思汗兴奋极了，立即弯下身子想要喝个饱。忽然，他看见池边有一条死掉的大毒蛇，这才恍然大悟："原来飞鹰救了我一命！"

案例分析

成吉思汗在盛怒之下杀了心爱的飞鹰，直到发现了事情的真相才后悔莫及。如果他能忍住一时的怒气……但是没有如果，事情发生了就要接受结果。正因为世上没有后悔药，所以在考虑好后果之前，不要在怒火中做出决定。

名人名言

人不是被事情困扰着，而是被对该事情的看法困扰着。——伊壁鸠鲁

 自我提升

情绪是个体对外界刺激的主观的、有意识的体验和感受，具有心理和生理反应的特征。我们无法直接观测内在的感受，但是我们能够通过其外显的行为或生理变化进行推断。意识状态是情绪体验的必要条件。

情绪的多样性说明它是一种极其复杂的心理现象。学术界至今仍对"情绪"二字没有一致的定义。简单地说，我们可以认为情绪是内心的感受经由身体表现出来的状态。

反之，我们可以根据外在行为判断别人的情绪，且行为在身体动作上表现得越强就说明其情绪越强，如：喜是手舞足蹈，怒是咬牙切齿，忧是茶饭不思，悲是痛心疾首……这些就是情绪在身体动作上的反映。

一、情绪的分类

《礼记》把人的情绪称为"七情"：喜、怒、哀、惧、爱、恶、欲。近代西方学者认为，人的基本情绪可分为 4 类：喜、怒、哀、惧。情绪无好坏之分，但由情绪引发的行为或行为的后果有好坏之分。因此，根据情绪引发的行为或行为的结果，我们一般将情绪划分为积极情绪、消极情绪两大类。

有些人将不良情绪等同于负性情绪。这是不准确的。所谓负性情绪，通常是指那些不愉快，甚至是引发人痛苦、愤怒的情绪体验，例如压抑、生气、委屈、难过、苦恼、沮丧等。一般来讲，负性情绪不一定都是消极的。在一定的情境之中，负性情绪同样具有重要的作用和功能。例如，恐惧的情绪使人脱离险境，而羞耻情绪会使人避免做违背社会规范的行为。即使是痛苦、悲伤等情绪反应，也同样具有能使人感受到自己的心理伤害，促使人们及时调整自己的积极的功能。所以说，负性情绪并不等于消极情绪。

二、情绪健康的标准

世界卫生组织认为，健康是指人体生理、心理及社会适应的完满状态。健康情绪是指人能表现出与环境协调一致的情绪反应。这种情绪反应不仅要符合当时的场合、氛围，还要符合人的年龄、身份、文化特点。

什么样的情绪才是健康的？这个问题似乎不好回答，因为任何一种情绪都有它的作用，既有它积极的一面，也有它消极的一面。就某种情绪状态对人的生理健康、社会生活的影响而言，我们可以从以下几个方面观察自己的情绪状态是否健康，或者说是否有利于自己的生活与健康。

（1）情绪是由适当的原因引起的。欢乐的情绪是由可喜的现象引起的，悲哀的情绪是由不愉快事件或不幸的事情引起的，而愤怒则是由挫折引起的。一定的事物引起相应的情绪是情绪健康的标志之一。如果一个人受到挫折反而高兴，受人尊敬反而愤怒，则是情绪

不健康的表现。

（2）情绪的作用时间随客观情况变化而转移。在一般情况下，引起情绪的因素消失之后，其情绪反应也应逐渐消失。例如，孩子不慎摔碎了一个碗，母亲可能当时不高兴，但事情过后也就不生气了。如果连着几天都生气，甚至长期生气，这就是情绪不健全的表现。

（3）情绪稳定。情绪稳定表明个人的中枢神经系统活动处于相对的平衡状况，反映了中枢神经系统活动的协调。一个人的情绪如果经常很不稳定、变化莫测，则是情绪不健康的表现。

（4）心情愉快。心情愉快是情绪健康的另一个重要标志。愉快表明了身心活动的和谐与满意，表示一个人的身心处于积极的健康状态。一个人如果经常情绪低落，总是愁眉苦脸、心情苦闷，则可能是心理不健康的表现。但是，一个人在生活的道路上难免会发生挫折或不幸，例如亲友病故、情绪悲哀，而这当然是正常的情绪反应。

（5）情绪表达适时、适度。要善于控制、调节自己的情绪，既能克制，又能合理宣泄自己的情绪。情绪的表达既符合社会的要求，又符合自身的需要。在不同的时间和场合要有恰如其分的情绪表达。情绪反应应与环境相适应。

三、情绪管理

许多人至今仍对情绪的重要性认识不足，把情绪活动仅仅看作内、外部条件引起的感情变化，是一种无关紧要的、暂时的精神状态，任其自然发展，很少进行有意识的控制与调节。然而，人是感情动物。人的思维、处事常受感情的牵引。因此，如果不能正确认识到自己的情绪，并对情绪进行疏导、调节与控制，则往往会产生难以预料或不可挽回的恶劣后果。你看，范进苦读而高中举人，亲眼看到喜报后，竟因欢喜过度而发了疯；王朗被诸葛亮一番痛骂之后，盛怒之下竟跌马倒地毙命。

所以，人们应当学会疏导、调节、控制自己的情绪。这就是情绪管理，也就是所谓的"先处理心情，再处理事情"。

情绪管理是社会发展到一定阶段出现的一种新的管理理念和管理方式，即在了解自己情绪特征的基础上，有意识地培养健康、积极的情绪体验，建立科学的情绪宣泄和调控机制，自觉克服并消除负面情绪的影响，保持积极的人生态度。

在现实生活中，人们会被许多事情困扰，但并不一定是由某个特定的诱发事件直接引起，而是因为对经历事件的不合理认识或评价而形成心中的困扰。所以，合理的认识有助于产生合理的情绪和行为反应。例如，同样是工作失败，甲、乙两人的想法却不同。甲认为准备得不够充分，尽管也会感到难过，但甲很快在工作中恢复了正常心态；而乙想的却是：我本来是应该成功的，工作都做不好，真是太无能了。乙的情绪反应就会变得比较消极。

调整认识主要可以从以下 3 个方面来进行：

（1）调整对自己不正确的认识。即使在某件事上取得了成功，也不可能得到所有人的赞赏。善于控制情绪者会努力在自己原有的基础上做好每件事情，不是急着去和他人比较，而是会把别人的话当作参考，学习怎样把事情办得更好，而不是试图做一个完美的人。有情绪困扰的人应该摆脱以某事的成败为标准，对自己进行整体评价的不正确的思维方式，不能因为一件事而否定一个人的整体价值。

（2）调整对他人不正确的认识。正确的认识应是：人们无权对他人提出绝对的要求。一味要求别人按照自己的意愿行事是不可能实现的。善于控制情绪者会尊重他人，不要求他人按自己的意愿行事。受到别人指责后，他们会设法认识并改正自己的错误。即便发现自己没有做错，也会体谅别人的情绪性责备。若是别人犯了错误，则会尽量地理解并接纳他人，帮助其纠正错误。

（3）调整对周围环境及事物的不正确认识。遇到问题，善于控制情绪者往往会尝试改善周围的环境，而如果无法做到，就学会接受这种现实。

当你产生焦虑、抑郁、愤怒、不满、不愉快、敌对、挫折感等情绪时，不妨尝试着从以上 3 个方面调整自己的认识，改善自己的情绪状态。

在日常生活中，要提倡心理卫生，学会自我心理调节，以保持良好的精神状态。具体来说，希望能做到以下几点：

（1）要对自然事物保持兴趣。像孩子一样，对环境中的色彩、声、光、香味、美景等自然万物保持兴趣，使人生变成一段趣味无穷的旅程。

（2）广交朋友，积极处世。与朋友一起，积极参与一些有意义的活动，克服顾影自怜、郁郁寡欢的自卑心理。

（3）保持乐观开朗的人生态度。无论是在学校里，还是家庭中，都要避免过多的抱怨、挑剔和指责。遇事不忘超脱，放弃一切成见。

（4）对待问题要当机立断，不要左思右想，犹豫不决。问题一经决定，就不要再去多想。

（5）珍惜时光。不要热衷于空想未来、追忆从前而使自己陷入苦思冥想的深渊，应该以最有效的方法参与到现在的工作和生活中来。

（6）从事适度的文娱、体育活动。

（7）必要时可运用心理防御机制进行自我调节。不良情绪的体验会影响人们形成健康的情绪状态，也可能会导致不同程度的心理障碍。

四、情绪调节的方法

情绪是以个体的愿望和需要为中介的一种体验性心理活动。情绪是心理活动的组织者。一般来说，正性情绪起协调、组织的作用；负性情绪起破坏、瓦解或阻断的作用。情绪困扰或不适不是诱发事件本身引起的，而是自己的信念引起的情绪。因此，我们要对自己的情绪和行为反应负有责任。只有改变了不合理信念，才能减轻或消除目前存在的情绪困扰。

情绪波动有时可能会影响一个人的命运。管理情绪是一件非常重要的事情。是要做情绪的主人，还是奴隶，完全取决于我们自己。

（1）觉察情绪。当我们产生情绪时，表示生活中有事件刺激，以致引发警报。与此同时，若我们能察觉到情绪的产生并认知情绪的种类，则可以延缓情绪瞬间的爆发，并有针对性地管理情绪。

因此，我们要时时提醒自己注意："我现在的情绪是什么？"特别是当我们发现自己情绪异常时，要特别警觉。

（2）采取相应的行动。情绪如同潮水，有潮涨就有潮落。有人认为，在情绪冲动时等待其退潮一定是一件很难的事，一定需要巨大的毅力与意志。其实不然，在情绪的把握上有时只需要短短的几分钟和很简单的行为。所以，当情绪冲动时，只要我们懂得把持住自己，往往就可以避免许多的麻烦，甚至不幸。情绪管理可以使用以下几种方法：

①转移注意力。注意力转移法就是把注意力从引起不良情绪反应的刺激情境中转移到其他事物上去，或从事其他活动的自我调节方法。当出现情绪不佳的情况时，要把注意力转移到使自己感兴趣的事情上去，如散散步、看看电影、读读书、打打球、下盘棋、找朋友聊天、换换环境等。这些都有助于使情绪平静下来，并在活动中找到新的快乐。

②适度宣泄。过分压抑只会使情绪困扰加重，而适度宣泄则可以把不良情绪释放出来，从而使紧张情绪得以缓解、轻松。发泄的方法有很多，比如大哭、做剧烈的运动（跑步、打球等）、放声大叫或唱歌、向他人倾诉等。

③自我安慰。面对我们无法改变的现实，要学会安慰自己，追求精神胜利，即阿Q精神。这种方法，对于帮助人们在大的挫折面前接受现实、保护自己、避免精神崩溃是很有益处的。比如，同样是面对诸葛亮，周瑜心中抱持"既生瑜，何生亮"的怨恨，终于怀恨而死。司马懿一句"诸葛亮真神人也"，表示了"吾不如"的自谦，顶着敬贤的光环，而心安理得。

因此，当人们遇到情绪问题时，经常用"胜败乃兵家常事""塞翁失马，焉知非福"等词语进行自我安慰，以摆脱烦恼，消除抑郁，达到自我安慰、自我激励的目的，从而带来情绪上的安宁和稳定。

④自我暗示。自我暗示包括消极自我暗示与积极自我暗示。积极自我暗示在不知不觉之中对自己的意志、心理以及生理状态产生影响，令我们保持好的心情、乐观的情绪，增强自信心。比如不断地对自己默语："我一定能行""不要紧张""不许发怒"等。

⑤冷静三思。把脾气拿出来，那叫本能；而只有把脾气压回去，才叫本事。那些不能控制情绪的人，给人的印象就是不成熟、还没长大。因为，只有小孩子才会说哭就哭、爱

耍脾气。若这种行为发生在小孩身上，人们就会说那是天真烂漫；但是如果这种现象发生在一个成年人身上，人们就会皱起眉头了。因此，不管处于什么样的负面情绪中，先暂停、中断目前的情绪，跳出来，让自己先冷静一下。"当你气愤时，要数到十再说话"。然后，再审慎三思，理智面对当前的状况。

⑥改变思维，调整心态。只要心态正确，心情就会变好，情绪也就相对稳定。我们的情绪不同往往不是由事物本身引起的，而是取决于我们看待事物的不同思维方式。在不利的环境中，我们不妨换一种思维方式去思考。在不利之中，找出对自己有利的一面。若总是在不利的圈子里打转，你就看不到光明，而只会忧心忡忡，自寻烦恼。

拓展阅读

在古老的西藏，有一个叫爱巴的人，每次和人起争执而生气的时候，就以很快的速度跑回家去，绕着自己的房子和土地跑3圈，然后坐在田边喘气。

爱巴工作非常勤奋努力，他的房子越来越大，土地也越来越广；但不管房子和土地有多么广大，只要与人起争执而生气的时候，他就会绕着房子和土地跑3圈。

"爱巴为什么每次生气都绕着房子和土地跑3圈呢？"所有认识他的人心里都想不明白，但不管怎么问他，爱巴都不愿意明说。

直到有一天，爱巴很老了，他的房子和土地也更大了，他生了气，拄着拐杖艰难地绕着土地和房子转，而等他好不容易走完3圈，太阳已经下了山，爱巴独自坐在田边喘气。

他的孙子在旁边恳求他："阿公，您已经这么大年纪了。这附近地区也没有其他人的土地比您的更广大，就不要再像从前那样，一生气就绕着土地跑3圈了。还有，您可不可以告诉我您一生气就要绕着房子和土地跑3圈的秘密？"

爱巴终于说出了隐藏在心里多年的秘密，说："年轻的时候，我一和人吵架、争论、生气，就绕着房子和土地跑3圈，边跑边想：自己房子这么小，土地这么少，哪有时间去和人家生气呢？一想到这里，气就消了，然后把所有的时间都用来努力工作。"

孙子问道："阿公！您年老了，又变成最富有的人了，为什么还要绕着房子和土地跑呢？"爱巴笑着说："我现在还是会生气，生气时绕着房子和土地跑3圈，边跑边想：自己房子这么大，土地这么多，又何必和人计较呢？一想到这里，气就消了！"

任务二 提高自己的情商

案例导入

有个脾气很坏的小男孩。一天，他父亲给了他一大包钉子，要求他每发一次脾气都必须用铁锤在他家后院的栅栏上钉一颗钉子。第一天，小男孩共在栅栏上钉了37颗钉子。

过了几个星期，由于学会了控制自己的愤怒，小男孩每天在栅栏上钉钉子的数目逐渐减少了。他发现控制自己的坏脾气比往栅栏上钉钉子容易多了……最后，小男孩变得不爱发脾气了。

他把自己的转变告诉了父亲。他父亲又建议说："如果你能坚持一整天不发脾气，就从栅栏上拔下一颗钉子。"经过一段时间，小男孩终于把栅栏上所有的钉子都拔掉了。

父亲拉着他的手来到栅栏边，对小男孩说："儿子，你做得很好。但是，你看一看那些钉子在栅栏上留下的那么多小孔，栅栏再也不会是原来的样子了。当你向别人发过脾气之后，你的言语就像这些钉孔一样，会在人们的心灵中留下疤痕。你这样做，就好比用刀子刺伤了某人的身体，然后再拔出来。无论你说多少次对不起，那伤口都永远存在。所以，口头上给人们造成的伤害与伤害人们的肉体没什么两样。"

案例分析

当我们把情绪毫无保留地发泄在周围人的身上时，就好像是被打破的杯子一样，即便接合后，也会有裂缝。倘若我们常在他人面前任由负面情绪决堤，乱发脾气，丝毫不加控制，久而久之，别人就会视我们为难以相处之人，甚至不再与我们往来。

名人名言

能控制好自己情绪的人，比能拿下一座城池的将军更伟大。——拿破仑

自我提升

一、什么是情商

情绪商数（Emotional Quotient）通常被简称为情商（EQ），是一种自我情绪控制能力的指数，由美国心理学家彼德·萨洛维于1991年创立，属于发展心理学范畴。情商是一种认识、了解、控制情绪的能力，也是指"信心""乐观""急躁""恐惧""直觉"等一些情绪反应的程度。与智商不同，情商大多取决于后天培养。人与人的情商，并无明显的先天差异。

哈佛大学心理学系教授丹尼尔·戈尔曼在他的文章《为什么情商比智商更重要》中说："如果你没有掌握情绪的能力，如果你没有自我意识，如果你不能够管理你的令人不安的情绪，如果你不能产生同理心和有效的关系，那么无论你有多聪明，你都不会取得很大的成就。"

清华大学吴维库教授做了一个更形象的比喻：人体就如同一驾马车，马车由马拉动，而人体由情绪推动。控制马的工具是缰绳，而管理情绪的工具是情商。如果马受惊失控，则会造成车毁人亡；如果人的情绪失控，就会发病、发疯、自杀、杀人。由此可知，提升

管理情绪的能力多么重要！吴维库把它简单归纳成5种能力：认识自己的能力、管理自己的能力、激励自己的能力、认识别人的能力，以及管理别人的能力。

在现实生活中，有些人智商高，但情商不高。他们可能学习和工作能力很强，但人际关系不怎么好，事业也不怎么顺利。那些智商平平而情商却很高的人，生活积极、人际关系好、有拼搏向上的精神。因此，这类人就特别容易获得成功。丹尼尔·戈尔曼在他的《情商智力》一书中指出：情商与人的生活各方面息息相关，是影响人一生快乐、成功与否的关键。情商比智商更重要。

研究已经证实，情商在人生的成功中起着决定性作用。只有情商和智商共同发挥作用，智商的作用才能得到淋漓尽致的发挥。

二、情商的具体内容

对于情商的基本概念，我们已经有了初步的了解。具体来说，情商包括以下5个具体的方面。

1. 自我认知能力（自我觉察）

认识情绪的本质是情商的基本点。这种随时认知感觉的能力，对了解自己非常重要。换一种说法解释，就是说：人贵有自知之明。一个人既不能对自己的能力判断过高，也不能轻易低估自己的潜能。对自己判断过高的人往往容易浮躁、冒进，不善于和他人合作，在事业遭到挫折时心理落差较大，难以平静对待客观事实；而低估了自己能力的人，则会在工作中畏首畏尾，踌躇不前，既没有承担责任和肩负责任的勇气，也没有主动请缨的积极性。有自知之明的人既能够在他人面前展示自己的特长，也不会刻意掩盖自己的欠缺。展示自己的不足而向他人求教不但不会降低自己的身份，反而是一种成熟、自信和真诚的表现。有自知之明的人在工作遇到挫折的时候既不会轻言失败，在工作取得成绩时也不会沾沾自喜。

2. 自我控制能力（情绪控制力）

情绪的自我控制能力，换句话说就是自律。情绪的自我控制能力包括：控制自己不安的情绪或冲动，要保持清晰的头脑且能顶住各方面的压力；用真诚赢得他人的信任，并且随时都清晰地理解自己的行为将影响他人。但是，为了表现所谓的"自律"而在他人面前粉饰、遮掩自己的缺点，刻意表演的做法是可笑的。只有在赢得他人信任的基础上，严于律己，宽以待人，才能真正获得他人的尊重和赞许。另外，自我情绪管理必须建立在自我认知的基础上，要懂得如何克服不良情绪、如何进行自我安慰，摆脱焦虑、灰暗或不安等情绪的影响。在这方面能力较匮乏的人，常常需要与低落的情绪交战；而能够掌控自己情绪的人，则能很快走出生命的低潮，重新开始。

3. 自我激励能力（自我发展）

一般情况下，能够自我激励的人，做任何事情的效率都比较高。一个人要想使自己持续进步，让个人能力从优秀向卓越迈进，就必须努力培养自己的"谦虚""执着"和"勇气"这3种品质。谦虚者能听取多方面的意见，一定会使人进步；执着是指坚持正确的方向，是指矢志不移的决心和意志；而只有那些有勇气迎接挑战、勇于做最困难的工作的人才能真正实现自我超越。正如马克·吐温所说："勇气不是缺少恐惧心理，而是对恐惧心理的抵御和控制能力。"需要注意的是，自我激励或发挥创造力，都需要将情绪专注于某一目标。这一点是绝对的，而且成就任何事情都要有情感的自制力——只有克制冲动、延迟满足、保持高度热忱，才是取得一切成就的动力。

4. 认知他人的能力（同理心）

同理心是为人处世的基本技巧之一。它同样需要建立在自我认知的基础上。具有同理心的人能够从细微的信息觉察他人的需求。这种类型的人特别适合从事医护、教学、销售与管理工作。具体而言，具有同理心的人无论做什么事情都会从对方角度想一想，总是会将心比心、设身处地地为他人着想。人与人之间的关系没有固定的公式可循。从关心别人、体谅别人的角度出发，做事时为他人留下空间和余地、发生误会时替他人着想、主动反省自己的过失、勇于承担责任等都是一个人获得成功的关键。只要有了同理心，我们就能避免许多的抱怨、责难、嘲笑和讽刺，大家就可以在一个充满鼓励、谅解、支持和尊重的环境中愉快地工作、生活。

5. 人际关系管理的能力（领导与影响力）

人际关系就是管理他人情绪的艺术。一个人的人缘、领导能力、人际和谐程度都与这项能力有关。充分掌握这项能力者通常是社会上的佼佼者。人际关系管理的能力包括在社会交往中的影响力、倾听与沟通的能力、处理冲突的能力、建立关系的能力、合作与协调的能力、说服与影响的能力等。

在上述5个方面，前3个方面只涉及"自身"，是对自身情绪的认识、管理、激励与约束；而后两个方面则涉及"他人"，要设身处地理解他人情绪，并通过妥善管理他人情绪来达到人际关系的和谐。换句话说，EQ 的基本内涵实际上包括两个部分：第一部分是要随时随地认识、理解并妥善管理好自身的情绪；第二部分是要随时随地认识、理解并妥善管理好他人的情绪。

高情商与低情商的区别

序号	高情商	较高情商	较低情商	低情商
1	尊重所有人的权利和人格尊严	自尊	把自尊建立在他人认同的基础上	无责任感，爱抱怨
2	不将自己的价值观强加于他人	是负责任的"好公民"	易受他人影响，自己目标不明确	无确定的目标，也不打算付诸实践

续表

序号	高情商	较高情商	较低情商	低情商
3	对自己有清醒的认识，能承受压力	有独立人格，但在一些情况下易受别人焦虑情绪的传染	能应付较轻的焦虑情绪	容易产生焦虑情绪
4	自信而不自满	比较自信而不自满	缺乏坚定的自我意识	自我意识差
5	认真对待每一件事情	做事比较认真	能做到部分自我管理	生活无序
6	人际关系良好，和朋友或同事能友好相处	有较好的人际关系	人际关系较差	几乎不能与人交往
7	善于处理生活中遇到的各方面问题	能应对大多数问题	生活处理能力差，要依靠他人	严重依赖他人

拓展阅读

负责任地表达自己的情绪

平时，我们用各种不同的策略逃避压抑的情绪和不良的感受，而在生活当中，其实是有一个观察者在随时观察我们的喜怒哀乐的，只是我们常常把他忽略了。

在这里，我教给大家一个很实用的方法，就是找一个对象去坦陈，去告解。生活中，最好的告解对象是植物、蓝天和白云。

比如说，你看见一朵云飘过时，可以说："云啊，你知道吗？刚才我看到那个女人跟我老公说话，我特别吃醋，很愤怒。白云，我现在告诉你：我承认自己是一个忌妒的人……"

你甚至都不用接受自己是一个忌妒的人，而只要"看见"就好了。因为忌妒是在潜意识底下运行的，你把它带到表意识就行了，所以，当你感受到不好的情绪时，你要找一个对象，比如说一棵树、一朵花，或是你信仰的神，向它们告解、坦白、承认，甚至是拥有你的情绪。

为什么要讲"拥有"？因为我们常常不拥有自己内在的东西。不喜欢的东西都被我们打压下去了。结果，那些都变成了我们生活中的阴影。它们阻挡了我们回家的路。我们只有真正看到、接纳这些内在的想法和自己不喜欢的事物，才能诚心地告解、承认、拥有。慢慢地，我们就会发现自己不再跟自己死较劲了。

另外一个方法就是，不要压抑自己的情绪。要知道，你当下所有的情绪，都不是当下的某个人、某件事，或是某种物勾起的，而是你内心压抑了很久，甚至从儿时就开始累积了，只是在这个时间点集中爆发了。

当情绪上来了怎么办？既不要压抑，也不要选择遗忘。遗忘实际上是治标不治本的。即使表面上遗忘了，其实内心有很多东西还是没有被处理掉。你要负责任地表达它，不压抑，不转移，不自圆其说，不合理化，不否认它，而是合理地、负责任地表达。

举个例子来说，你那天心情本来就很糟糕，结果停车的时候发现以前老占你停车位的那辆车又停在了那里。

"不负责任地表达"情绪可能就是，脾气一下就蹿上来了，先隔空乱骂一顿再说，或者是打破车窗、刺破轮胎等。

"负责任地表达"情绪就是，先缓和一下自己的情绪，接着在一张纸条上写这么一段话："对不起。这里是×××的专用停车位。麻烦你下次停在别的地方，好吗？"然后，将其贴在他的车窗上面就走。接下来你就会发现，他之后就没有再停"错"过……

——《重遇未知的自己》张德芬著

任务三　打造良好的职业心态

案例导入

小林大学毕业后一直找不到合适的工作，暂时先做起了快递员。虽然待遇还可以，但是他觉得自己做这份工作有些大材小用了。在这种情况下，不免出现工作不认真负责的情况。

有一次，一个客户让小林中午一点去取货。小林磨蹭了一会儿才赶过去，结果晚去了几分钟。客户当时急着办别的事情。小林的迟到让他十分恼火。客户拿起电话就给公司的经理打了过去，投诉小林的不负责任。

于是，小林回来后刚一进门，便受到了经理的一顿批评："你是怎么搞的，干活儿怎么总是磨磨蹭蹭的。你今天把一个客户得罪了。刚才我接到了关于你的投诉电话，说你晚去了几分钟。"

小林当时想："不就是几分钟吗？别以为我是新来的，好欺负，就拿领导的架子压人。"于是，小林申辩说自己不认识路，在路上耽误时间了。

没想到经理越说越严厉："你不要以为仅仅耽误了几分钟就觉得无所谓。我们的企业是快递公司。对于我们公司，时间就是信誉，而效率就是生命。很可能因为这几分钟，你就失去了好几位客户。你马上打电话给客户道歉，另外给我写一份书面检查。"

小林非常窝火，真想立刻和领导吵一架，然后辞职离开这里；但是，他想了想，还是努力控制住自己将要发作的情绪，默默地走出了办公室。

晚上回到家，小林气得在床上翻来覆去睡不着。在狠狠骂了经理之后，他突然意识到自己也是有错误的。如果自己早点出发，可能这些事情就不会发生了。他认识到了这点后，从心底有了原谅经理的想法。很自然地，他也控制住了自己那火爆的脾气，冷静下来进行了分析。

第二天，他向经理道歉，并认真地交上了检讨书。从此之后，小林开始注意自己的工作态度，改变了磨蹭的习惯，尽力向所有客户提供最优质的服务。就这样，他获得了"优秀员工"的称号。两年之后，他已经得到了部门经理的职位。

案例分析

我们不妨认真思考一下：如果小林当时一气之下和上司大吵一架，可能就没有以后做经理的机会了。其实上司挑剔的原因，是指出他工作中的缺陷，让他把工作做得更好。小林努力控制了自己的情绪，并且检讨了自己的言行，及时避免了一场争吵，获得了继续做这份工作的机会。这样的结果，不仅有利于维护职场关系，而且让自己的职业之路越走越宽，为自己铺就了更好的发展之路。

自我控制是强者的本能。只要学会管理自己的情绪，你就会在工作的过程中变得越来越成熟稳重。

名人名言

成功的秘诀就在于懂得怎样控制痛苦与快乐这股力量，而不为这股力量所反制。如果你能做到这点，就能掌握住自己的人生；反之，你就无法掌握自己的人生。——安东尼·罗宾斯

自我提升

职场情商，又称职业情商，是指一个人掌控自己和他人情绪的能力在职场和工作中的具体表现，更加侧重对自己和他人的工作情绪的了解和把握，以及如何处理好职场中的人际关系，是职业化的情绪能力的表现。

职业情商对职业情绪的要求就是保持积极的工作心态。什么样的工作心态算是积极心态呢？积极的工作心态表现在以下几个方面：

（1）工作状态要积极。每天精神饱满地上班，与同事见面主动打招呼并且展现出愉快的心情。如果上班时你展现的是一副无精打采的面孔，说起话来有气无力，没有任何感情色彩，则永远得不到上级的赏识，你的同事对你也不会有好感。

（2）工作表现要积极。积极就意味着主动。称职的员工在工作中应该做到以下5个主动：主动发现问题；主动思考问题；主动解决问题；主动承担责任；主动承担分外之事。可以毫不夸张地说，做到5个主动是职场员工获得高职高薪的五大法宝。

（3）工作态度要积极。积极的工作态度意味着工作中遇到问题时，能积极想办法解决问题，而不是千方百计找借口。成功激励大师陈安之说："成功和借口永远不会住在同一

个屋檐下。"遇到问题时习惯找借口的人永远不会成功。

（4）工作信念要积极。对工作要有强烈的自信心，相信自己的能力和价值，肯定自己。只有抱着积极的信念工作的人，才会充分挖掘自己的潜能，为自己赢得更多的发展机遇。

培养积极的职业习惯，必须突破以下心理舒适区：

（1）突破情绪舒适区：当你失去了一次本该属于自己的加薪机会时，你就愤愤不平，坐立不安，就想找上级评评理或者"讨个说法"；当下级办了一件错事的时候，你就忍不住斥责一顿；当上级批评你时，你就很难保持一副笑脸面对。喜怒哀乐是人的情绪对外部刺激的本能反应，但是如果对消极的情绪不加以控制，往往发泄情绪的结局对自己并没有好处。职场中应该绝对避免的几种消极情绪是：抱怨和牢骚，不满和愤怒，怨恨或仇恨，嫉妒、恐惧失败、居功傲视等，这些都是影响个人职业发展的致命伤害。

调节自己的情绪有很多方式、方法。其中最重要的是，要强化以下意识：在工作场合我的情绪不完全属于我，我必须控制自己的情绪！

（2）突破沟通舒适区：一个人的性格、脾气决定了其与他人沟通的方式。有的人说话快言快语，而有的人却该表态的时候也沉默寡言；有的人说话爱抢风头，经常不自觉地打断别人的谈话。有的人习惯被动等待上级的工作指示，而有的人则喜欢遇到问题时主动请示与沟通。每个人都习惯以自己的方式与别人沟通。

要实现同理心沟通，就必须有意识改进自己平时的沟通方式，学会积极倾听对方。良好的工作沟通不一定是说服对方，而是真正理解对方的想法。即使是争辩，也必须是对事不对人的良性争论，不能进行人身攻击和恶语相向。这是职场人际沟通中最应该注意的问题。

（3）突破交往舒适区：人们都习惯和自己脾气相投的人交往，所以无论在哪个单位和组织都存在非正式的组织和团体。这是正常的现象。但是人在职场，必须和组织内所有的人以及外部的客户打交道，故必须学会适应不同性格的人。突破交往舒适区，就是要有意识地和不同性格的人打交道，比如要主动找与自己性格不同的人聊聊天。看来很简单的事情，其实职场中大部分的人都难以做到。尝试和另一种不同性格的人交往，看来是一件小事，却对提升你的职场情商很有帮助。

拓展阅读

杜拉拉：赢在情商

杜拉拉，南方女子，姿色中上。她没有背景，受过良好教育，在一家全球 500 强企业工作。短短 8 年时间，就从一个月薪 2 000 元、青涩冥顽的行政助理，成长为年薪 20 万元、成熟干练的人事行政经理。

学会承压

情商，说到底就是对情绪的管理和控制。社会心理学家研究发现，一个人能否取得成功，智商只起到20%的作用，而剩下的80%则来自情商。能否驾驭心情、控制情绪、承受压力，是判断一个人情商高低的关键指标。

小说中杜拉拉刚进DB公司时的遭遇，可能让很多职场新人感同身受。

杜拉拉接手的第一项工作，是公司广州办的装修工程。她的顶头上司玫瑰身在上海总部，对她的装修工作遥控指挥。

这位业绩突出的行政主管，却是位脾气很大、极难相处的上司。处于角色模糊期的杜拉拉不知深浅，事事小心谨慎。若汇报多了，玫瑰就会骂她不够专业；而如果自己拿主意，玫瑰就又骂她工作越位。电话这一头，玫瑰经常"勃然大怒，一顿臭骂，且不带一个脏字"；电话那一头，杜拉拉只得加着小心，一遍遍认错，嘴上念叨"您老见教的是"。

杜拉拉无法做出判断，到底哪些问题该请示，哪些问题自己可以做决定；在政策许可范围内，哪些事情的处理只要符合规定就行，哪些又要特别按照前辈的专业经验来。天天胆战心惊地等着上司的骂人电话，拉拉能做的只有一条：在没有搞清楚"游戏规则"之前，将温顺进行到底。

但是，并不是每个人都能像杜拉拉那样控制情绪，承受压力。北京办的行政助理王蔷，就无法忍受玫瑰的颐指气使，不仅处处挑战她的权威，还冒险越级汇报玫瑰的工作作风问题。杜拉拉显然比王蔷更有耐心。她慢慢地摸准了上司的领导风格，并且找到了玫瑰管理事务的规律，明白了哪些工作必须按照她的意思办，哪些是玫瑰根本不关心的小事，哪些又是她要牢牢抓在手里，绝不肯放权于他人的事情。

懂得隐忍，学会弯曲的杜拉拉，接到的骂人电话越来越少；而满腹牢骚的王蔷意外地被公司炒了"鱿鱼"。"与上司建立一致性"，是新人杜拉拉总结出的第一条"江湖规则"。

那么，何谓"建立一致性"？杜拉拉的解释是：他觉得重要的事情，你就觉得重要；他认为紧急的事情，你也认为紧急。你得和他劲往一处使。通常情况下，你的表现和能力好还是不好，主要是你的直接主管说了算的。

随后，杜拉拉把"与领导建立一致性"不折不扣地贯穿于她的实践中。为了符合玫瑰的阅读习惯，她特意将广州办惯用的行政报告格式，换成上海办的格式。一段时间下来，对于所有棘手的工作，杜拉拉都能很细致地事先拿出解决方案。这让玫瑰感觉到，自己正想打盹时，下边便递来了枕头，获得了前所未有的被追随的满足感。

"改变你能改变的，适应你不能改变的"。最先掌握规则的人最先胜出。杜拉拉算是在DB广州办站稳了脚跟。

杜拉拉的成长，与"厚黑"无关，只是道出了职场生存最简单却又最深刻的法则：一个新人，在体现出你的价值之前，不懂妥协，过于计较，可能会成为职场前行的绊脚石。在一定程度上，在升职的第一阶段，情商比智商更能促进你成功。

学会总结

"智商使人得以录用，而情商使人得以晋升"。这句话被职场成功人士奉为圭臬。

诚然，一个人情绪稳定，对上司、同事没有过分苛求，对自己有适当的评价，善于总结经验，在遇到挫折时能"重整旗鼓"，如是，他在工作中就能游刃有余；反之，一个人即使智商再高，也难免为环境所困，无法施展手脚。毫无疑问，杜拉拉就属于前者。

杜拉拉的运气实在不怎么好。她遇到的顶头上司的领导风格让人琢磨不透。如果说玫瑰是作风硬朗的专制型领导，李斯特就是一个"该做决定时思考，遇到困难时授权"的官僚。

由于广州办装修项目工作出色，在玫瑰移民澳洲之后，杜拉拉成为接替玫瑰的不二人选。就在这时，她遇到了这位年届60、尽量避免做决定、只想在任上安全熬到退休的李斯特。

李斯特是一位只管结果、不问过程的领导；而杜拉拉则是一个有活干就兴奋，有着一流执行力和责任感的下属。在为期3个月的工作中，她加班700个小时，一个人干了3个人的活，并出色地完成了一个大项目。李斯特给了她5%的加薪机会。杜拉拉将"5%"视为光荣的象征，是组织的信任。事实上，她的贡献绝不仅仅值这个加薪幅度。

在李斯特的眼中，杜拉拉是一个只会干活、对职业生涯没有规划的人，"没有什么高级思路，附加值也就是5%"。在他看来，对于这类员工，不需要给她更多。"给她多了，倒超出她的想象力"。于是，上海的项目一结束，李斯特就想叫杜拉拉卷铺盖回广州办。

杜拉拉向来认为，做下属的就要多为上司分担，尽量能自己摆平各种困难。于是，一个人悄无声息地拿下这个大项目。辛辛苦苦还不招领导待见，到底为什么？她暗自思忖。

慢慢地，杜拉拉找到症结所在：对于李斯特这样一个结果导向型的领导，他根本不会意识到属下承担的任务有多大工作量，又有多大难度。于是，他就不认为承担这些职责的人是重要的。"鉴于他不认为你重要，他就不会对你好，甚至可能对你不好"。

"劳心者治人，劳力者治于人"。杜拉拉发现并不是什么事情自己默默干了，不给老板添麻烦，老板就会喜欢你。重要的是要让老板知道你的重要性。

认识不到自身价值，缺心少肺地蛮干，在领导眼中只是一个"廉价劳动力"。杜拉拉鼓励自己，走出情绪低谷，并找到了对策。她尝试将每一阶段的主要工作任务和安排都做成清晰简明的表格，让老板了解工作中困难的背景、难度、出现频率，同时也能够了解自己的专业知识，以及解决问题的能力和态度。这样一来，李斯特开始对杜拉拉的工作难度有了重新认识，对她解决问题的技巧也有了初步判断。

在职场，只顾低头拉车的人永远只能是一个"劳力者"。要做"劳心者"，就必须学会抬头看路，否则你永远只有苦劳而没有功劳，永远只是被动等待机会而无法创造机遇。

这就是杜拉拉总结出的第二条职场法则。

学会沟通

要想在职场上脱颖而出，活得精彩，仅有一技之长远远不够，还得懂得交往、沟通、协调、合作，懂得拿捏职业化与个性化之间的巧妙平衡。沟通，就是一个人在职场上获得更多资源、争取更多帮助的制胜之策。

毫无疑问，杜拉拉的成功离不开她的沟通能力。这种能力既包括如何从上级那里获得资源，更包括如何从下级那里赢得支持。

李斯特是个"放手派"。他既不啰唆你，也不支持你，一遇到困难就授权。杜拉拉只有向更高级别的领导寻求资源和帮助。凭借良好的职业素养，杜拉拉赢得了 DB 中国总裁何好德的赏识。经过几次交往，杜拉拉很快摸到了他的语言风格和逻辑。

"为什么做？怎么做？如果不做有什么害处？"杜拉拉总结出何好德与下属交流讨论时的几个最常问的问题。

杜拉拉明白，领导的时间是有限的，在向领导汇报工作时，必须逻辑清晰、语言简洁；遇到困难向领导寻求支持时，必须围绕他可能提出的问题，准备好方案再上会。

主动沟通，考虑周到，语言清晰简洁，不出现有歧义的内容，杜拉拉的交流心经，都可以称得上与老板沟通的"黄金法则"。杜拉拉正是凭借何好德对他的信任和好感，在 DB 中国公司成为一个不容小视的实力派人物。

同样，与下属的沟通技巧，也让杜拉拉赢得了更多的"人气"。

杜拉拉在担任 DB 中国人事行政经理的时候，物色了一个叫周亮的下属。他本事不大，但脾气不小，在杜拉拉眼中是个"自以为是，又过于敏感、自尊，工作中很难沟通，人际关系不好的人"。一次年中评估，杜拉拉一直尝试跟周亮谈谈如何改进工作，但是周亮总是像针刺一般反应强烈。

按照公司惯例，DB 中国公司员工在设定工作目标时应该运用"SMART 原则"。如果跟周亮当面详细解说这一原则，杜拉拉担心自视颇高的他会感觉下不来台。于是，杜拉拉虚拟了一个故事，并以电邮的形式发给几位新聘的属下，用以解释"SMART 原则"到底是什么。

这样一来，杜拉拉既顾及了下属的面子，也体现了自己的专业水平。能够站在别人的角度为人所想，也是高情商人士的一大特征。杜拉拉良好的沟通能力不仅获得了下属的认同和拥戴，也让她在激烈的职场竞争中规避了很多不必要的冲突和矛盾。

拿捏职业化与个性化之间的巧妙平衡，善于交流，长于沟通，便可以让一个人在职业晋升的关键当口多一些"贵人"帮助，少一些"小人"挡路。于是乎，人际关系也就变成了一种实实在在的"生产力"。

漫画素养

模块五 科学文化素养篇

 学习目标

通过本模块的学习，提升自己的科学文化素养，理解科学精神的内涵，了解常见的科学思维和科学方法，提高逻辑素养；提升自己的人文素养和文化品位。

项目十二 科学文化素养

科学尊重事实，服从真理，而不会屈服于任何压力。——童第周

任务一 科学素养

案例导入

鲍尔·海斯德是美国一位研究蛇毒的科学家。他小时候看到全世界每年有成千上万人被毒蛇咬死，就决心研究出一种抗毒药。他心想："人患了天花，会产生免疫力，而让毒蛇咬后能不能也产生免疫力呢？体内产生的抗毒物质能不能被用来抵抗蛇毒呢？"他设想这也是有可能的。

因此，从 15 岁起，他就在自己身上注射微量的毒蛇腺体，并逐渐加大剂量与毒性。这种试验是极其危险和痛苦的。每注射一次，他都要大病一场。各种蛇的蛇毒成分不同，作用方式也不同，每注射一种新的蛇毒，原来的抗毒物质都不能胜任，又要经受一种新的抗毒物质折磨。他身上先后注射过 28 种蛇毒。

经过危险与痛苦的试验，终于有了收获。由于自身产生了抗毒性，眼镜王蛇、印度蓝蛇、澳洲虎蛇都咬过他，但每次他都从死神身边逃了回来。蓝蛇的毒性极大。海斯德是世界上唯一被蓝蛇咬过而活着的人。他一共被毒蛇咬过 130 次，每次都安然无恙。海斯德对自己血液中的抗毒物质进行分析，试制出一些抗蛇毒的药物，已救治了很多被毒蛇咬伤

的人。

案例分析

鲍尔·海斯德为科学而献身。他为了科学不惧死亡，勇于探究。鲍尔·海斯德的科学精神永存。

名人名言

科学是永无止境的。它是一个永恒之谜。——爱因斯坦

自我提升

一、科学精神

科学精神是人们在长期的科学实践活动中形成的共同信念、价值标准和行为规范的总称。科学精神就是指由科学性质决定并贯穿于科学活动之中的基本的精神状态和思维方式，是体现在科学知识中的思想或理念。它一方面约束科学家的行为，是科学家在科学领域内取得成功的保证；另一方面，又逐渐地渗入大众的意识深层。当前社会科学技术迅猛发展，科学技术在现代生产生活中的应用越来越广泛。这对公民的科学素养要求越来越高。

在现代社会中，对科学精神的正确把握，必须纠正认识上的两种偏差：一是从实用主义上理解，把科学仅理解为工具，造成把科学精神理解为工具理性的偏差；二是仅仅从自然科学的观念出发孤立地理解科学精神，未能充分地从人文社会科学视角审视科学精神，进而导致科学精神与人文精神的对立。可见，只有从不同角度考察科学精神，我们才能对科学精神有全面、正确的认识。

英国近代唯物主义哲学家培根曾经把"要追求真理，要认识知识，更要信赖真理"看作"人性中最高尚的美德"。工人出身的德国唯物主义哲学家狄慈根指出："科学就是通过现象寻求真实的东西，寻求事物的本质。"科学的对象是客观世界。承认对象的客观实在性，避免主观任性，是科学认识的前提。正是由于具有渴求和崇尚真理这一特质，科学精神导致了科学的昌盛，促进了社会文明的发展。从蒸汽机到电动机，从热气球到宇宙飞船，从钻木取火到使用核动力……人类从愚昧野蛮走向光辉灿烂的文明世界的漫漫征程始终贯穿了求真求实的科学精神。科学精神要求辩证地思考一切。联系与发展是客观世界的基本特征，正确反映客观世界的真理性认识也必然具有辩证的性质。

科学精神容不得片面性和思想僵化。科学的发展得益于辩证的科学精神。恩格斯曾经高度评价过康德的"星云假说"，指出它在近代形而上学的僵化的自然观上打开了第一个

缺口。17—18 世纪欧洲的自然观被形而上学笼罩，而天体被认为是永恒不变的，而且天体的诞生及运行被解释为上帝之手的"第一次推动"。康德将辩证的思维方式引入自然科学，第一次用天体内部的吸引和排斥的矛盾解释天体的发生和发展，用辩证的观点描绘了宇宙的图景，否定了牛顿的第一推动力。这种辩证的自然观对 19 世纪下半叶物理、化学、生物学的新发展产生了积极而深刻的影响。

追求真理之路布满荆棘。科学精神同时意味着勇敢的献身精神。马克思曾经借用但丁的诗句说明这种献身精神："在科学的入口处，正像在地狱的入口处一样，必须提出这样的要求：'这里必须根绝一切犹豫。这里任何怯懦都无济于事。'"马克思非常崇拜古希腊神话中勇敢的盗火者普罗米修斯的献身精神，并在探索科学的人生道路上实践了这种精神。

二、科学思维

顾名思义，科学思维就是用科学的方法进行思维。它是科学方法在个体思维过程中的具体表现。反过来，我们也可以把科学本身看成一种思维方式。科学探究过程就是用科学的思维方式获取知识的过程。因此，科学探究和科学思维在本质上是相通的。前者更侧重于科学知识获得的过程，而后者则侧重于学习者内在的思维过程。科学思维就是用科学的方法进行思维。它是一种建立在事实和逻辑基础上的理性思考。它是科学方法在个体思维过程中的具体表现。反过来，我们也可以把科学本身看成一种思维方式。科学探究过程就是用科学的思维方式获取知识的过程。因此，科学探究和科学思维在本质上是相通的。前者更侧重于科学知识获得的过程，而后者则侧重于学习者内在的思维过程。科学思维就是用科学的方法进行思维。它是一种建立在事实和逻辑基础上的理性思考。具体包含以下内涵：

（1）相信客观知识的存在，并愿意通过自己的探究活动认识客观的世界。

（2）对于未知的事物会做出猜想，并知道主观的猜想是需要客观事实证明的。

（3）相信事实，只有在全面地考察事实之后才会做出结论。

（4）通过对事实进行合乎逻辑的推理而得出结论，并知道任何结论都是暂时性的。它需要更多的事实来证明，结论也可能被新的事实推翻。

科学思维的两个基本要素，即尊重事实和遵循逻辑，科学思维的培养，有 3 个关键性的实践要点。

第一步是对问题的猜想，第二步是事实的验证，第三步是理性的思考。科学思维是关于人和大自然关系的积极思考，是对大自然、对人类、对宇宙的爱。它和技术思维不同。爱因斯坦认为，近代科学的发展是以两个伟大成就为基础的：一是以欧几里得几何学为代表的希腊哲学家发明的形式逻辑体系；二是文艺复兴时期证实的通过系统的实验有可能找出因果关系的重要结论。可以说，逻辑原则和实验原则是近代科学思维的两个主要特征。

一种思维是否具备科学性，关键在于它是否具备这两个特点。

具体来说，我们可以从以下几种思维方式中培养科学思维。

1. 分析综合法

分析法是广泛应用的一种思维方法。它往往与综合法结合使用。所谓分析就是在思维中把研究对象的整体分解为几个部分、方面而分别加以考察，从而认识研究对象各部分、方面本质的思维方法。从表现形式上看，分析法在思维过程中把整体分解为部分，即把全局分解为局部，把统一性分解为单一性；但从本质上看，分割仅是一种手段，根本目的在于认识事物的各个方面，以把握它们的内在联系及其在整体中所处的地位和作用，从偶然中发现必然，从现象中把握本质。分析的实质是由感性认识上升到理性认识，理清事物的来龙去脉。这种由整体到局部，即从复合到单一的思维方法就是分析法。分析法的思维过程是执果索因的逆推过程，目标明确，便于下手，自然也就解决了以上困难，同时也有利于启发思维，开拓思路。

综合法是在分析的基础上把研究对象的各个部分、方面联结成为一个整体加以认识的思维方法。从表现形式上看，综合是把部分组合为整体，把局部组合为全局，把阶段联结成过程。这种组合并不是机械地凑合、简单地相加，而是按照事物各部分之间固有的、内在的、必然的联系，将其综合为一个统一的整体。综合法把与研究对象相联系的若干个别现象或个别过程连贯起来考虑，从而对整个事物或全部过程有一个完整和本质的认识。综合法与分析法的思维顺序恰好相反。它是由因导果，由已知到未知的推理过程，故也被称为"发展已知法"。

2. 归纳演绎法

所谓归纳，就是从众多特殊事物的性质和关系中概括出一大群事物共有的特性或规律的逻辑推理方法。归纳既是从客观事实认识一般科学原理的重要手段，也是把低层次理论上升到高层次理论的有效方法。

和归纳法相反，演绎法是从一般到个别的推理方法。作为出发点的一般性判断被称为"大前提"，而作为演绎中介的判断则被称为"小前提"。把由"大前提"和"小前提"推算出来的"结果"称为演绎的结论。演绎推理的主要形式就是由"大前提""小前提""结论"组成的"三段论"。其公理内容是：

若一类事物的内容全部是什么或不是什么，那么这类事物中的部分也是什么或不是什么。

例如：中国领土不容侵犯——大前提。钓鱼岛是中国领土——小前提。钓鱼岛不容侵犯——结论。

如上所述，从一般的规律、定理、规则中，得出特殊的结论，叫作演绎推理。

归纳推理是从个别到一般，而演绎推理则恰恰相反，是从一般到个别。因此，两者关系可被表示如下：

演绎所依据的一般性原理是从特殊现象中归纳出来的，而归纳只有以一般性原理为指导，才能找出特殊现象的本质。所以，归纳离不开演绎，演绎也离不开归纳。虽然归纳和演绎是两种不同的思维方式，但它们之间互相渗透、互相依赖、相互联系、相互补充。

当我们解决实际问题时，根据概念和规律分析题目所描述的现象，使用的是演绎法；若根据题目描述的现象推导出某些一般性结论，则使用的是归纳法。归纳法和演绎法的交叉应用是我们解决问题时最常见的思维方法。

3. 类比法

所谓类比，是根据两个或两类对象的相同、相似方面推断它们在其他方面也可能相同或相似的一种推理方法。不同于归纳、演绎，类比推理是从特殊到特殊的推理方法。其模式如下：

已知对象有属性 A，B，C 及属性 K，待研究对象有属性 A，B，C，且 K 与 A，B，C 有关。可类比推理：待研究对象也可能有属性 K。

4. 辩证思维法

辩证思维法是在思维过程中按照唯物辩证法进行思维的方法。辩证思维方法的基本特征有 3 个：联系的特征、发展的特征，以及对立统一的特征。

所谓联系的特征是指在思维中的现象之间、事物内部诸要素之间相互影响，相互作用，相互制约。唯物辩证法告诉我们，现象的因果联系是客观的、普遍的。在所考察的特定现象的特定关系中，原因和结果是紧密联系、相互统一的。就是说，任何结果都是由一定的原因决定的，而任何原因都决定着一定的结果。切不可倒因为果，或倒果为因。例如，力是物体产生加速度的原因，并不是物体做加速运动的结果会产生力。又如，合外力的功是物体动能改变的原因、合外力的冲量是物体动量改变的原因、导体两端的电压是产生电流的原因等都不能因果倒置。

所谓发展的特征，是指对事物认识的飞跃有个量的积累过程，不可能一次完成，有时可能产生曲折；同时，量变发展到一定程度会发生质变。

所谓对立统一的特征，是指唯物辩证法认为一切事物内部都存在矛盾。也就是说，任何事物都是一分为二的。大到宇宙天体，小到基本粒子；无论是简单的机械运动，还是高级的生命运动，都毫不例外。

唯物辩证法认为事物变化的根本原因在于事物的内部，即内因。外因只是条件，且外因要通过内因起作用。如电压是使导体产生电流的原因，而不能使绝缘体产生电流。

漫画素养

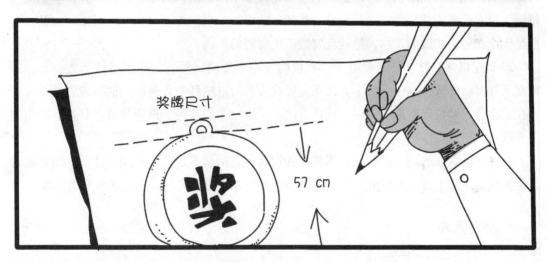

结果

三、科学方法

科学方法是指人们在认识、改造世界中遵循或运用的，符合科学一般原则的各种途径和手段，包括在理论研究、应用研究、开发推广等科学活动过程中采用的思路、程序、规则、技巧和模式。简单地说，科学方法就是人类在所有认识和实践活动中所运用的全部正确方法。

科学方法是人们探求自然现象及其本质和规律的手段、途径、程序和技巧。科学方法既是科学主体的主观手段和有效工具，又是客观规律的反映和应用；既是科学认识中反映客体、获取知识的通道，也是共同据以评价、接受一种理论的标准；既是既往认识成果的结晶和程序化，又为未来科学的形成和发展定向开路，使其规范化、效率化、最优化。

纵观科学发展史，可以清楚地看到，重大的科学发现、科技发明总是与发现者、发明者高超的研究方法相联系。一切创新活动都是探索未知的认识活动。它离不开科学思维的帮助，也永远离不开科学方法的指导。科学方法导引、规范着科学研究的进展，而其自身也是生产和科学实践的产物，是社会实践历史发展的产物。

20世纪以来，特别是随着电子计算机的应用和发展，原有的研究方法为之一新，还出现了许多新的研究方法。数学方法也发展成为各门自然科学普遍应用的一般方法，并开始在社会科学领域得到推广应用。理性方法有了进一步的发展，理论思维也日益显露出其重要性。

总之，科学方法是人们认识自然奥秘的钥匙。它永远不是一个封闭的体系，而是随着科学实践而不断丰富、发展的。人们认识自然界的能力也随着科学方法的发展而发展。

 漫画素养

四、逻辑素养

逻辑是人的一种抽象思维，是人通过概念、判断、推理和论证理解并区分客观世界的思维过程。

逻辑是在形象思维和直觉顿悟思维基础上对客观世界的进一步抽象。所谓抽象是认识客观世界时舍弃个别的、非本质的属性，抽出共同的、本质的属性的过程，是形成概念的必要手段。逻辑推理是关于从一个真的前提"必然地"推出一些结论的科学。科学的表达能力和一定的推理能力是逻辑素养的体现。

漫画素养

任务二　文化素养

案例导入

　　Google 公司全球副总裁兼中国区总裁李开复曾经说过："并不是说你显现出一定能力

就不可一世了。这个世界上没有绝对'完美'的人才！"

比如，比尔·盖茨就是一个非常谦虚的人。很多年前，在 Windows 还不存在时，他去请一位软件高手加盟微软。那位高手一直不予理睬。最后他禁不住比尔·盖茨的"死缠烂打"，同意见上一面，但一见面，就劈头盖脸地讥笑说："我从没见过比微软做得更烂的操作系统。"

比尔·盖茨没有丝毫的恼怒，反而诚恳地说："正是因为我们做得不好，才请您加盟。"那位高手愣住了。盖茨的谦虚把高手拉进了阵营。这位高手成了 Windows 的负责人，终于开发出了世界上应用最普遍的操作系统。

案例分析

职场中，经常会有这样的年轻人，很容易有些自以为是，觉得自己学历高、精力充沛，是真正的人才，不把周围人放在眼里。其实，最成熟的谷子往往是头垂得最低的。谦虚是一个人不断前进的首要前提。只有谦虚，不断地学习，不断地完善自己，才能保持自己在职场中的优势地位。

名人名言

许多思想是从一定的文化修养上产生出来的，就如同幼芽是长在绿枝上一样。——歌德

自我提升

一、人文素养

何谓人文素养？它是人的信仰、理想、信念、情感、意志等内在品质的外在表现。首先，要有健康的体魄、健全的心智、基本的认知能力。其次，要善于学习继承古今中外一切优秀的人文成果，具有深厚的历史文化底蕴，敢于创新而不因循守旧；始终保持敏锐的理论思维，紧跟时代步伐而不落伍；立足当下，敢于担当，身体力行重实践。再次，人文素养的形成只有经过一个修习、积淀的过程，方能内化为一种气质、人格、品性，即人文精神，从而超越"小我"的迷雾，强烈关注人的命运、价值和尊严，对人类赖以生存生活的环境、地球和所有物种的命运充满人文情怀，倾注终极关怀。把对家国和人民的道义担当转化为强烈的历史使命感和社会责任感。最后，在社会实践层面，"究天人之际，通古今之变"，世事洞明有敬畏，人情练达知廉耻，规律在握，料事达观自然，处事游刃有余，具有独立人格和自由精神。

人文素养的灵魂，不是"能力"，而是"以人为对象，以人为中心的精神"。其核心内容是对人类生存意义和价值的关怀。这就是"人文精神"，也可以说是"人文系统"。这其实是一种为人处世的基本的"德性""价值观"和"人生哲学"。科学精神、艺术精神和道德精神均被包含其中。它追求人生和社会的美好境界，推崇人的感性和情感，看重

人的想象性和生活的多样化。主张思想自由和个性解放是它的鲜明标志。它以人的价值、感受、尊严为万物的尺度，以人对抗神，对抗任何试图凌驾于人的教义、理论、观念，进行中的事业，以及预期中的目标，对抗所有屈人心身的任何神圣。

个人的人文素养的质量是个人健康发展的结果；社会的人文素养质量是一个社会汲取历史经验教训、积累文明成果的结果——"文明成果"的最重要部分，衡量"社会文明"的尺度，也是"社会文明"的标志。

二、审美情趣

审美情趣又称审美趣味，是指审美主体欣赏、鉴别、评判美丑的特殊能力。它是审美知觉力、感受力、想象力、判断力、创造力的综合，在人的实践经验、思维能力、艺术素养的基础上形成和发展，是以主观爱好的形式表现出来的对客观的美的认识和评价。

审美趣味是人们在审美活动中表现出来的具有一定稳定性的审美倾向和主观爱好（包括偏爱）。审美趣味总是与对一事物的喜爱和对另一事物的厌恶相联系，带有能动的选择性，具有明显的定向功能。它不仅反映客体的审美属性，而且表现出主体的特性。它们以主观爱好的形式反映着审美主体对审美对象和审美创造的需求，经常在审美评价和审美判断中表现出来。

三、文化品位

就狭义的文化来说，文化品位是指意识形态所创造的精神财富，包括宗教、信仰、风俗习惯、道德情操、学术思想、文学艺术、科学技术、各种制度等。品位，是指对事物有分辨与鉴赏的能力。那么，文化的品位就是指一个人对意识形态所创造的精神财富的分辨和鉴赏的能力。

对生活不同的感受和态度体现出一个人品位的高低。品位高的人，他的生活优雅、精致，有情趣，有格调，有追求，有意义；品位低的人，其生活粗鲁低俗、愚昧无聊，但往往这种人还自以为是、丑态百出。

拓展阅读

著名教育学者肖川教授曾对人文素养的内涵进行过界定。他认为这一术语包括以下几个方面的含义：

（1）对于古典文化有相当的积累，理解传统，并具有历史意识；能够"审经答变，返本开新"。

（2）对于人的命运，人存在的意义、价值和尊严，人的自由与解放，人的发展与幸福有着深切的关注。

（3）珍视人的完整性，反对对人的生命和心灵的肢解与割裂；承认并自觉守护人的精神神秘性和不可言说性，拒斥对人的物化与兽化，否定、排弃将人简单化、机械化。

（4）尊重个人的价值，追求自我实现，重视人的超越性向度；崇尚自由意志和独立人格，并对个体与人类之间的关联有相当的体认，从而形成人类意识。

（5）对于人的心灵、需要、渴望与梦想，直觉与灵性，给予深切的关注；内心感受明敏、丰富、细腻与独特，并能以个性化的方式表达出来。

（6）重视德性修养，具有叩问心灵、反身而诚的自我反思的意识和能力。

（7）具有超功利的价值取向，乐于用审美的眼光看待事物。

（8）具有理想主义的倾向，追求完美。

（9）具有终极关切和宗教情怀，能对于"我是谁，我们从哪里来，又要到哪里去"一类问题做严肃追问。

（10）承认并尊重文化的多样性；对于差异、不同、另类，甚至异端，能够抱以宽容的态度。

（11）能够自觉地守护并践履社会的核心价值，诸如公平与正义。

 漫画素养

234

模块六　职业生涯规划篇

 学习目标

通过本模块的学习，认识职业生涯规划的重要性，掌握进行职业生涯规划的方法和步骤，探索自己的职业价值观，为以后的职业发展做铺垫。

项目十三　大学生职业生涯规划

凡事预则立，不预则废。——《礼记·中庸》

任务一　认识职业生涯规划

 案例导入

在 20 世纪 80 年代末 90 年代初，史玉柱就超前地展示了他的营销才能。当他还在读大学的时候，就跟随一位大学老师在商海中拼搏。在这段时间，他积累了丰富的经验。同时，也为毕业后的出路做好了准备。他想，自己将来从事的工作一定是离不开这一行了。1989 年 7 月，史玉柱带着自己独立开发的汉卡软件和"M-6401 桌面排版印刷系统"软盘，怀揣着创业的梦想，来到了深圳。

一张营业执照和 4 000 元人民币成为史玉柱实现梦想的起点。他用这些钱承包了一个电脑部。为了得到第一台电脑，他向电脑商提出以加价 1 000 元为条件，推迟半个月付款。接着他又以电脑作抵押，在《计算机世界》做了赊欠广告费的宣传。当时，这本杂志给了他 15 天的欠费期，但是到了第 12 天，史玉柱还是一分钱也没有赚到。但到了第 13 天，他收到了 3 笔汇款，总金额 1.582 万元！

两个月后，他收获了第一桶金，足足有 10 万元。为了扩大影响，他把这笔钱再度投入到广告中去。半年之后，他的收入整整提高了 400 万元。

1991 年 4 月，珠海巨人新技术公司成立了。这是史玉柱的心血，凝结着他的全部希望。就在这时，同行的竞争越来越激烈。为了在市场上站稳脚跟，史玉柱别出心裁：订购 10 块及 10 块以上巨人汉卡的电脑销售商可以来珠海参加订货会，而且路费由巨人承担。

几十万元花出去之后，200 多家大大小小的软件经销商来到了珠海并且订了大量的货物。一张庞大的销售网络组成了，史玉柱的事业如日中天。

到了 1991 年年底，巨人汉卡的销量一跃成为全国同类产品之首，公司获纯利 1 000 多万元。到了第二年，巨人集团的资本超过 1 亿元，成就了一个商业神话。

案例分析

史玉柱在读大学的时候，就为自己将来的工作做好了准备，做好了自己的职业生涯规划。他把工作当成贯彻一生的任务，并在这个基点上不断地努力。终于，他获得了成功。不管在创业途中遇到多少困难，他始终没有放弃自己的决定。甚至在濒临绝望边缘的时候，他都咬着牙坚持了下来。这种精神值得我们每个人学习。

名人名言

在职业生涯发展的道路上，重要的不是你现在所处的位置，而是迈出下一步的方向。——程社明

自我提升

一、生涯

人生有涯，学海无涯。生涯本意是一段经历或历程，是人们通过经历某种生涯而创造出的一段有目的的、延续一定时间的生活模式或历程，比如教师生涯、运动生涯、军旅生涯等。生涯辅导大师 Super 把"生涯"解释为生活中各种事件的演进方向与历程，统合了个人一生中各种职业与生活角色，由此表现出个人独特的自我发展形态；是人生自出生到退休后，一连串有酬或无酬职位的综合；而除了职位外，尚包括任何与工作有关的角色，如家庭、公民角色等。由此可见，"生涯"是以"工作"为中心的人生发展历程。生涯的最大特点是终身性，从出生到死亡，发展贯穿人一生。第二个特点是综合性，并不局限于个人的职业角色，还包括学生、子女、父母、公民等涵盖人生整体发展的各个层面的各种角色。另外，生涯还具有发展性、独特性的特点。

二、职业生涯

职业生涯是指一个人终生经历的所有职位的整个历程，是一个人在工作生活中所历经的所有职业或职位的总称。虽然职业生涯也是以"工作"为中心的历程，但是它是从进入工作生活到退出工作生活的一段历程。职业生涯具有如下特点：

1. 独特性

每个人的职业发展是独一无二的。职业生涯是个人依据它的人生目标，为了自我实现而逐渐展开的一段独特的生命历程。不同的人有不同的特质以及不同的追求，从而导致了每个人有着不同于他人的职业发展经历。从大致发展形态来看，也许有些人在职业生涯发展的形态上有着相似的地方，但是其过程可能是完全不同的。职业生涯的独特性决定了并不存在一条适合所有人发展的职业道路。每个人都应该根据自己的特点选择一条适合自己发展的职业道路。

2. 发展性

职业生涯是一个动态的发展过程。个人在不同的人生发展阶段会有不同的诉求。这些诉求在工作生活中被不断地表达出来，并寻求满足。个人正是通过这些诉求的表达而成为自身职业生涯的主动塑造者。

3. 内外性

职业生涯的内在性是指职业生涯发展表现在观念更新、心理素质提高、技能提升、经验丰富等内在因素上。职业生涯的外在性是指职业生涯发展表现在职位提升、待遇提高、工作环境改善、工作权限增加等外在因素上。这两者并不是孤立的，而是相互连动的。内职业生涯的发展是外职业生涯发展的基础，而外职业生涯的发展又会促进内职业生涯的提升。

4. 无边界性

在现代社会，个人的职业生涯发展愈来愈表现出了跨组织、跨地域和跨职业的特点。这就是无边界职业生涯（Boundaryless Career）。在传统社会，一个人固定在一个单位、一个地方、一个职业是可能的；但是，伴随着经济的全球化、信息化，组织发展的不确定性剧增，越来越多的人自愿或非自愿地进行着职业转换。因此，个人要在新的生存环境下做到不失业，终身有职业并有所成就，唯一的应对策略就是提高自身的综合素质，增加自己的市场竞争力。

三、职业生涯规划

人生在世，谁都想成就一番事业。然而，事业的成功，并非人人都能如愿以偿。问题何在？如何才能使事业获得成功？职业生涯规划为你提供了事业成功的技术与方法。良好的职业生涯规划可使我们充分认识自己，客观分析环境，科学地树立目标，正确选择职业，运用适当的方法，采取有效的措施克服职业发展中的险阻，从而获得事业的成功。

1. 什么是职业生涯规划

在解释什么是职业生涯规划（Career Planning）之前，让我们先澄清几个日常生活中常见的概念：职业生涯开发与管理（Career Development and Management）、职业生涯教育

（Career Education）、职业指导（Career Guidance）、职业生涯咨询/辅导（Career Counseling）、职业生涯设计（Career Design）与规划。

（1）职业生涯开发与管理，是指在企业组织环境下所设计的一系列员工职业发展方面的活动或措施。其目的是改善员工的工作习惯，提高员工对工作的胜任度，从而提高组织的生产力和经济效益。

（2）职业生涯教育，是指在教育情境中所设计的一系列职业发展方面的活动或措施。其目的是增进学生的职业生涯意识，能主动地为自己将来的职业生涯做好准备。

（3）职业指导，是指由有经验的人通过谈话的形式对个人有关职业方面的困惑进行指导。在指导关系中，指导者与被指导者的地位是不对等的。指导者居于主导地位。

（4）职业生涯咨询/辅导，是指一个以语言沟通的历程，咨询师与来访者建立一种平等合作的关系，应用许多不同的咨询技巧，协助来访者自己解决职业发展方面的问题。

（5）职业生涯设计或规划。职业生涯设计与职业生涯规划是同一层面的概念，是指个人结合自身情况、眼前机遇和制约因素，为自己确立职业目标，选择职业发展路径，确定学习计划，为实现职业生涯目标而预先设计的系统安排。从职业生涯规划的概念可以看出，职业生涯规划具有个人主导的特点，即职业目标的实现需要自己以负责任的态度，积极、主动地开展职业发展方面的实践。

2. 大学生职业生涯规划的意义

人生在世，要干成一番事业。只有树立了明确的目标，才能向着目标的方向努力，才能有意识地收集有关素材，创造有利条件，使事业尽快获得成功。一个人的过去并不重要，关键是下一步迈出的方向。无数成功人士的成长经历告诉我们：一个人无论从事什么职业、从事什么工作，只要通过科学的规划，并按规划去实施，就能使一个人的目标得以实现，使一个人的事业获得成功，使一个平凡之人发展成为一个出色的人才。

大学阶段虽然还算不上是职业生涯阶段，却是职业生涯的准备期。一个人在大学阶段为自己未来职业生涯准备得如何，对其未来的职业发展有着非常重要的影响。职业生涯规划对大学生个人发展的作用主要有以下几点：

（1）促进大学生形成积极上进的人生观。成功的职业生涯需要不断地为之去奋斗，而积极上进的人生观则为个人努力实现职业发展目标提供了源动力。况且，一个人的职业发展是一个长期的过程，在发展的道路上，也不可能一帆风顺，前进中的挫折和暂时失败是难免的。缺乏积极上进人生观的人，意志非常容易消沉，容易丧失重新站起来的力量。积极上进的人生观不会让人一直沉浸在一时的成功中，而是让人不断超越自我，实现更大的成功。

很多大学生在高中时把考上大学作为人生的奋斗目标，而一旦考上大学则感到非常迷茫。面对新环境、新同学、新学习生活，显得不知所措。这是因为他们不知道自己的人生目的是什么，不知道自己的人生价值是什么，不知道应该以什么样的人生态度面对大学生活。运用职业生涯规划的方法和技术，能够帮助我们全面认识自我，了解社会，找出自己在知识、能力等方面与社会要求的差距，进而帮助我们明确人生目的，形成高品质的人生价值追求，并以积极进取的人生态度面对生活。因此，大学生应以职业生涯规划为切入点，促进自己形成积极上进的人生观。

（2）提高大学生职业生涯规划意识。以职业生涯规划为契机，对个人的专业特长、兴趣爱好、性格特征、待人接物的能力，以及擅长的技能做充分、全面的分析，可以帮助大学生对自己进行正确评估，迅速、准确地为自己定位，明白自己更适合什么样的工作，自己将来有可能在哪些方面获得成功，逐渐理清生涯发展方向，形成较明确的职业意向，并提升自己的生涯自主意识和责任感，为今后的事业发展做全面、长远的打算。

（3）促使大学生做好大学期间的发展规划。大学生涯是人生发展中非常重要的阶段。大学阶段的学习、生活、社会工作情况直接或间接地决定了大学毕业生未来的职业发展方向与高度。人生需要规划，大学阶段同样需要规划。大学生涯规划是大学生为自己的成才和发展所订立的契约，是自己对未来美好的承诺。

大学生要想实现自己的人生目标，就要制订大学阶段的学习和能力培养计划，并根据自己的爱好、实际能力和社会需求制定正确的大学生涯发展目标和有效的实施步骤。有了目标，我们就会如饥似渴地追求知识，充实自己，完善自己，整个大学阶段的学习和生活就会由被动变为主动。比如，假如你想毕业后去政府机关当公务员，在大学期间就要主动地加强自身的政策理论水平的修养，加强个人口头表达能力、文字处理能力、组织协调能力的训练；假如毕业后想开办公司，就要培养自主创业、勇于开拓的精神，踏实的工作作风，吃苦耐劳的意志。在努力达到目标的过程中，你就会集中精力、心无旁贷地投入其中，建立一种自我激励机制，即使遇到一些困难和挫折，也会全力以赴地去克服，不达目的不罢休，真正从内在激励自己的成才欲望和成才行为。

（4）增强大学生的就业核心竞争力。影响大学生求职就业的因素既有学校、社会需求因素，也有学生自身因素。其中，决定大学生能否找到适合自身发展的工作的因素还是大学毕业生自身的核心竞争力。核心竞争力强的同学不是"人求职"，而是"职求人"。在现实中，我们往往发现，同样的学校、同样的专业、同样的班级，有的同学就业时能很快找到一份满意的工作，而有的同学却迟迟找不到东家。究其原因，就是有的同学进入大学后，迅速适应了大学生活，并重新树立了学习目标。在目标的指引下，对大学生活进行合理的规划，积极主动地提高自身的综合素质。大学的外在资源对每个同学都是一样的，能否将大学优质的学习资源转变为自身就业和职业发展的核心竞争力，还是取决于大学生自身。做好自身的职业发展规划，将促使我们在大学期间主动、自觉地学习，增强核心竞争力。

（5）帮助大学生理性选择职业发展道路

由日常的经验得知，很多大学生在面临职业选择时，往往存在两种倾向：一是升学惯性，选择继续深造的目的比较盲目；二是在找工作时，盲目攀比，受他人价值观影响严重。对个人、自身进行一番职业生涯规划之后，将使自己的职业选择更加理性。因为职业生涯规划能够帮助我们认清自身需要，懂得并掌握职业生涯开发与管理的知识与技能，从而帮助我们在遵循自身个性特点、能力优势的基础上结合社会需要，真正选择一条适合自身发展的职业道路。我们只有选择了适合自己的职业发展路径，才有可能将个人的能力优势充分发挥出来，对社会的贡献才会更大，成才的速度也才会更快。

（6）夯实未来事业成功的基础

"不经历风雨怎么见彩虹，没有人能够随随便便成功"。成功需要积累，需要抓住机遇，而机遇只会给有准备的人。命运的改变不是一朝一夕就完成的，事业的成功也一样。如果你经常设想5年、10年以后要做什么，想象一下你的未来是什么样子，然后设定一个职业发展目标，在这5年或10年里紧紧地围绕这个目标做应该做的事情，那么你的未来一定不是梦。

拓展阅读

方文山是周杰伦的最佳拍档。周杰伦说："没有方文山，我的歌不会这么成功。"方文山的歌词充满画面感，文字宛如电影场景般跳跃，在传统歌词创作的领域中独树一帜。

方文山如今已经俨然是继林夕之后华语乐坛最优秀的词作者，但从媒体上看，如果不说话，你会把他当作送外卖的。实际上，他曾经就是个送外卖的。

方文山是电子专业毕业生，为了圆梦而在台北苦苦打拼。他做过防盗器材的推销员，还曾帮别人送过外卖，送过报纸，做过中介、安装管线工。他原来的理想是做一位优秀的电影编剧，进而成为合格的电影导演，但当时台湾地区电影的整体滑坡让他望而却步，只好退而求其次地拼命创作歌词。

方文山当时最喜欢的是电影，只是觉得可以通过写歌词这个渠道，可能能帮助他迂回进入电影圈。方文山在做一名还算称职的管线工之余，在创作歌词上花了大量的时间，直到可以选出100多首，集成词册。

这时候，方文山开始了他的求职之路。他翻了半年内所有的CD内页，找最红的歌手和制作人，把集成册子的歌词邮寄给他们，一次寄100份。为什么要寄这么多份？方文山是做了计算的。他估计经过前台小姐、企宣、制作人层层辗转，大概只有五六份被目标人物收到。实际上他估算得太乐观了。这样持续的求职行为持续了一年多，而结果都是石沉大海。直到有一天他接到吴宗宪的电话，同时吴宗宪还签下了一位会弹钢琴的小伙子。他就是周杰伦。

被吴宗宪发掘并赏识，方文山进入华语流行音乐界，和周杰伦结成黄金搭档，被广泛接受和认可，真正成了"华语乐坛回避不掉的人物"。

任务二　职业生涯规划的方法

 案例导入

　　小陈是一名信息管理系的高职在校生。还有一年半他就将毕业，面临择业。他希望对自己有一个职业生涯的规划，于是详细分析了自己的情况，列举如下。

一、个人优势

- 自信、乐观，对待生活和工作的态度积极向上，性格随和
- 为人正直，心地善良
- 能够辨别大是大非，遇事坚持自己的原则
- 心思细腻，考虑问题比较细致
- 个人学习能力强，喜欢思考问题
- 年轻，富有激情与活力，有付出精神
- 适应能力强

二、个人劣势

- 做事有时拖拉，不够雷厉风行
- 缺乏实际工作与社会经验
- 比较理想化，容易感情用事
- 有点惰性，行动力有些不足

三、外部机会

- 就专业方面来说，现在是一个信息爆炸的时代，各种渠道获得的各种类型的信息浩如烟海。对很多人来说，海量的信息只会让他们感到无所适从，而这也就产生了对于信息进行组织和管理使之有序化的需求。因此，从大的环境来说，这个专业方向是很有发展前景的
- 中国的国际化形势给个人提供了更多的机会，可以在更宽广的舞台展现个人优势，比如：作为国际交流的工具，英语发挥的作用就很大
- 身边有很多优秀的同学，有很多向他们学习的机会，并且有构建良好人际关系的条件

四、外部危机

- 国际化的环境同时也意味着国际范围的竞争和挑战，对个人的素质要求也就更高了。对于英语来说，就不能只满足于读、听、写，表达能力也至关重要
- 距离毕业还有一年半的时间，而离找工作只有一年的时间，并且找工作的时候并不是单位用人高峰期，就业的机会不是很多

➢ 优秀的人很多，而机会不一定是均等的。这时就不单单是知识的比拼，更是对个人发现机会，展示自己并把握机会和能力的考验。需要重点培养自己表达及表现的能力。表达是人与人沟通最基础的表现形式。自己的想法、需求需要表达，能力也需要积极地展示，以得到更多人的认可和肯定

案例分析

小陈从个人优势、个人劣势、外部机会和外部危机 4 个方面进行了分析。这其实就是职业生涯规划的 SWOT 方法。个人 SWOT 分析是职业生涯规划的第一步。它能帮助我们明确自身的优、劣势，并思考未来的行动方向。

名人名言

在职业生涯发展的道路上没有空白点。每一种环境、每一项工作，都是一种锻炼。每一个困难、每一次失败，都是一次机会。

自我提升

一、SWOT 法

SWOT 法最早是由美国旧金山大学的管理学教授在 20 世纪 80 年代初提出来的。在此之前，早在 20 世纪 60 年代，就有人提出过 SWOT 分析中涉及的内部优势、弱点、外部机会、威胁这些变化因素，但只是孤立地对它们加以分析。SWOT 法用系统的思想将这些看似独立的因素相互匹配起来，进行综合分析。SWOT 法有利于人们对个人或组织所处情景进行全面、系统、准确的研究，有助于人们制订发展战略和计划，以及与之相应的发展计划或对策。

SWOT 分析是一种功能强大的分析工具，是检查个人技能、职业、喜好和职业机会的有用工具。通过它，当事人很容易知道自己的个人优点和弱点在哪里，并且会仔细地评估出自己感兴趣的不同职业道路的机会和威胁所在。其中，S 代表 Strength（优势），W 代表 Weakness（弱势），O 代表 Opportunity（机会），T 代表 Threat（威胁）。其中，S，W 是内部因素，而 O，T 是外部因素。

一般来说，对自身的职业发展问题进行 SWOT 分析时，应遵循以下 5 个步骤：

（1）评估自己的长处和短处。每个人都有自己独特的技能和天赋。在当今分工非常细的市场经济里，每个人都擅长于某一领域，而不是样样精通。譬如说，有些人不喜欢整天坐在办公桌旁，而有些人则一想到不得不与陌生人打交道，就心里发麻，惴惴不安。请做个表，列出你自己喜欢做的事情和你的长处所在（如果你觉得界定自己的长处比较困难，则你可以请专业的职业咨询师帮你分析。分析好之后，可以发现你的长处所在）。

　　同样，通过列表，你可以找出自己不是很喜欢做的事情和你的弱势。找出你的短处与发现你的长处同等重要，因为你可以基于自己的长处和短处做两种选择：一是努力改正你常犯的错误，提高你的技能；二是放弃那些对你不擅长的、技能要求很高的职业。列出你认为自己所具备的很重要的强项和对你的职业选择产生影响的弱势，然后再标出那些你认为对你很重要的强、弱势。

　　（2）找出你的职业机会和威胁。我们知道，不同的行业或专业（包括这些行业里不同的公司）都面临不同的外部机会和威胁。所以，找出这些外界因素将帮助你成功地找到一份适合自己的工作，对你求职是非常重要的，因为这些机会和威胁会影响你的第一份工作和今后的职业发展。如果某个公司处于一个常受到外界不利因素影响的行业里，那么很自然，这个公司能提供的职业机会将是很少的，而且没有职业升迁的机会；相反，充满了许多积极的外界因素的行业将为求职者提供广阔的职业前景。请列出你感兴趣的一两个行业或专业，然后认真地评估这些行业或专业所面临的机会和威胁。

　　（3）提纲式地列出今后 3 ~ 5 年内你的职业目标。仔细地对自己做一个 SWOT 分析评估，列出你未来 3 ~ 5 年内最想实现的 4 ~ 5 个职业目标。这些目标可以包括：大学毕业后你想从事哪一种职业，你将管理多少人，或者你希望自己拿到的薪水属于哪一级别。请时刻记住：你必须竭尽所能地发挥出自己的优势，使之与行业提供的工作机会圆满匹配。

　　（4）提纲式地列出今后 3 ~ 5 年的职业行动计划。这一步主要涉及一些具体的内容。请拟出一份实现上述第三步列出的每一个目标的行动计划，并且详细地说明为了实现每一个目标，你要做的每一件事，以及何时完成这些事。如果你觉得需要一些外界帮助，则请说明需要何种帮助，以及你如何获取这种帮助。例如，你的个人 SWOT 分析可能表明，为了实现你理想中的职业目标，你需要进修更多的管理课程。那么，你的职业行动计划应说明要参加哪些课程、什么水平的课程，以及何时进修这些课程等。你拟订的详尽的行动计划将帮助你做决策，就像外出旅游前事先制订的计划将成为你的行动指南一样。

　　（5）寻求专业帮助。能分析出自己职业发展及行为习惯中的缺点并不难，而要用合适的方法改变它们却很难。相信你的父母、老师、朋友、职业咨询专家都可以给你一定的帮助。有外力的协助和监督也会让你取得更好的效果。

　　很显然，做个人 SWOT 分析需要认真对待。当然，要做好职业分析，难度也很大。但是，进行一次详尽的个人 SWOT 分析是值得的，因为当你做完详尽的个人 SWOT 分析后，将有一个连贯的、实际可行的个人职业策略供你参考。在激烈的职场竞争中，拥有一份挑战和乐趣并存、薪酬丰厚的职业是每一个人的梦想，但并不是每一个人都能实现这一梦想。因此，为了使你的求职和个人职业发展更具有竞争力，请认认真真地为你的职业发展做些实事吧。

二、5WHAT 法

　　对于许多大学生来说，职业生涯规划也许是一个比较模糊的概念，因而就更谈不上对自己的职业生涯进行规划了。其实，只要你对自己有一个基本认识，同时掌握一定的方法，你就能对自己进行职业规划，为自己的职业生涯发展画一张蓝图。5WHAT 归零思考法共有 5 个问题：What are you? What do you want? What can you do? What can support you? What can you be in the end? 回答了这 5 个问题，找到它们的最高共同点，就有了自己的职业生涯规划。该方法尤其适合即将毕业的大学生。

对于第一个问题"我是谁"，应该对自己进行一次深刻的反思，把优点和缺点都一一列出来。

第二个问题"我想干什么"，是对自己职业发展的一次心理趋向的检查。每个人在不同阶段的兴趣和目标并不完全一致，有时甚至是完全对立的，但随着年龄和经历的增长将逐渐固定，并最终锁定自己的终生理想。

第三个问题"我能干什么"，是对自己能力与潜力的全面总结。一个人职业的定位最根本的还要归结于他的能力，而他职业发展空间的大小则取决于自己的潜力。对于一个人潜力的了解应该从几个方面着手认识，如对事的兴趣、做事的韧力、临事的判断力，以及知识结构是否全面、是否及时更新等。

第四个问题是"环境支持或允许我干什么"。这种环境支持在客观方面包括本地的各种状态，如经济发展、人事政策、企业制度、职业空间等。人为主观方面包括同事关系、领导态度、亲戚关系等。应该把两方面的因素综合起来看。有时我们在做职业选择时常常忽视主观方面的东西，没有将一切有利于自己发展的因素调动起来，从而影响了自己的职业切入点。比如，哪怕是在国外，通过同事、熟人的引荐找到工作也是最正常、最容易的。当然，我们应该知道这和一些不正常的"走后门"等有着本质的区别。这种区别就是这里的环境支持是建立在自己的能力之上的。

明晰了前面 4 个问题之后，就会从各个问题中找到对实现有关职业目标有利的和不利的条件。列出不利条件最少的、自己想做而且能够做的职业目标之后，第五个问题有关"自己最终的职业目标是什么"自然就有了一个清楚、明了的框架。

拓展阅读

小常是省属大学经济贸易学院对外贸易专业的学生，业余时间兼修电子商务专业课程。父母在一座小城市，是一般工人家庭。她用 SWOT 方法进行职业生涯规划。分析如下：

一、个人分析

优势（Strengths）：

（1）做事认真、踏实，生活态度积极，善于发现新事物和环境友好的一面。

（2）待人真诚、热情，乐于与人交往和沟通。

（3）有责任心，工作认真负责。

（4）喜欢思考问题，有一定的分析能力，有寻根究底的兴趣，做事之前一定要将事情想清楚。

（5）有浓厚的学习兴趣和一定的知识实力，英语水平不错。

（6）心思细腻，考虑问题比较细致、周到。

（7）逻辑性和条理性较好，书面表达能力较强。

（8）当过班干部，组织过集体活动，有一定的组织管理能力和管理经验。

（9）爱好：喜欢能让自己静下心来的工作环境，能自我控制、安排好工作，善于做跟人打交道的工作。

弱势（Weaks）：

（1）竞争意识不强，对环境资源的利用不够主动，也就是快速适应环境的能力不够。

（2）口头表达有时过于细节化，不够简洁。

（3）做事不够果断，尤其做决定的时候往往犹豫不决。

（4）工作、学习有些保守，学习速度较慢。

（5）冒险精神不够，创新能力有待提高。

（6）做事有时拖拉，不够雷厉风行。

（7）既不喜欢机械性、重复性的工作，也不喜欢没有计划、收获的忙乱，更不喜欢应酬和刻意为之的事情。

机会（Opportunities）：

（1）就专业方面来说，加入世贸组织后中国的国际化程度越来越高，外语的使用越来越广，就业机会较多。

（2）现在是一个计算机信息的时代，国际、国内贸易越来越多地使用电子商务进行交易，就业机会较多。

（3）学校提供了一些很好的学以致用的机会，可以积累一定的实践经验，同时有很多的机会与各行业人士接触、交流、学习，以提高自身素质。

威胁（Threats）：

（1）人民币升值及国际金融危机，使中国的出口下降极快，外贸行业的就业机会比较悲观。

（2）电子商务企业除个别知名企业外，大部分企业都处在初创时期，并不能很好地赢利。

（3）最近几年大学扩招，毕业生很多，而机会不一定是均等的。

二、未来的最佳选择

与专业相关的职业有外贸行业、电子商务行业，但这两个专业的市场化程度较高，对竞争能力有较高的要求，而这正是自己的劣势。

所求职业最好是能够很好地发挥自己与人沟通能力的职业，如教育行业，既能展示自己的优势，又跟个人专业结合，对竞争性要求也相对低一些。

三、现在应做的准备

如果要从事教师职业，自己的学历就需要进一步提高，有必要继续深造；但考虑到个人及家庭条件，还是先工作两年积累一些实际的经验，然后再去学习比较好。

四、3~5年的职业目标

（1）进入教育行业。

（2）考上省师范大学的教育专业研究生。

（3）毕业后成为教师。

五、行动计划

（1）今年努力考过专业英语四级，并进一步向专业八级的要求靠近；寻找英语家教的机会，获得一些教育的体验，至少对中小学生的情况有些了解。

（2）开始留心教育行业的招聘广告，注意看招聘教师时的要求，向这一要求的方向努力。

（3）关注教育行业的其他职位，发现其中是否有适合自己的职位。

（4）不要被外贸、电子商务的相关职位转移了注意力。

（5）留意省师范大学教育专业研究生招生计划，选择适合自己的专业及导师，找机会旁听他们的课程。

六、求职实践总结

按计划行动之后，小常发现教育行业的教师职位门槛相对于她来说，确实比较高，她根本没有机会，但教育行业中其他的行政后勤岗位还是有适合自己的。

经过半年的努力与准备，她终于被一家职业高中看中，被聘为学校机房的网管。主要的职责是：维护学校机房设备；在上课时间为相关教师准备好机器，协助管理学生上机；在非上课的自习时间，为来机房上机的学生服务。这份工作自主性较强，平时时间比较自由。小常可以有时间复习，为考研做准备；学生上机时，为学生服务也适合她乐于并善于与人交往的个性特点。她工作得非常愉快，自然受到学生欢迎和学校领导的认可。

小常一边在学校上班，熟悉学校的环境，一边备考研究生。另外，她了解到学校有在职学习名额，还准备争取学校的在职学习名额，到师范大学进修，回来继续为学校服务。

在一个符合自己优势与喜好的行业与岗位上，小常如鱼得水，干得很起劲，也很开心。

小常掌握了SWOT分析方法，对自己与外界环境能够进行比较精准、比较接近实际情况的分析。这是她成功找到合适工作的主要原因。

任务三　大学生职业生涯规划的步骤

 案例导入

毛毛虫都喜欢吃苹果。有4只要好的毛毛虫都长大了，各自去森林里找苹果吃。

　　第一只毛毛虫跋山涉水，终于来到一株苹果树下。它根本就不知道这是一棵苹果树，也不知树上长满了红红的可口的苹果。当它看到其他的毛毛虫往上爬时，稀里糊涂地就跟着往上爬。没有目的，不知终点，更不知自己到底想要哪一种苹果，也没想过怎么样去摘取苹果。它的最后结局呢？也许找到了一个大苹果，幸福地生活着；也可能在树叶中迷了路，过着悲惨的生活。不过可以确定的是，大部分的虫都是这样活着的，没想过什么是生命的意义，为什么而活着。

　　第二只毛毛虫也爬到了苹果树下。它知道这是一棵苹果树，也确定它的"虫"生目标就是找到一个大苹果。问题是它并不知道大苹果会长在什么地方。它猜想：大苹果应该长在大树叶上吧！于是，它就慢慢地往上爬。遇到分支的时候，它就选择较粗的树枝继续爬。于是，它就按这个标准一直往上爬，最后终于找到了一个大苹果。这只毛毛虫刚想高兴地扑上去大吃一顿，但是放眼一看，它发现这个大苹果是全树上最小的一个，上面还有许多更大的苹果。更令它泄气的是，要是它上一次选择另外一个分枝，它就能得到一个大得多的苹果。

　　第三只毛毛虫也到了一棵苹果树下。这只毛毛虫知道自己想要的就是大苹果，并且研制了一副望远镜。还没有开始爬时，它就先利用望远镜搜寻了一番，找到了一个很大的苹果。同时，它发现当从下往上找路时，会遇到很多分支，有各种不同的爬法；而若从上往下找路时，却只有一种爬法。它很细心地从苹果的位置，由上往下反推至目前所处的位置，记下这条确定的路径。于是，它开始往上爬了。当遇到分支时，它一点也不慌张，因为它知道该往哪条路走。比如说，如果它的目标是一个名叫"教授"的苹果，则应该爬"深造"这条路；如果目标是"老板"，则应该爬"创业"这分支。最后，这只毛毛虫应该会有一个很好的结局，因为它已经有自己的计划；但是真实的情况往往是，因为毛毛虫的爬行相当缓慢，当它抵达时，苹果不是被别的虫捷足先登，就是苹果已熟透而烂掉了。

　　第四只毛毛虫可不是一只普通的虫，做事有自己的规划。它既知道自己要什么苹果，也知道苹果将怎么长大。因此，当它带着望远镜观察苹果时，它的目标并不是一个大苹果，而是一朵含苞待放的苹果花。它计算着自己的行程，估计当它到达的时候，这朵花正好长成一个成熟的大苹果。结果它如愿以偿，得到了一个又大又甜的苹果，从此过着幸福快乐的日子。

　　第一只毛毛虫是只毫无目标、一生盲目、没有自己人生规划的糊涂虫，不知道自己想要什么。遗憾的是，我们大部分的人都像第一只毛毛虫那样活着。

　　第二只毛毛虫虽然知道自己想要什么，但是它不知道该怎么得到苹果。在习惯中的正确标准指导下，它做出了一些看似正确，却使它渐渐远离苹果的选择。曾几何时，正确的选择离它是那么接近。

　　第三只毛毛虫有非常清晰的人生规划，也总是能做出正确的选择，但是它的目标过于远大，而自己的行动过于缓慢。成功对它来说，已经是明日黄花。机会、成功不等人。同样，我们的人生也极其有限，因此我们必须把握机会。那么，单凭我们个人的力量，即便一生勤奋，也未必能找到自己的苹果。如果制订适合自己的计划，并且充分借助外界的力量，则第三只毛毛虫的命运可能会好很多。

第四只毛毛虫不仅知道自己想要什么，也知道如何得到自己的苹果，以及得到苹果应该需要什么条件，然后制订清晰、实际的计划。在望远镜的指引下，它一步步实现自己的理想。

案例分析

其实我们的人生就是毛毛虫，而苹果就是我们的人生目标——职业成功。爬树的过程就是我们职业生涯的道路。毕业后，我们都得爬上人生这棵苹果树，去寻找未来。完全没有规划的职业生涯注定是失败的。规划决定命运，有什么样的规划就有什么样的人生。

名人名言

在职业生涯发展的道路上，只要不放弃目标，每一次挫折、每一次失败，都是有价值的。

自我提升

职业生涯规划是一个周而复始的连续过程。其基本步骤包括：清晰个人生涯愿景，自我评估，环境评估，确定职业发展目标，设定职业生涯发展路线，制定弥补差距的行动方案，实施、评估与修订。

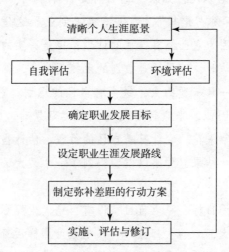

大学生职业生涯规划步骤流程

一、清晰个人生涯愿景

在为自己制定职业发展规划的时候，需要弄明白这样一个问题，即"自己到底想过一种什么样的生活"，亦即个人生涯愿景是什么。生涯愿景是个人发自内心的、最渴望达成的结果。它是一种期望的未来或意象。由于人在一生中要扮演多个角色，因此生涯愿景是多方面的。总的来说，个人生涯愿景主要包括以下几个方面的内容：

（1）自我形象：你希望成为什么样的人？假如你可以变成你向往的那种人，你会有哪些特征？

（2）有形财产：你希望拥有哪些物质财产？希望拥有多大的数量？

（3）家庭生活：在你的理想中，你未来的家庭生活是什么样子？

（4）个人健康：对于自己的健康、身材、运动以及其他与身体有关的事情有什么期望？

（5）人际关系：你希望与你的同事、家人、朋友以及其他人拥有什么样的关系？

（6）工作状况：你理想中的工作环境是什么样子？你希望取得什么样的工作成就？

（7）社会贡献：你期望自己对社会做出什么样的贡献？

（8）个人休闲：你期望拥有什么样的休闲生活？

二、自我评估

自我评估相当于内在条件评估。自我评估的目的是认识自己，了解自己。因为只有认识了自己，才能对自己的职业发展做出正确的选择，才能选定适合自己发展的职业生涯路线，才能对自己的职业生涯目标做出最佳抉择。自我评估包括自己的兴趣、特长、性格、学识、技能、智商、情商、思维方式、道德水准以及社会中的自我等。这部分内容可以借助职业心理测评来实现，更多的是在实际生活中体验。

三、环境评估

环境评估相当于外在条件评估。职业生涯环境的评估，主要是评估各种环境因素对自己职业生涯发展的影响。每一个人都处于一定的环境之中，而离开了这个环境，便无法生存与成长。所以，在制定个人的职业生涯规划时，要分析环境条件的特点，环境的发展变化情况，自己与环境的关系，自己在这个环境中的地位，环境对自己提出的要求，以及环境对自己有利与不利的影响等。只有对这些环境因素充分了解，才能做到在复杂的环境中避害趋利，使职业生涯规划具有实际意义。

四、确定职业发展目标

确定职业发展目标，即期望在职业发展道路上达到一个什么样的位置，简单地说，就是做到什么职位。说到职业发展目标，有人可能会说："我的目标是事业有成。"这不是目标，仅是美好愿望而已。有人可能会说："我的目标是成为优秀的人力资源工作者。"这也不是目标，仅是职业发展方向而已。还有的人可能会说："我的目标是成为优秀的机械工程师。"这就是看得见、摸得着的职业发展目标了。

职业发展目标的设定，是职业生涯规划的核心。一个人事业的成败，很大程度上取决于有无正确、适当的目标。没有目标如同驶入大海的孤舟，四野茫茫，没有方向，不知道自己走向何方。职业发展目标是以自己的最佳才能、最优性格、最大兴趣，以及最有利的环境等信息为依据而设定的。通常可将其分为短期目标、中期目标、长期目标和人生目标。短期目标的期限一般为 1~2 年。短期目标又可分为日目标、周目标、月目标和年目标。中期目标的期限一般为 3~5 年。长期目标的期限一般为 5~10 年。

五、设定职业生涯发展路线

个人现在所处的位置与总体目标总是有距离的，不可能一步就能达成总体目标。要完成总体职业发展目标，就必须将总体目标，分解成一个个阶段目标。

大学生毕业后主要有 4 条出路：就业、继续深造、自主创业和出国留学。选择的出路不一样，生涯规划的侧重点也是不一样的。怎样在深造和就业之间做选择，可能是很多同学难以抉择的问题。到底是继续深造，还是就业，要综合考虑多方面的因素。最根本的原则是：选择一条最能帮助自己快速实现职业发展目标的道路。

六、制定弥补差距的行动方案

职业生涯每次质的飞跃，都是以学习新知识、获取新技能为前提的。为了顺利达成目标，个人首先需要对达成目标所要求的条件进行分析，然后按照自己的现状找出差距，并找到弥补差距的具体办法。比如，为了弥补在组织管理能力上的差距，是通过参加教育培训班，还是当学生干部，进行自我锻炼？找出了差距，也就找到了弥补差距的具体办法。接下来就要用表格的形式制作一份弥补差距的具体方案，以将内容明确下来。例如，某同学制定的弥补差距的行动方案：

项目	知识方面	能力方面
达到的效果	（1）通过 CET-6； （2）提高英语听说能力； （3）每门专业课程成绩不低于 85 分； （4）对经济学、管理学有所了解	（1）提高领导和组织能力； （2）与专业老师、同学建立良好的关系； （3）锻炼社会实践能力； （4）锻炼口头和书面表达能力
具体措施	（1）早上 7 点出门，读半小时英语，晚上练习半小时听力，做六级试题； （2）每周五去英语角； （3）定期看英文电影（每两周一次）； （4）课前预习，课堂认真听讲，积极思考，课后复习整理； （5）阅读 2~6 本专业书籍； （6）选修经济学、管理学公选课	（1）多与专业老师、同学交流； （2）积极参加青协组织的社会实践活动； （3）课堂上积极发言，会上勇于发表意见； （4）报课题，撰写学术论文

七、实施、评估与修订

"心动百次不如行动一次"。规划好固然好，但更重要的是将规划付诸实施并取得成效。在实施的过程中，还要对职业生涯规划进行评估与修订，从而使得规划更加符合自身情况和社会需求，让它变得更加行之有效。

任务四　职业发展

2009 年 9 月 4 日，李开复从 Google（谷歌）辞职。这比他 4 年前从微软辞职进入 Google 更让人震惊。网易甚至用了一整个专题介绍他的故事——他的传奇经历，他一波三折的职业生涯，他那场微软的国际大官司，他有可能跳槽的各种大、小道消息，下面还附上历届离开谷歌的人的照片和未来去向。更有好事者回帖说，据统计发现，离开 Google 的人都是射手座。4 年前，李开复 follow his heart（追随内心）从微软来到了谷歌；4 年后，李开复又对谷歌说，别留恋哥，哥是个传说；4 天以后，李开复宣布，创新工场成立。

职业生涯就像是个人的生命一样，是一个不断发展和突破的过程。就好像孩子，该叛逆的时候要叛逆，而该结婚的时候要结婚。每一个阶段都有自己的不同需求。这些不同需求没有必要非在同一个职位、组织完成。一个希望拥有完整的职业生涯体验的人，往往会发生 2~3 次巨大变动。理解职业人发展规律的公司，懂得提前为他们的员工设计自我实现的路径，实现个人与社会的双赢。

李开复的第一个生涯阶段，从他从哥伦比亚大学计算机系毕业后到卡内基·梅隆大学读博士开始。

生存期	20~25/29 岁	生存下来，先安身，再立命
1983—1988	22~27 岁	在卡内基·梅隆大学攻读博士
1988	27 岁	凭借语音识别技术，获《美国商业周刊》最重要发明奖
1988—1990	27~29 岁	计算机系助理教授

20~29 岁，正好是一个人收入最少、支出最大的阶段。我们需要继续学习，需要恋爱、结婚、买房、生子。每一样都是花钱的事情。这个时候最核心的任务就是"安身"，让自己生存下来，用最快的方式适应环境。作为博士的李开复，选择了最容易生存的方式——留在大学当助理教授。30 岁那年，大女儿李德宁出生了。

职业发展期（探索期）	25/29～35 岁	找到优胜领域
1990—1996	29～35 岁	苹果公司互动多媒体副总裁

李开复在大学任教两年后，他发现自己当年被《美国商业周刊》评为"最重要发明"的博士论文没得到任何商业应用。他的研究并没有真正落地，对于世界没有产生什么改变。这时恰逢一位苹果副总裁前来邀请他加入商业游戏，说："开复，你要花你的余生写这么多像废纸一样的论文，还是要来苹果改变世界？"

这句话如此耳熟，以至于无法让人不回想起 1983 年的乔布斯正是用同样的句式打动百事可乐 CEO 斯卡利（John Sculley）加入苹果："你是愿意卖一辈子糖水，还是想来苹果改变世界？"估计 7 年下来，苹果公司高管都学会放这一大招了。他们和每一个想招聘的牛人说：你是愿意一辈子……还是来苹果改变世界？

越高级的人才，就越容易被愿景驱动。我们所知的是，李开复被那愿景当场击中，离开了那所著名大学，加盟苹果公司任副总裁，从此开始技术管理者的职业生涯。无论从技术的创新，与人的交流，还是科技产品化等，都是更加适合李开复的一条发展道路。

不过也算他点背，在苹果的 6 年，李开复经历了苹果有史以来最烂的几任 CEO。前 3 年任职的是被同一句式从百事可乐"勾引"来的斯卡利，然后是迈克尔·斯平德勒（Michael Spindler）和吉尔·阿梅里奥（Gill Amelio）。长期的裁员和人事变动让 34 岁的李开复觉得苹果要完蛋了，开始萌生退意。其实如果他能再多熬一年，他会在自己的办公室遇见穿着黑套头衫和蓝色牛仔裤，宣布自己重返苹果的 CEO 乔布斯，并开始苹果最好的年代。李开复没有等到，他跳槽进入当时硅谷最炫的，打造过《侏罗纪公园》《玩具总动员》等电影的 SGI（硅谷图形公司）。

今天的社会中，如果一个人在 35 岁之前还没找到能发挥自己特长的领域，这个人的职业发展就会相当堪忧。30 岁以后，我们的体能开始下降，努力不会成为核心竞争力，只能通过经验胜过年轻人，通过才干和资源胜过同龄人，通过聚焦胜过更强者。

在这个阶段，主要的生涯任务是寻找自己的优势和特质，定位自己能够胜出的职业领域。巴菲特在 32 岁第一次成立投资公司。马云在 31 岁看好互联网。张朝阳在 32 岁开始风投搜狐。李开复在这个阶段选择进入苹果，发现自己搞 IT 科技如鱼得水，从此在这条道上一路狂奔。

职业发展期（中后期）	35～44 岁	走到职业发展的顶点
1996—1998	35～37 岁	SGI 全球副总裁
1998—2000	37～39 岁	微软中国研究院院长
2000～2005	39～44 岁	微软公司副总裁

李开复在 SGI 工作了两年，直到新进来的 CEO 把他所在的部门裁掉。他很快通过朋

友找到下家微软，受命在中国创建微软中国研究院。37 岁的李开复来到当年朝气蓬勃的中关村，两年后因为成绩卓著被调回微软总部，出任全球副总裁。也就是在这一年，他开始写第一封《给中国学生的信》，在国内学生中引起巨大反响。他教育者的事业线开始出现。

34~45 岁这个阶段是职业线发展的最高峰。现在占据媒体的头条、杂志版面的人，大多都是这个阶段的 20 世纪六七十年代生人。如果你在前两个阶段职业生涯发展顺利，到了这个年纪，就是要专业有专业，要人脉有人脉，要财力也有财力。你具有冲击职业顶峰的能力。

职业发展后期阶段的主要任务是找到进入职业顶峰的道路，并坚持走下去，同时积极探索自我实现的可能性。在职业发展前期定位到自己的优胜领域后，你更需要的是毅力和坚持去形成你自己的"道"——其实所谓"道"，并不是地上画好的线条，而是你回首的时候自己踏出来的那条路。

俞敏洪 31 岁建立新东方，44 岁时新东方在纽约上市。他的坚持踏出来一条属于自己的"道"。李开复在这段时间也很"上道"。微软公司副总裁几乎是他作为 IT 科技人士的职业顶峰。在他的工作生涯中，在微软的几年，是他做得最久的几年。

事业期	44~60 岁	成长为自己的样子
2005—2009	44~48 岁	谷歌中国区总裁
2009 至今	48 岁至今	创新工场合伙人

2005 年的李开复在微软微微疲软。刚回到美国的前两年，在比尔·盖茨身边学东西的兴奋劲头逐渐消失——2005 年的微软像个中年人，四平八稳。李开复觉得自己像"一个机器里的零件"，感觉不到当年创办微软中国研究院的冲劲。此时的李开复给学生的信已经写到第七封，并在 2004 年建立了开复学生网，在远隔重洋的中国青年人中有着巨大的影响力。当你公司有个高管在大街上人人皆知，在公司却谁都不待见，那么他离开只是个时间问题——李开复知道谷歌在中国开了办事处，给谷歌 CEO 发了一封邮件。他要回中国，要创新。这是他血液里的东西。

2005 年 7 月，他从微软跳到谷歌，惹上一场国际官司。同年九月，《做最好的自己》一书出版。这两者相互借力，使他在青年人中的影响力提升到一个前所未有的高度。他在谷歌中国的工作定位也就顺其自然：公共关系和中国工程院的运营。至此，李开复青年导师的身份就非常清晰了。他在接下来的几年中，在大学做了近千场讲座。这些投入也有很好的回报。2006 年，有 70 多名中国大学中最精英的学生陆续加入谷歌中国，成为中坚技术力量。李开复也凭借谷歌副总裁的身份，接触到国内最知名的投资人、企业家，以及政府相关部门的人士，深入了解了中国商业生态。

事业阶段是职业生涯发展的最高境界：职业成为自我实现的方式，而不是外界的评价和成功。他们站在成功的顶峰上气喘吁吁，深感体力下降，时间不长，成事艰难，一种迫切为自己、为世界做些什么的使命感油然而生！于是，在外界的惊叹中潇洒转身，安心下山做自己的事。

但事实上，能进入这个阶段的人不多。大多数的成功人士还赖在过去的山上，直到有一天被别人赶下来。

至于今天我们所知道的创新工场，按照李开复本人的说法，源于2009年6月的一场疾病。2009年的谷歌中国区总裁李开复躺在医院里，看到周围生老病死来往如织，深感职业生涯还有不到15年。如何活得更快乐、更有意义？住院的时间充足到让他有机会回想起自己的所有职业经历。想来最快乐的，就是建立微软中国研究院和在谷歌中国的前两年——他喜欢创造、青年、中国、教育——所有这些旋律交织在一起，变成了创新工场的灵感原型。

与所有这个年龄段的人一样，一旦找到自己的愿景，李开复就觉得一刻都不能再等下去了。2009年9月4日，他宣布辞职。在让公众"全民猜猜猜"3天以后，他正式宣布创办"创新工场"——致力于早期的高科技创业投资，提供全方位的创业培育。

——摘自《你的生命有什么可能》（有改编）

案例分析

李开复成功的职业生涯完美地说明了一个道理——发展好当前的职业生涯是自我实现的重要手段。

如果你暂时找不到自己清晰的梦想，那么踏踏实实地做好现在这份职业，让自己努力向顶峰走去。在上山途中积累的所有一切都会在梦想出现时刻转化成自我实现的力量。

职业发展的规律是：生存，定位，发展，自我实现。时间可以缩短，但是阶段无法跨越。每一个人都可以成为自己的传奇，只要你努力、机敏、坚持，而且敢于放弃。

名人名言

在职业发展的道路上，重要的不是你现在所处的位置，而是迈出下一步的方向。

自我提升

一、关于职业价值观

职业价值观是指人生目标和人生态度在职业选择方面的具体表现，也就是一个人对职业的认识和态度，以及他对职业目标的追求和向往。理想、信念、世界观对于职业的影响，集中体现在职业价值观上。

俗话说："人各有志。"这个"志"表现在职业选择上就是职业价值观。它是一种具有明确的目的性、自觉性和坚定性的职业选择的态度和行为，对一个人职业目标和择业动机起着决定性的作用。

每种职业都有各自的特性。不同的人对职业意义的认识，对职业好坏有不同的评价和取向，就是职业价值观。职业价值观决定了人们的职业期望，影响着人们对职业方向和职业目标的选择，决定着人们就业后的工作态度和劳动绩效水平，从而决定了人们的职业发展情况。哪个职业好？哪个岗位适合自己？从事某一项具体工作的目的是什么？这些问题都是职业价值观的具体表现。

根据不同的划分标准，人们对职业价值观的种类划分也不同。美国心理学家洛特克在其所著《人类价值观的本质》一书中，提出 13 种价值观：成就感、审美追求、挑战、健康、收入与财富、独立性、爱、家庭与人际关系、道德感、欢乐、权利、安全感、自我成长和社会交往。我国学者阚雅玲将职业价值观分为如下 12 类：

（1）收入与财富。工作能够明显有效地改变自己的财务状况，将薪酬作为选择工作的重要依据。工作的目的或动力主要来源于对收入和财富的追求，并以此改善生活质量，显示自己的身份和地位。

（2）兴趣特长。以自己的兴趣和特长作为选择职业最重要的因素，能够扬长避短，趋利避害，择我所爱，爱我所选，可以从工作中得到乐趣，得到成就感。在很多时候，会拒绝做自己不喜欢、不擅长的工作。

（3）权力地位。有较高的权力欲望，希望能够影响或控制他人，使他人照着自己的意思去行动；认为有较高的权力地位会受到他人尊重，从中可以得到较强的成就感和满足感。

（4）自由独立。在工作中能有弹性，不想受太多的约束，可以充分掌握自己的时间和行动，自由度高，不想与太多人发生工作关系，既不想治人，也不想治于人。

（5）自我成长。工作能够给予受培训和锻炼的机会，使自己的经验与阅历能够在一定的时间内得以丰富和提高。

（6）自我实现。工作能够提供平台和机会，使自己的专业和能力得以全面运用和施展，实现自身价值。

（7）人际关系。将工作单位的人际关系看得非常重要，渴望能够在一个和谐、友好，甚至被关爱的环境中工作。

（8）身心健康。工作能够免于危险、过度劳累，免于焦虑、紧张和恐惧，使自己的身心健康不受影响。

（9）环境舒适。工作环境舒适宜人。

（10）工作稳定。工作相对稳定，不必担心经常出现裁员和辞退现象，免于经常奔波找工作。

（11）社会需要。能够根据组织和社会的需要响应某一号召，为集体和社会做出贡献。

（12）追求新意。希望工作的内容经常变换，使工作和生活显得丰富多彩、不单调枯燥。

价值观的这个环节是我们大多数人很容易忽略的，虽然它在事实上左右着我们的决定，进而决定我们的人生，包括职业。

从价值观的角度来说，职业发展成功与否的判别标准就是你是否得到了你想要的生活，你的职业所带来的生活方式是否符合你的价值观。如果符合，你就会感觉很快乐，哪怕收入会相对低一些；如果不符合，你会感觉很痛苦，哪怕你拿着看起来很高的年薪。在职业发展上，我们没有必要羡慕别人，因为当你得到一些东西的时候你就同时失去了另一些东西；反之，亦然。你可能得到的是高薪，但失去的是时间；你可能不能成为一个好领导，但会成为一个好儿子。关键是你得到的正好是你想要的，而你失去的你并不介意。真正的职业追求的是圆满和平衡。

职业发展不能用挣钱的多少来判断。那不应该成为我们职业上的目标。真正成功的职业人士，即使在他们职业生涯的早期，也没有单纯地考虑金钱，而是更多地追求自己的梦想，按照自己的价值观去发展。应该说，这样的人反而会成功。金钱是职业发展所带来的副产品。当你按照自己的梦想去追求而且成功后，所有美好的东西都会朝你涌来，包括金钱。

二、关于跳槽

职业发展过程中，职场人士需要通过个人职业能力、资源、素养等的不断提升使自己增值，由此而构建并延续个人职业品牌。这就意味着，界定一次跳槽是否成功的标准在于，新的岗位是否表明自身职业价值的提升，新的平台能否为自身职业价值的增值提供保障。

不要把跳槽作为解决职业发展问题的唯一手段。有的人频繁跳槽，美其名曰寻找适合自己的平台。其实这个世界上很难存在为你量身定做的平台。更多的时候，成功的职场人士都是在一定的基础上和公司共同打造这个平台。工作不顺利跳槽，和同事关系不和睦跳槽，工资不理想跳槽，不喜欢当前的工作跳槽……有的人工作发展上遇到任何不顺的情况都采取这种手段，而不从更深的层面分析造成这种情况的原因。即使找原因，也很少从自身的方面考虑。工作不顺利，可能是你的能力需要提高；和同事关系不和睦，可能是你的人际沟通能力需要加强；工资不理想，可能是因为你的业绩不够好；不喜欢当前的工作，可能是因为你没有认真地付出，所以没有体会出工作的乐趣。不解决这些问题，你跳到哪里基本上都是差不多的结果。当你和其他人一起被拥堵在"瓶颈"里的时候，只能说明你还不够优秀，不足以脱颖而出。跳槽很难解决你是否优秀的问题。因此，当你真的决定要跳槽之前，要好好总结一下自己在目前公司的工作是否还有值得改进的方面。只要你努力改进了，可能就能够在当前的工作上获得职业生涯的进步。

　　跳槽不是"转学"，而是"升学"。跳槽要符合自己的职业规划，能够利于自己的职业增值，尽可能减少同水平跳槽。所谓同水平跳槽就是新的工作和你原来的工作基本处在同一个水平线上，既没有让你增加多少薪水，也没有让你承担更大范围的责任。新的工作并没有让你从原来小学五年级的水平提升到初中一年级的水平。你只是换了一个学校而已，甚至连这两个学校的教育水平也是差不多的。职业人的职业技能水平并不会因同水平跳槽得到本质上的提高。

　　因此，当你清晰地认识到自己入错了行当或者选错了企业的时候，可以考虑跳槽，重新换一个跑道。跳槽本身很正常，但你要认识到最初的莽撞并从中汲取教训，从而走好今后的路。

拓展阅读

马云职业成长路线

24 岁以前（1964—1988 年）

身价：好不容易混到大学毕业的穷学生。

关键经历：

（1）数学甚至只考了 19 分，没有考上理想的大学。

（2）发挥了自己的长项——英语。

（3）在来之不易的大学里奋发图强，甚至当了杭州市学联主席。

对马云职业发展的影响：

（1）在学习英语的过程中有了新的思维模式。

（2）相信努力就能成功。

（3）在大学找到了志同道合的合作伙伴，提升了领导才能。

24～31 岁（1988—1995 年）

身价：老师、小老板、Internet 先锋。

关键经历：

（1）发挥了自己的长项——英语，创办了海博翻译社。

（2）发挥了自己的长项——英语，和老外接触，遇到了 Internet。

（3）辞去高校驻外办事处主任的公职，创办了中国黄页。

对马云职业发展的影响：

（1）认识到了市场经济的乐趣。

（2）坚定了创业的信心。

（3）爱上了 Internet，知道了 Internet 的威力。

31～35 岁（1995—1999 年）

身价：狂热的 Internet 推广者，个人经济萧条。

关键经历：

（1）离开杭州，赴北京寻梦。

（2）认识了 Internet 行业的很多人。

（3）无奈南下。

对马云职业发展的影响：

（1）开阔了眼界。

（2）重新认识了 Internet。

（3）为自己创办阿里巴巴指明了发展方向。

35～38 岁（1999—2002 年）

身价：阿里巴巴的创业者。

关键经历：

（1）在杭州设立研究开发中心，以香港为总部，创办阿里巴巴网站。

（2）创建了一种新的互联网发展模式。

（3）阿里巴巴在波动中发展。

对马云职业发展的影响：

（1）重新体验了创业的乐趣。

（2）聚合了一支优秀的团队。

（3）重新认识了互联网市场和阿里巴巴的机会。

（4）经历了磨难后，坚定了信心。

38～39 岁（2002—2003 年）

身价：阿里巴巴开始盈利，个人价值提升。

关键经历：

（1）阿里巴巴实现盈利。

（2）阿里巴巴获得风险投资的青睐。

对马云职业发展的影响：

（1）阿里巴巴的模式获得认可，坚定了马云走下去的信心。

（2）有了资金的支持，马云可以更多地思考发展。

（3）奠定了阿里巴巴在电子商务产业链条上的基础。

39～42 岁（2003—2006 年）

身价：超过 40 亿美元，阿里巴巴电子商务产业链条逐步完整。

关键经历：

（1）创建淘宝、支付宝等子公司。

（2）收购雅虎中国。

（3）推出更多产品。

对马云职业发展的影响：

（1）个人财富市值超过 40 亿美元。

（2）自己创立的阿里巴巴覆盖了整个电子商务产业链。

（3）成了中国乃至世界电子商务领域的传奇人物。

——《马云创造：颠覆传统的草根创业者传奇》

附 世界 500 强情商测试题

这是欧洲流行的测试题。可口可乐公司、麦当劳公司、诺基亚公司等众多的世界 500 强企业，曾以此作为员工 EQ 测试的模板，帮助员工了解自己的 EQ 状况。共 33 题，测试时间为 25 分钟，最大 EQ 为 174 分。如果你已经准备就绪，请开始计时。

第 1~9 题：请从下面的问题中，选择一个和自己最切合的答案，但要尽可能少选中性答案。

1. 我有能力克服各种困难：_____

A. 是的　　　　　　　B. 不一定　　　　　　　C. 不是的

2. 如果我能到新的环境，我就会把生活安排得：_____

A. 和从前相仿　　　　B. 不一定　　　　　　　C. 和从前不一样

3. 一生中，我觉得自己能达到我所预想的目标：_____

A. 是的　　　　　　　B. 不一定　　　　　　　C. 不是的

4. 不知为什么，有些人总是回避或冷淡我：_____

A. 不是的　　　　　　B. 不一定　　　　　　　C. 是的

5. 在大街上，我常常避开我不愿打招呼的人：_____

A. 从未如此　　　　　B. 偶尔如此　　　　　　C. 有时如此

6. 当我集中精力工作时，假使有人在旁边高谈阔论：_____

A. 我仍能专心工作　　B. 介于 A，C 之间　　　C. 我不能专心且感到愤怒

7. 我不论到什么地方，都能清楚地辨别方向：_____

A. 是的　　　　　　　B. 不一定　　　　　　　C. 不是的

8. 我热爱所学的专业和所从事的工作：_____

A. 是的　　　　　　　B. 不一定　　　　　　　C. 不是的

9. 气候的变化不会影响我的情绪：_____

A. 是的　　　　　　　B. 介于 A，C 之间　　　C. 不是的

第 10~16 题：请如实选答下列问题，将答案填入右边横线处。

10. 我从不因流言蜚语而生气：_____

A. 是的　　　　　　　B. 介于 A，C 之间　　　C. 不是的

11. 我善于控制自己的面部表情：_____

A. 是的   B. 不太确定   C. 不是的

12. 在就寝时，我常常：_____

A. 极易入睡   B. 介于 A，C 之间   C. 不易入睡

13. 有人侵扰我时，我：_____

A. 不露声色   B. 介于 A，C 之间   C. 大声抗议，以泄己愤

14. 在和人争辩或工作出现失误后，我常常感到震颤，精疲力竭，而不能继续安心工作：_____

A. 不是的   B. 介于 A，C 之间   C. 是的

15. 我常常被一些无谓的小事困扰：_____

A. 不是的   B. 介于 A，C 之间   C. 是的

16. 我宁愿住在僻静的郊区，也不愿住在嘈杂的市区：_____

A. 不是的   B. 不太确定   C. 是的

第 17 ~ 25 题：在下面的问题中，请选择一个和自己最切合的答案，同样少选中性答案。

17. 我被朋友、同事起过绰号，挖苦过：_____

A. 从来没有   B. 偶尔有过   C. 这是常有的事

18. 有一种食物使我吃后呕吐：_____

A. 没有   B. 记不清   C. 有

19. 除去看见的世界外，我的心中没有另外的世界：_____

A. 没有   B. 记不清   C. 有

20. 我会想到若干年后有什么使自己极为不安的事：_____

A. 从来没有想过   B. 偶尔想到过   C. 经常想到

21. 我常常觉得自己的家庭对自己不好，但是我又确切地知道他们的确对我好：_____

A. 否   B. 说不清楚   C. 是

22. 每天我一回家就立刻把门关上：_____

A. 否   B. 不清楚   C. 是

23. 我坐在小房间里把门关上，但我仍觉得心里不安：_____

A. 否   B. 偶尔是   C. 是

24. 当一件事需要我做决定时，我常觉得很难：_____

A. 否   B. 偶尔是   C. 是

25. 我常常用抛硬币、翻纸、抽签之类的游戏预测凶吉：_____

A. 否   B. 偶尔是   C. 是

第 26 ~ 29 题：下面各题，请按实际情况如实回答，仅需回答"是"或"否"即可，

在你选择的答案下打"√"。

26. 为了工作我早出晚归。早晨起床我常常感到疲惫不堪：

是＿＿＿＿＿＿ 否＿＿＿＿＿＿

27. 在某种心境下，我会因为困惑陷入空想，将工作搁置下来：

是＿＿＿＿＿＿ 否＿＿＿＿＿＿

28. 我的神经脆弱，稍有刺激我就会战栗：

是＿＿＿＿＿＿ 否＿＿＿＿＿＿

29. 睡梦中，我常常被噩梦惊醒：

是＿＿＿＿＿＿ 否＿＿＿＿＿＿

第 30～33 题：本组测试共 4 道题，每道题有 5 种答案。请选择与自己最切合的答案，在你选择的答案下打"√"。

30. 工作中我愿意挑战艰巨的任务。

1. 从不 2. 几乎不 3. 一半时间 4. 大多数时间 5. 总是

31. 我常发现别人好的意愿。

1. 从不 2. 几乎不 3. 一半时间 4. 大多数时间 5. 总是

32. 能听取不同的意见，包括对自己的批评。

1. 从不 2. 几乎不 3. 一半时间 4. 大多数时间 5. 总是

33. 我时常勉励自己，对未来充满希望。

1. 从不 2. 几乎不 3. 一半时间 4. 大多数时间 5. 总是

参考答案及计分评估：

计分时请按照记分标准先算出各部分得分，最后将几部分得分相加，得到的那一分值即你的最终得分。

第 1～9 题，每回答一个 A 得 6 分，回答一个 B 得 3 分，回答一个 C 得 0 分。计＿＿＿＿＿＿分。

第 10～16 题，每回答一个 A 得 5 分，回答一个 B 得 2 分，回答一个 C 得 0 分。计＿＿＿＿＿＿分。

第 17～25 题，每回答一个 A 得 5 分，回答一个 B 得 2 分，回答一个 C 得 0 分。计＿＿＿＿＿＿分。

第 26～29 题，每回答一个"是"得 0 分，回答一个"否"得 5 分。计＿＿＿＿＿＿分。

第 30～33 题，从左至右分数分别为 1 分、2 分、3 分、4 分、5 分。计＿＿＿＿＿＿分。

总计为＿＿＿＿＿＿分。

点评：

近年来，EQ——情绪智商，逐渐受到了重视。世界 500 强企业还将 EQ 测试作为员工招聘、培训、任命的重要参考标准。

看我们身边，有些人绝顶聪明，IQ 很高，却一事无成，甚至有人可以说是某一方面的能手，却仍被拒于企业大门之外；相反地，许多 IQ 平庸者，却反而常有令人羡慕的良机，杰出的表现。

为什么呢？最大的原因，乃在于 EQ 的不同。一个人若没有情绪智慧，不懂得提高情绪自制力、自我驱使力，也没有同情心和热忱的毅力，就可能是个"EQ 低能儿"。

通过以上测试，你就能对自己的 EQ 有所了解，但切记这不是一个求职询问表，用不着有意识地尽量展示你的优点，掩饰你的缺点。如果你真心想对自己有一个判断，你就不应施加任何粉饰；否则，你应重测一次。

测试后如果你的得分在 90 分以下，说明你的 EQ 较低。你常常不能控制自己，极易为自己的情绪所影响。很多时候，你容易被激怒、动火、发脾气。这是非常危险的信号——你的事业可能会毁于你的急躁。对此，最好的解决办法是能够给不好的东西一个好的解释。保持头脑冷静，使自己心情开朗。正如富兰克林所说："任何人生气都是有理的，但很少有令人信服的理由。"

如果你的得分在 90～129 分，说明你的 EQ 一般。对于一件事，你不同时候的表现可能不一。这与你的意识有关。你比前者更具有 EQ 意识，但这种意识不是常常都有，因此需要你多加注意，时时提醒。

如果你的得分在 130～149 分，说明你的 EQ 较高。你是一个快乐的人，不易恐惧担忧。对于工作你热情投入，敢于负责。你为人更是正义、正直，富有同情心，关怀他人。这是你的优点，应该努力保持。

如果你的 EQ 在 150 分以上，你就是个 EQ 高手。你的情绪智慧不但不是你事业的阻碍，更是你事业有成的一个重要前提条件。

参 考 文 献

[1] 许湘岳，吴强．自我管理教程［M］．北京：人民出版社，2011.

[2] 刘兰明．职业基本素养［M］．北京：高等教育出版社，2015.

[3] 严力．生命中不易察觉的机遇［M］．海口：海南出版社，2006.

[4] ［美］M·斯科特·派克．少有人走的路［M］．长春：吉林文史出版社，2011.

[5] 伍大勇．大学生职业素养［M］．北京：北京理工大学出版社，2015.

[6] 毛庆根．职业素养与职业发展［M］．北京：科学出版社，2014.

[7] 封智勇，王欣，余来文，於今．职业素养［M］．福州：福建人民出版社，2014.

[8] 陆海波．职业素养［M］．北京：科学出版社，2015.

[9] 杨千朴．职业素养基础［M］．南京：南京大学出版社，2013.

[10] 宁焰，虞筠．职业素养提升［M］．西安：西北工业大学出版社，2012.

[11] 张祥霖，杨俭修．高职生职业素养［M］．济南：山东人民出版社，2014.

[12] 林声超．职业素养读本［M］．北京：北京理工大学出版社，2014.

[13] 许湘岳，陈留彬．职业素养教程［M］．北京：人民出版社，2015.

[14] 刘兰明，王立群．职业基本素养漫画教程［M］．北京：北京理工大学出版社，2015.

[15] 臧全金．一生的忠告［M］．呼和浩特：远方出版社，2007.

[16] 古典．你的生命有什么可能［M］．长沙：湖南文艺出版社，2014.

[17] 肖薇．职业素养与礼仪［M］．北京：北京理工大学出版社，2015.

[18] 黄志坚．二十几岁，规划你的职场与人生［M］．北京：中国长安出版社，2010.